# 실험동물의 질병관리

# 실험동물의 질병관리

## 마우스와 랫드

박재학

서울대학교출판부

# 머리말

귀가 크고 귀엽게 생긴 미키마우스는 우리에게 친숙한 동물로서 어린이들의 친구이기도 합니다. 그러나 도시의 하수구로부터 갑자기 나타나는 랫드는 우리를 놀라게 하고 무서운 질병을 전파할 수도 있습니다. 쥐를 없애기 위하여 살서제를 비롯하여 많은 종류의 쥐덫들이 개발된 것은 쥐가 보균하고 있는 여러 가지 질병이 인간의 위생과 직결되기 때문입니다. 동물로부터 인간에게 전파되는 전염병 중 대표적인 질병이 페스트로서, 설치류의 질병연구는 인간에게 전파되는 질병을 예방하기 위해서 시작되었습니다. 근년에 이르러 마우스와 랫드가 실험동물로 이용되기 시작한 후 이러한 설치류의 질병에 대하여 많은 관심을 보이게 되었습니다. 집단사육되는 실험동물사육장에서 마우스나 랫드의 질병에 대하여 관리를 하는 이유는, 동물이 나타내는 실험반응을 오해하지 않고 과학적으로 해석하기 위한 목적과, 인간에게 전염될 수 있는 인수공통전염병을 예방하려는 목적 이외에도 이러한 동물들이 건강하게 사육되도록 하는 것이 인간에게 희생당하는 실험동물에 대한 도리이기 때문이기도 합니다. 실험동물 중 가장 많이 사용되는 동물이 마우스와 랫드입니다. 마우스는 유전학분야에서 연구대상이 된 이후로 그 생물학적 성상이나 질병상태 등이 깊이 연구되어 왔습니다. 현재는 인간의 질병모델로서 개발된 수많은 마우스들이 약품의 개발이나 치료법의 개발에 이용되고 있습니다. 랫드는 의약품의 전임상시험이나 효력평가에 많이 이용되고 있으며 마우스 만큼 그 종류가 많지는 않지만 신의약품의 개발에 있어서 많은 공헌을 하고 있습니다. 마우스와 랫드를 이용한 실험과정에서 생물학적 성상이나 질병상태를 모르면 그 결과를 해석하는데 많은 혼란을 겪게 될 것입니다. 동물이 질병에 이환되어 있거나 미생물에 감염되어 있으면 DNA chip을 이용한 분석이나 혈액검사결과 표준편차가 크게 될 것이며, 병리조직검사를 하였을 때 나타나는 다양한 병변을 실험에 대한 반응으로 오인할 수 있을 것입니다. 따라서 실험에 이용되는 마우스와 랫드는 체내 미생물학적 감염상태가 확인되어야 하며 또한 사육환경 등이 일정해야 과학적인 목적을 달성할 수 있습니다. 우리가 사용하고 있는 실험동물을 미생물이 감염되어 있지 않은 무균동물로부터 특정한 질병을 유발시키는 병원균이 없는 특정병원균부재동물 등 여러 가지로 나눌 수 있습니다. 실험동물을 전문적으로 사육하여 공급하는 생산자들은 생산시설에서 자체적인 건강검사를 수행하여 미생물의 감염여부를 사용자들에게 제공하므로서 실험에 믿고 공시하도록 합니다. 그러나 그 검사성적을 보면, 검사대상 미생물이 일정하지 않을 뿐만 아니라, 검사대상 동물수가 너무 적거나, 검사주기가 너무 길어서 검사결과에 대한 신뢰도에 문제가 있는 경우가 많습니다. 그러한 실험동물을 이용하면 동물실험을 하면서 실험동물에서 관찰된 많은 질병이 약물처치에 대한 반응인지 또는 자연적인 질병의 결과인지를 판단하는데 많은 연구자들은 고민을 하게 됩니다. 한편, 대학이나 연구소에서 실험동물시설을 운영하는 데 있어서 기본적인 4가지 업무인 실험동물 시설의 운영(Management of animal facilities), 실험동물 번식집단의 개발(Development of animal breeding colonies), 실험동물질병의 연구(Investigation of laboratory animal diseases), 공동연구와 개인적인 연구의 참여(Participation in collaborative and independent research)의 업무에 모두 실험동물의 질병에 관련된 지식이 필요합니다. 그래서 본문에 마우스와 랫드를 이용하는 연구자들이나 실험동물의학 전문가들이 참고하도록 질병에 대한 전문적인 소견과 많은 그림을 삽입하였습니다. 본문의 많은 부분과 표는 Elsevier사로부터 승인을 받고 Laboratory Animal Medicine 제2판을 인용하였으며, 사진은 저자가 촬영한 것 이외에 일본재단법인 중앙연구소의 협력을 얻어 이또 도시오(伊藤 豊志雄) 박사가 소장하고 있던 것을 출판하도록 승인받고 이용하였습니다. 이 책이 출판될 수 있도록 도와준 Elsevier사와 伊藤 豊志雄 박사에게 진심으로 감사드립니다. 또한 서울대학교 수의과대학의 실험동물의학교실 박종환 군, 석승혁 군, 조선아 양, 백민원 군, 이희영 군, 김동재 군, 박선명 양은 실험의 바쁜 일정중에도 불구하고 원고정리에 많은 시간을 할애해 주었습니다. 끝으로 이 책을 출판하도록 지원을 아끼지 않은 서울대학교출판부에 진심으로 감사드립니다.

관악산 자락에서 박재학

# 차례

# I. 마우스의 특성

# 제1장 서론

## 1. 기원과 역사

실험용 마우스는 설치 목, Muridae 과, Murinae 아과, Mus 속에 속한다. 어금니와 두개골의 해부학적 성상을 보면 다른 설치류와 구분할 수 있다. 북아메리카와 유럽의 집쥐인 Mus musculus가 실험용 연구에 가장 많이 쓰이는 종이다. 실험용 계통은 마우스 애호가에 의해서 사육된 마우스로부터 유래하였고, 그 유전학적 성상은 *M. musculus musculus*(동유럽)와 *M. musculus domesticus*(서유럽 형)의 혼합형이다. 1980년 중반이래 많은 계통들이 Asia mice(*M. m. castaneus*; 태국, *M. m. molossinus*; 일본)와 *M. spretus*로부터 개발되었다.

실험용 마우스는 17세기부터 비교해부학적 연구에 이용되었지만, 19세기중에 생물학 분야에서 흥미가 가속화되었다. 멘델의 유전에서 재관심을 이끌어냈고, 연구분야에서 쉽게 사육하고 번식할 수 있는 작고 경제적인 동물에 대한 필요성이 실험용 마우스 개발에 중요한 계기가 되었다. 그리고 이러한 연구는 근세기에 들어와서 유전자와 비교 유전자지도에 대한 마우스의 효용성을 인식하면서 극대화되었고, 그 결과 마우스는 유전학적으로 지구상의 포유동물 중에서 가장 잘 밝혀진 동물이 되었다. 더군다나 현대의 복잡한 유전자조작 마우스, 즉 유전자를 과발현시키거나 특정 유전자를 변이시킨 마우스를 생산함으로써 실험용 마우스가 실험용 동물 중에서 가장 많이 그리고 가장 널리 사용되는 동물로 되었다.

## 2. 유전학

1900년대부터 마우스 유전자의 mapping이 시작되었다. 최초의 상염색체 유전자로서 albino와 pink-eyed dilution의 연관이 1915년에 밝혀졌다 그리고 광범위한 연관지도와 여러 종류의 근교계가 복잡한 유전학의 연구에 이용되고 있다.

마우스는 40개의 염색체를 가지고 있는데 band의 형태나 크기에 따라서 분류된다. 염색체는 크기가 적은 순으로 아라비아 숫자로써 명명되었다 1970년 중에 염색체의 재배열이 이미 알려진 연관군을 재배열하기 위하여 사용되었는데, 그때는 Roman 숫자에 의해서 구별되었고, 중심체와 관련된 유전자 좌의 순서를 결정하기 위하여 특정 염색체를 확인하는 데 사용되었다. 유전자는 FISH를 통하여 염색체상에서 물리적으로 위치를 파악할 수 있게 되었다. Genome Initiative Program을 통하여 분자유전학적으로 마우스 염색체에 대한 유전자 지도를 개발하게 되었다. 마우스 유전체의 해독은 2003년에 완성되었다.

근교계 마우스는 생의학적 연구 특히 면역학, 종양학, 심맥관계 질병, 대사성질병, 미생물, 생화학, 약리학, 생리학, 해부학, 발생생물학, 방사선학에 있어서 아주 가치 있게 이용되고 있다. 자연발증 또는 인위적인 유발 돌연변이 마우스 그리고, 특이한 질병에 감수성이 있는 계통들이 기초의학에 있어서 폭넓게 모델로써 이용되고 있다. 예를 들면, 뇌하수체 기능에 영향을 주거나 또는 호르몬을 생산하는 유전자에 자연발증 돌연변이가 일어난 계통 몇 종은 인간의 왜소증 모델로서 이용된다. LDL수용체나 apolipoprotein유전자에 돌연변이를 유발시킨 동물은 심혈관계 이상을 연구하는데 모델 동물로서 이용될 수 있다. NOD(nonobese diabetic) 계통은 인간의 인슐린 의존성 당뇨병의 모델로 이용된다. 마우스는 또한 기초의학에 있어서 시약으로도 제공된다. 예를 들면 근교계의 특정 조직 적합성을 보이는 계통은, 특정 면역글로블린을 아주 일정하게 무한정 생산하면서 세포가 영원히 죽지 않도록 해주는 형질세포종양의 공여자로서 광범위하게 이용된다. 이러한 기술을 통하여 연구를 위해서 이용되는 광범위한 마우스 항체분자를 만들 수 있게 되었다. Quantitative trait loci methodology의 개발과 인간과 마우스의 유전체의 유사성 때문에, 마우스는 인간의 가장 흔한 유전성 질병의 복잡한 병리발생 양상과 유전자를 확인하는데 없어서는 안 될 귀중한 자료로 이용되고 있다.

완전히 이해된 마우스의 유전학적 체계 중 하나가 조직적합 복합체이다. 조직적합(H) 유전자는 외부 조직을 인식하는 주요 면역학적 현상을 조절하는 세포막 분자의 발현을 조절한다.

예를 들면, 조직이식 거부에 대한 속도 개시 시간 등은 두 개의 H loci에 의해 조절된다. 주요 그룹은 MHC(H2)에 위치하는데, 염색체 17번에 있다. 이러한 유전자는, 외부 H2항원을 표현하는 조직에 대해서 빠른 조직 거부를(10~20일) 일으킨다. Minor H loci groups는 유전체에 산재되어 있으며 지연성의 조직거부에 대해서 조절한다. H2 complex에 관련된 유전자는 일차 면역 반응에 있어서 세포와 세포 상호관계나 주어진 항원에 대한 반응의 수준과 같은 면역학적인 기능을 조절한다. 바이러스나 보체활성화와 같은 감염성 인자에 대한 면역조절 반응은 직접적으로 또는 간접적으로 H2 complex에 의해서 영향을 받는다.

## 3. 번식체계와 명명법

### 1) 번식체계

실험용 마우스는 계통과 사육체계에 의해서 구분이 된다. 대부분의 근교계 마우스의 계보는 Mouse Genome Database(http://www.informatics.jax.org)에서 찾을 수 있다.

근교계는 1909년에 Jackson Lab.의 설립자인 Clarence Cook Little에 의해서 최초로 개발되었는데 유전학적 동질성이 아주 높다. 한 근교계 내의 마우스들은 실질적인 연구목적에 대해서, 유전학적으로 같은 계통의 같은 성의 마우스는 서로 동일하다고 여겨진다. 근교계는 20대 이상 형매 교배를 통하여 생산되는 것으로 정의된다. 그러나 한 계통이 40대 이상의 형매 교배를 거치기 전까지는 완전한 근교계가 되지 않은 것으로 생각되어야 한다. 근교계는 비교적 적은 동물 수를 가지고도 실험결과의 재현성을 얻을 수 있기 때문에 그 가치가 높다. 그리고 근교계는 유전적인 mapping에 많이 쓰이는데, 유전적으로 잘 동정되어 있으며, 또 상동염색체의 조합이 linkage crosses에 대해서 미리 예측될 수 있기 때문이다. Mus musculus castaneus와 *M. spretus*의 야생마우스 유래 근교계는 mapping에 광범위하게 사용되는데 그 이유는, 표준적인 근교계 마우스와는 상당히 많은 다형성의 차이를 가지고 있기 때문이다. F1 교잡마우스는 두 근교계 마우스를 교배하므로서 생산되는데 유전적으로 서로 동질성을 갖고 있으며 연구에 있어서 상당히 많은 동물을 제공할 수 있다. 예를 들면, 근교계 계통들은 행동학적으로 또는 학습능력에서 차이가 날 수 있는 데 반하여, 교잡마우스는 학습을 하는데 또는 행동학적으로 비정상인 현상이 잘 일어나지 않는다. 돌연변이 근교계는 자연적인 돌연변이 또는 화학물질 등에 의한 인위적인 돌연변이가 일어난 계통이거나 또는 형질전환이나 knockout 마우스 같은 유전자 조작 마우스, 염색체 이상을 갖고 있는 마우스 등이다. 그러한 계통의 유전적 배경은 보통의 근교계와 동일하지만 그 계통의 모든 또는 일부의 마우스가 돌연변이(또는 염색체 이상)를 보이는 것이다.

분리 근교계 돌연변이 계통에서 돌연변이 마우스는 변이가 일어난 부분만 변이가 일어나지 않은 다른 형제와 다르다. 따라서 한배의 형제를 이용한 실험에서 대조군으로 사용될 수 있다. Homozygous mutant strain의 대조군은, 같은 계통 또는 밀접하게 관련성이 있는 근교계 중 돌연변이가 일어나지 않은 마우스여야 한다. 예를 들면 C57BL/6J 마우스는 homozygous mutant C57BL/6J-m/m의 대조군으로서 공여된다. 한 계통 내에서 관심대상의 유전자가 돌연변이가 일어났을 때 그 계통을 coisogenic이라 한다. 관심 있는 유전자 또는 돌연변이가 다른 계통에 반복된 역교배를 통해서 이전되었을 때 그 계통은 congenic이라 한다.

근교계 마우스와 대조적으로 무작위 교배 또는 원교계가 있는데, 이런 마우스는 유전적으로 heterogeneous하고 근교계가 최소화되도록 고안된 번식체계에 의해서 생산된다. 원교계 마우스는 아주 높은 유전적인 이질성이 요구될 때, 또는 실험에 대해서 많은 동물의 수가 필요할 때 이용된다. 그러나 이질성을 획득하기 위해서 가능한 한 많은 수의 근교계를 서로 교잡하므로서 유전적인 이질성을 확립하는 것이 바람직하다. 한 집단 내에 임의 교배법으로 생산된 마우스는 털의 색이나 조직 적합 유전자좌나 효소, 그리고 DNA 다양성 등의 특징들이 서로 다를 수 있다.

무작위 교배는 번식용동물의 통계학적인 무작위 선발이 필요한데 난수표라든지 컴퓨터 프로그램으로서 이루어진다. 무작위 교배 또는 비근교계번식은 대규모의 집단에서만 수행할 수 있다. 소규모의 집단이나 또는 건강상태를 향상시키기 위해서 재분만을 유도할 때 병목을 통과하는 집단은 유전적인 이질성이 감소되고 결국에는 순종화가 된다. 사실, 무작위 육종 번식 집단은 종종 유전적으로 동질하게 되기도 한다. 예를 들면 표준적인 무작위 교배방식이라면 25개의 번식 쌍 집단에서 heterozygosity는 한 세대당 1%씩 감소할 것이다.

그래서 관리하기 쉬운 무작위 교배방식은 순환교배방식인데 각 쌍이 단지 한 번만 교배에 사용된다. 그래서 케이지는 실제로 순환하는 것처럼 보이는데, 각 케이지에는 *n*번째 세대의 마우스 한 쌍식만 갖고 있다. 다른 순환 set cage는 *n*+1 생산을 위한 번식집단으로서 제공한다. *n*세대에서의 각각의 번식쌍에서 한 마리의 암컷과 한 마리의 수컷을 *n*+1집단에 제공한다. 무작위 교배방식은 *n*세대의 각각 다른 번식쌍으로부터 유래된 암컷과 수컷을 *n*+1에 있는 다른 케이지에 할당하므로서 이루어지는 것이다.

Recombinant inbred strain은 두 근교계를 서로 교배함으로써 생긴 F2세대로부터의 마우스를 무작위로 교배시켜서 개발된 근교계이다. Homozygosity를 얻기 위해서 20대 이상의 형매교배를 통해서 번식된다. Recombinant inbred strain을 생산하는데 약 7년이 걸릴 수 있다. Recombinant inbred strain은 그 선조계통과의 사이에 차이를 보일 수 있는 형질 또는 양적인 유전적 차이를 mapping하는 데 가치가 있다. 왜냐하면 각 line은 근교계이며 유전적인 표현형의 자료가 축적되어 있기 때문이다. Recombinant inbred strain sets는 특성상 특히 환경의 다양성을 조절하는 데 가치가 있는데, 각 계통으로부터 유전적으로 동일한 마우스가 특성상 새로운 계통으로 분류될 수 있기 때문이다. Recombinant congenic strains는 Recombinant inbred strain sets와 유사한 방법으로 생산이 되는데, 틀린 점은 F1 생산 이후에 부모의 한쪽으로 역교배를 한 번 또는 두 번 이상 하는 점이다. 그래서 다른 부모 쪽의 공여계통으로서 명명된다. background와 donor genomes의 비율은 근교계를 진행하는 역교배의 횟수에 의해서 결정된다. 그외의 Advanced intercross line은 Recombinant inbred line의 3번째 형태인데, 두 근교계 사이에서 F2 generation을 생산하고, 다음 세대에 있어서 서로 교배를 시키는데 형매교배는 피하는 것이다. 이것을 만드는 목적은 견고하게 연관된 유전자 사이에 재조합의 가능성을 증가시키는 것이다.

## 2) 명명법

현재 1,000여 종의 분리된 비근교계와 근교계가 있고, 다양한 아계로 세분된다. 또한 수천계통의 돌연변이 마우스가 있다. 그래서 유전학적인 면이나 또 명명법에서 혼동을 피하도록 계통의 명명법이 완전하고 정확하게 되도록 하는 것이 필요하다. CBA/J는 망막 변성의 유전자를 가지고 있는데, CBA/Cam은 그렇지 않다는 사실을 보면, 아계의 변이에 대한 정확한 명명법이 중요한 것을 알 수 있다.

계통명은 숫자나 문자로 명명되며 그 계통의 기원과 역사에 대한 간략한 설명을 제공해준다. 예를 들면 C57BL/6J 근교계는 Cold Spring Harbor Laboratory (C)에서 57번째 암컷으로부터 유래가 되었으며, 색깔은 검고(BL) 그리고 아계의 계대수 6번째 마우스 유래이다.

한 근교계의 아계는 Laboratory Registration Codes(lab codes)를 사용해서 명명되는데, 독특한 2~4문자까지 사용되며, 그 자료는 Institute of Laboratory Animal Research에서 유지되는 등록체계로부터 얻을 수 있다.

C57BL/6J에서 J는 Jackson Lab.(J)에서 유지된 아계를 뜻한다. 새로운 계통의 계통명은 두 개의 현존하는 근교계를 새로 교배함으로써 얻어진 새로운 근교계에 대해서 만들어질 수 있다. 이것은 많은 유전공학적인 방법에 의한 돌연변이가 129 유래의 embeyonic stem cells로부터 유래되었고, C57BL/6-129 chimeras로 교배되었으며 첫 번째 세대 이후는 형배교배방법에 의해서 유지되었기 때문에 중요한 것이다. 예를 들며 C57BL/6J와 129 chimeras로부터 태어난 신생자에 대하여 형매교배를 통해 번식된 근교계는 B6129로 명명된다. 비근교계 계통 중에서 특히 특정 기준이 일치하는 것들은 lab. code를 계통명 앞에 놓으므로 명명된다. 그리고 그 사이에는 콜론(:)으로 표시한다. 예를 들면 HsD:ICR은 ICR 원교계가 한란이라는 회사에 의해서 유지된 것을 말한다. 또한 특별한 명명법으로 coisogenic이나 congenic, segregating inbred 그리고 여러 가지 RI strains을 구분할 수 있다. 한 strain이나 stock의 특징은 올바른 부호로부터 인식될 수 있다. 예를 들면 BXD-1/Ty는 C57BL/6J(B) 암컷을 DBA/2J(D) 수컷과 교배를 시킨 것으로부터 분만된 Recombinant inbred strain 중 첫 번째 line으로써 Taylor(TY)가 만든 것이다.

돌연변이 유전자는 돌연변이에 대한 간단한 약자로서 명명되는데(예를 들면 *shi*는 shiverer의 약자이다.), 돌연변이 유전자가 클론되었을 때 그 기원이 되는 유전자에 대한 부호가 사용되고 그리고 돌연변이 대립형질은 상첨자로 명명된다. 예를 들면 Mbp$^{shi}$는 myelin basic protein gene에서 보인 shiverer mutant 대립형질을 말한다. 유전공학적으로 만들어진 mice에 대한 명명은 복잡하고 앞으로 단순화할 필요가 있다. 현재 형질전환 계통은 계통의 부호 뒤에 형질 전환된 유전자의 부호가 뒤따르게 명명되어 있다. 형질전환 부호는 예를 들면 Tg(YYYYY)#Zzz와 같은 형태를 띠는데, 여기서 Tg는 transgene이고 (YYYYY)는 (유전자 부호와 같은) 삽입된 DNA의 간단한 설명이고 #은 주어진 vector를 사용해서 조작을 했을 때 얻어진 일련의 숫자 중 할당된 숫자이며, Zzz는 Lab. code이다. Transgene이 내재성 유전자에서 삽입 돌연변이를 일으켰을 때, 유전자의 돌연변이 상동염색체가 유전자 부호를 사용해서 명명이 되고 그리고 상첨자로 형질전환 유전자에 대한 약어를 붙인다(예 $in^{Tg/Zzz}$). Targeted mutation이나 Knockout은 돌연변이가 일어난 것을 상첨자로 표현함으로써 돌연변이 유전자를 명명한다. 예를 들면 $Cftr^{tm1\ Unc}$는 North Carolina 대학에서 생산된 마우스로서 cystic fibrosis transmembrane regulator gene에서의 첫 번째 돌연변이(first mutation)를 뜻한다. 유전자 치환 또는 knockin이라는 것은 비슷한 용어인데, 예를 들어서 $Myf5^{myod}$라는 것은 *Myf5* 유전자가 *Myod* 유전자로 치환되는 것을 말한다.

마우스에 대한 국제 표준 유전자명에 대한 위원회는 유전자명의 규칙에 대한 책임을 갖고 1950년도에 설립되었다. 그 규칙은 Mouse Genome Database(MGD) web site에서 online으로

표 1. 마우스의 정보에 관한 데이터베이스 및 웹사이트

| Internet resource | Web address |
|---|---|
| Comprehensive database sites and mouse sources | |
| Mouse Genome Database(MGD) | http://www.informatics.jax.org/ |
| JAX Mice | http://jaxmice.jax.org/index.shtml |
| MRC Mammalian Genetics Unit, Harwell, United Kingdom | http://www.mgu.har.mrc.ac.uk/ |
| The While Mouse Catalog | http://www.rodentia.com/wmc/ |
| ORNL Mutant Mouse Database | http://bio.lsd.ornl.gov/mouse/ |
| Genetically engineered mouse sites and sources | |
| Induced Mutant Resource | http://lena.jax.org/resources/documents/imr/ |
| TBASE | http://tbase.jax.org/ |
| European Mouse Mutant Archive(EMMA) | http://www.emma.rm.cnr.it/ |
| BioMedNet Mouse Knockout and Mutation Database | http://research.n.com/mkmd |
| Cre Transgenic and Floxed Gene Databases | http://www.nshri.on.ca/nagy/cre.htm |
| University of California Resource of Gene Trap Insertions | http://socrates.berkeley.edu/~skarnes/resource.html |
| Database of Gene Knockouts | http://www.bioscience.org/knockout/knochome.htm |
| The Big Blue Web Site | http://eden.ceh.uvic.ca/bigblue.htm |
| The Mouse Brain Library | http://www.nervenet.org/mbl/mbl.html |
| Mouse biology | |
| Mouse Tumor Biology Database(MTB) | http://tumor.informatics.jax.org/cancer links.html |
| The Mammary Transgene Database | http://bcm.tmc.edu/ermb/mtdb/mtdb.html |
| Gene Expression Database(GXD) | http://www.informatics.jax.org/ |
| NetVet and the Electronic Zoo | http://netvet.wustl.edu/vet.htm |
| The Dysmorphic Human-Mouse Homology Database(DHMHD) | http://www.hgmp.mrc.ac.uk/dhmhd/dysmorph.html |
| The Mouse Atlas and Gene Expression | http://genex.hgu.mrc.ac.uk/ |
| Database Project | |
| UCD Medpaht Transgenic Mouse Searcher 2.0 | http://www-mp.ucdavis.edu/ personaltgmouse1.html |
| Mouse 2-D PAGE Database | http://biosun.biobase.dk/~pdi/jecelis/mouse_data_select.html |
| Body map | |
| Human and Mouse Gene Expression DB | http://bodymap.ims.u-tokyo.ac.jp/ |
| UNSW Embryology Mouse Development | http://anatomy.med.unsw.edu.au/cbl/embryo/otheremb/mouse.htm |
| Dynamic [Embryonic] Development | http://www.acs.ucalgary.ca/~browder/mice.html |
| Zygote: A Developmental Biology Website | http://zygote.swarthmore.edu/info.html |
| Mouse genomics | |
| Mouse Nomenclature Guidelines and Locus Symbol Registry | http://www.informatics.jax.org/mgihome/nomen/ |
| Trans-NIH Mouse Initiative | http://www.nih.gov/science/models/mouse/ |
| Gene Dictionary of the Mouse Genome | http://www.nervenet.org/main/dictionary.html |
| Genetic and Physical Maps of the Mouse Genome | http://www-genome.wi.mit.edu/cgi-bin/mouse/index |
| Mouse Backcross Service(U.K. HGMP Resource Centre) | http://www.hgmp.mrc.ac.uk/goneaway/mbx.html |
| The Jackson Laboratory Mapping Panels | http://www.jax.org/resources/documents/cmdata/ |
| WashU GSC Mouse EST Project | http://genome.wustl.edu/est/mouse_esthmpg.html |
| Japanese Animal Genome Database | http://ws4.niai.affrc.go.jp/ |
| NCBI LocusLink | http://www.ncbi.nlm.nih.gov/focuslink/ |
| UniGene Mouse Sequences Collection | http://www.ncbi.nlm.nih.gov/unigene/mm.home.html |
| TIGR Mouse Gene Index | http://www.tigr.org/tdb/mgi/index.html |
| NIA/NIH Mouse Genomics Home Page | http://lgsun.grc.nia.nih.gov/ |
| WICGR Mouse RH Map Home Page | http://www-genome.wi.mit.edu/mouse_rh/index.html |
| Mammalian Genetics Laboratory, National Institute of Genetics(Japan) | http://www.shigen.nig.ac.jp/mouse/mouse.default.html |
| Care and use | |
| Guidelines for Ethical Conduct in the Care and Use of Animals | http://www.apa.org/science/anguide.html |
| The Ethics of Using Transgenic Animals | http://oslovet.veths.no/transgenics/references.html |
| Institute for Laboratory Animal Research | http://www4.nationalacademies.org/cls/ilarhome.nsf |
| Laboratory Registration Code Database | http://www4.nas.edu/cls/afr.nsf/labcodesearch?openform |
| Research Genetics, Genomic Tools | http://www.resgen.com/index.php3 |
| General | |
| American Fancy Rat and Mouse Association | http://www.afrma.org/ |

얻을 수 있다.

## 4. 사육과 관리

### 1) 사육

마우스 사육은 종종 미생물학적인 요구에 따라서 분류된다. 한 집단이 일반사육 환경에서 사육될 수도 있고, 특정병원균으로부터 보호되는 격리시설에서 사육될 수도 있다. 격리사육의 예로서 양압 아이솔레이터와 대규모의 공기 흐름 랙 같은 것들이 있는데, 효율이 고도로 좋은 HEPA필터를 통해서 멸균된 공기를 제공한다. 또 환기장치가 개별적으로 부착된 케이지에서

표 2. 설치류 사육을 위한 깔개의 이상적인 기준[a]

| |
|---|
| Moisture absorbent |
| Dust-free |
| Does not promote microbial growth |
| Nonstaining |
| Atraumatic |
| Ammonia binding |
| Sterilizable |
| Deleterious products not formed as a result of sterilization |
| Easily stored |
| Uniform from batch to batch |
| No microbial or chemical contamination |
| Nonpalatable |
| Nonallergenic |
| Nontoxic |
| Non-enzyme-inducing |
| Nestable |
| Readily available |
| Inexpensive |
| Chemically stable during use |
| Animal behavior is not adversely affected |

[a]Modified from Kraft(1980).

사육될 수도 있다. 미세환경의 보존은 특별히 고안된 후드에서 케이지를 공급하거나 또는 교환하여 유지될 수도 있다.

마우스 케이지는 재질과 크기 및 디자인이 다양하다. 마우스를 사육하고 관리하는데 가장 일반적인 신발상자와 같은 케이지는 polysulfone, polycarbonate, polypropylene, polystyrene 등(뒤쪽으로 갈수록 가격이 저렴하고 내구성은 약하다)으로 만들어졌다. 마우스는 때때로 밑이 열린 철망이 현수된 케이지에서 사육되는데, 그러한 것들은 배설물이 수집판으로 떨어지도록 하기 위해서이다. 현수 케이지는  마우스가 둥우리를 만들지 못하여 신생자의 체온조절이 어렵기 때문에 번식용으로는 거의 사용되지 않는다.

케이지 뚜껑은 스텐인레스 스틸로 만들어져, 세척하기 좋고, 녹이 쓸지 않는다. 케이지는 동물을 건조하고 깨끗하게 유지시켜 주어야 하며, 안락한 환경온도를 유지시키고, 또 활동하는데 또는 정상적인 자세를 취하는 데 불편함이 없도록 크기가 충분해야 하고 불필요한 물리적 고정을 피해야 하고, 사료를 먹고 물을 마시기에 편리해야 하며 과밀사육을 피해야 한다.

딱딱한 바닥의 케이지 내에는 위생적인 깔개를 깔아줘야 하는데 대팻밥이나 옥수수 줄기 같은 것들이 있다. 깔개를 고르는 기준은 실험과 사육에 따라 상당히 틀리다(표 2).

표 3. 깔개의 품질 평가[a]

| |
|---|
| Chemical properties |
| Pesticides and polychlorinated compounds |
| Mycotoxins |
| Nitrosamines |
| Detergent residues |
| Ether-extractable substances |
| Heavy metals |
| Physical properties |
| Particle uniformity |
| Absorbtivity |
| Ammonia evolution |
| Visible trauma and irritant potential |
| Microbiological properties |
| Standard plate count |
| Yeasts and molds |
| Coliforms and *Salmonella* |
| *Pseudomonas* |

[a]Modified from Kraft(1980).

그림 1. 필터캡 케이지

사용하기 전에 깔개를 고압 멸균하는 것이 바람직하다. 그러나 이것이 일상적이지 않을 때에는 그 깔개의 재료와 미생물학적 내용물이 [표 3]과 같은 기준으로 평가된 후에 사용되어야 한다.

뚜껑에 필터를 부착한 케이지는 전염성 미생물의 공기전파를 감소시키고 방어할 수 있다는 증거가 있기 때문에 많은 대학 연구실에서 일반적으로 사용된다(그림 1).

또한 사람에게 알레르기를 유발시키는 물질을 최소로 방출하기 때문에 선호되고 있다. 그러나 이러한 형태의 케이지는 수동적인 공기의 교환을 요구하며, 이산화탄소나 암모니아의 축적을 유도하기 쉬워서 케이지를 위생적으로 유지하기 위하여 깔개를 자주 교환해야 한다. 최근에 규모가 큰 환기장치가 개별적으로 부착된 케이지가 사용되고 있어서 해로운 가스의 상승을 막지만 가격이 상당히 비싸다.

### 2) 관리

마우스에 대한 영양학적인 요구는 유전적인 배경, 질병 상태, 임신, 환경 등에 의해서 영향을 받는다. 실험용 마우스의 영양학적인 요구는 미국의 National Research Council에 의해서 정기적으로 발표된다. 사료 섭취와 체중 증가는 특정 마우스나 계통의 영양학적 요구를 평가하는 데 이용되고 있다. 마우스는 이유기에 하루에 약 3~5g 정도의 사료를 소모하는 데 일생 동안 그 양이 유지된다. 비근교계 마우스는 근교계 마우스보다 체중 증가가 더 빠른 경향이 있고,

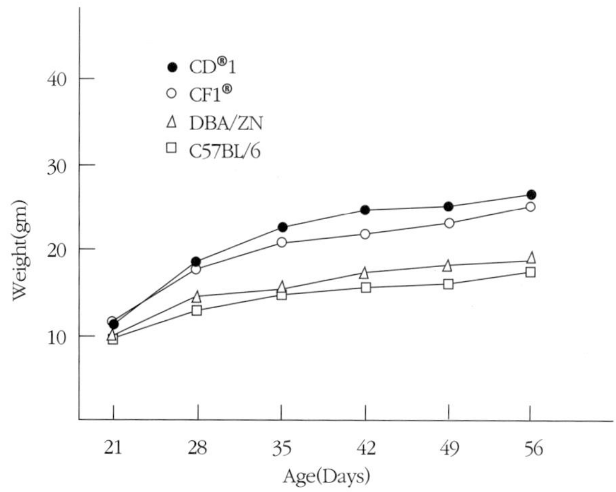


그림 2. 성장 비교: 암컷 비근교계 (CD1과 CF1)와 근교계 마우스(DBA/ZN과 C57BL/6) (Charles River Breeding Laboratories에서 제공된 자료)

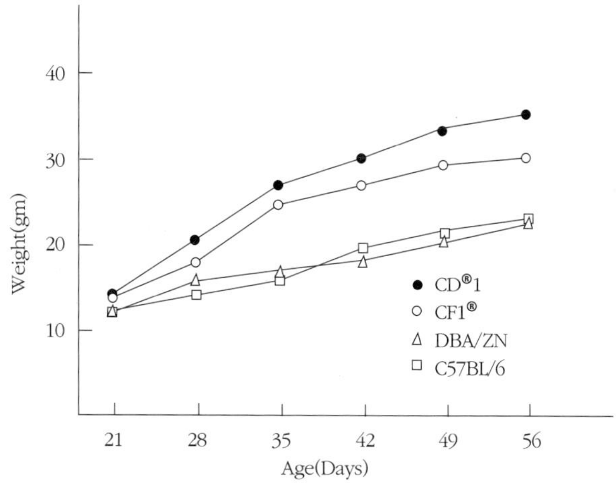


그림 3. 성장 비교: 수컷의 비근교계 (CD1과 CF1)와 근교계 마우스(DBA/ZN과 C57BL/6) (Charles River Breeding Laboratories에서 제공된 자료)

성숙시 체중이 더 무겁다(그림 2, 3).

사료는 많은 동물 실험에서 변수로써 생각되지 않는 경향이 종종 있다. 사료는 약물이나 화학물 및 기타 다른 요소에 대한 반응에 영향을 줄 수 있고, 연구 결과에 오차를 줄 수 있다. 그러므로 사료는 필수영양소가 균형 있도록 되어야 하고, 오염은 최소한도로 막아야 한다. 자연산물로 판매되는 식이는 마우스의 번식과 유지에 좋다. 신선한 산물, 곡물, 어분 및 기타 보충

사료들은 마우스 집단에 세균이 유해한 화학물질을 제공할 수도 있기 때문에 공급해서는 안 된다. 마우스는 사료에 수분이 많을 때도 음수에 쉽게 접촉할 수 있도록 해줘야 한다. 물은 마른 사료를 부드럽게 해주고 그리고 사료의 수분을 높이는 데 필요하다. 성숙마우스는 하루에 6~7ml 물을 마신다. 음수량이 감소되면 사료소비량도 감소된다. 음수의 불균형이 질병상태에서 일어날 수 있는데, 그 이유는 병에 걸린 마우스가 물을 거의 마시지 않기 때문이다. 질병에 감염된 마우스에게 약을 경구로 투여하는 것은 바람직하지 않다. 그러나 항생물질은 음수를 통해서 예방적으로 투여되는데 보통 면역저하 마우스에서 감염성 질병을 방어하기 위해서 흔히 쓰이고 있는 방법이다.

# 제2장 마우스의 생물학

## 1. 생리학과 해부학

마우스의 정상적인 생리치는 [표 1]에 나타나 있다. 그리고 임상화학적 참고자료는 [표 2]에 요약되어 있다.

### 1) 온도와 물의 조절

마우스는 체중 그램(g)당 비교적 넓은 체표면적을 가지고 있다. 이것은 주위온도(Ta)의 변화에 극심한 생리학적 변화를 초래하게 한다. 예를 들면 마우스는 찬 기온에 노출되면 몸을 떨지 않고 열을 내는 반응을 한다. 낮은 온도에 적응되어 있는 마우스가 활동하지 않을 때에는 기초대사율보다 3배 정도에 상당하는 열을 발생하는데, 그것은 다른 동물보다 훨씬 큰 변화이다. 마우스 한 마리가 표준온도보다 낮은 주위환경에서 1°C 체온을 유지하는데 24시간 동안 46Kcal/$m^2$를 발생한다. 마우스는 열의 흡수 · 소산 영역이 큰 대동물만큼 밤의 찬 온도를 잘 견뎌내기 힘들다. 그러므로 겨울철에 온도를 낮춤으로써 동물사육장의 에너지를 절약하려는 것은 바람직하지 않다. 체중대비 증발면적의 비율이 크기 때문에 마우스는 대부분의 포유동물보다 수분 손실에 아주 민감하다. 마우스에서 수분의 생물학적 반감기는 1.1일 정도로서 대동물보다 더 빠르다.

비강에서 내뿜는 공기를 차갑게 함으로써 체내수분의 보존이 증가되고, 또 오줌의 농도를

표 1. 마우스의 정상생리치[a]

| | |
|---|---|
| Adult weight | |
| Male | 20~40gm |
| Female | 18~5gm |
| Life span | |
| Usual | 1~3years |
| Maximum reported | 4years |
| Surface area | 0.03~0.06cm$^2$/g bd |
| Chromosome number(diploid) | 40 |
| Water consumption | 6.7ml/8 weeks age |
| Food consumption | 5.0gm/8 weeks age |
| Body temperature | 98.8~99.3°F(37-37.2°C) |
| Puberty | |
| Male | 28~49days |
| Female | 28~49days |
| Breeding season | None |
| Gestation | 19~21days |
| Litter size | 4~12pups |
| Birth weight | 1.0~1.5gm |
| Eyes open | 12~13days |
| Weaning | 21days |
| Heart rate | 310~840beats/min |
| Blood pressure | |
| Systolic | 133~160mmHg |
| Diastolic | 102~110mmHg |
| Blood volume | |
| Plasma | 3.15ml/100gm |
| Whole blood | 5.85ml/100gm |
| Respiration frequency | 163/min |
| Tidal volume | 0.18(0.09~0.38)ml |
| Minute volume | 24(11~36)ml/min |
| Stroke volume | 1.3-2.0ml/beat |
| Plasma | |
| pH | 7.2~7.4 |
| $CO_2$ | 21.9mEq/L |
| $CO_2$ pressure | 40±5.4mmHg |
| Leukocyte count | |
| Total | 8.4(5.1~11.6)×10$^3$/μl |
| Neutrophils | 17.9(6.7~37.2)% |
| Lymphocytes | 69(63~75)% |
| Monocytes | 1.2(0.7~2.6)% |
| Eosinophils | 2.1(0.9~3.8)% |
| Basophils | 0.5(0~1.5)% |
| Platelets | 600(100~1000)×10$^3$/μl |
| Packed cell volume | 44(42~44)% |
| Red blood cells | 8.7~10.5×10$^8$/mm$^3$ |
| Hemoglobin | 13.4(12.2~16.2)gm/dl |
| Maximum volume of single bleeding | 5ml/kg |
| Clotting time | 2~10min |
| PTT | 55~110sec |
| Prothrombin time | 7~19sec |

[a]From Lab Anim Med(2002).

표 2. 성숙마우스에 대한 임상화학적 수치의 표준범위

| Analyte | Units | CD-1 M | CD-1 F | C57BL/6 M | C57BL/6 F | BALB/cBy M | BALB/cBy F |
|---|---|---|---|---|---|---|---|
| Serum | | | | | | | |
| Glucose | mg/dl | 112±38.1 | 97±39.9 | 121.7±33.2 | 134.4±20.3 | 171.6±57.2 | 174.9±31.0 |
| Urea nitrogen | mg/dl | 38±20.1 | 37±16 | 32.7±3.5 | 23.6±5.3 | | |
| Creatinine | mg/dl | 1.10±0.45 | | 0.50±0.08 | 0.84±0.298 | 0.43±0.14 | 0.45±0.07 |
| Sodium | mEq/liter | 166±8.6 | 166±4.1 | 166.7±8.9 | 160.8±4.40 | 157.8±5.7 | 157±6.70 |
| Potassium | mEq/liter | 8.0±0.85 | 7.8±0.75 | | | | |
| Chloride | mEq/liter | 125±7.2 | 130±3.9 | | | | |
| Calcium | mg/dl | 8.90±2.06 | 10.30±1.58 | | | 8.10±0.80 | |
| Phosphorus | mg/dl | 8.30±1.46 | 8.00±1.85 | | | 5.95±0.63 | |
| Magnesium | mg/dl | 3.11±0.37 | 1.38±0.28 | | | | |
| Iron | μg/dl | 474±44 | 473±16 | | | | |
| Alanine aminotransferase | IU/liter | 99±86.3 | 49±22.6 | 41.4±16.4 | 29.3±7.1 | | |
| Aspartate aminotransferase | IU/liter | 196±132.6 | 128±60.6 | 99.5±33.4 | 73.6±15.3 | | |
| Alkaline phosphatase | IU/liter | 39±25.7 | 51±27.3 | 59±11.4 | 118±15.9 | | |
| Lactate dehydrogenase | IU/liter | | | | | 378±269 | |
| Protein, total | g/liter | 44±11.0 | 48±8.5 | 53.9±7.5 | 63.5±8.8 | 55.7±8.9 | 54.6±8.3 |
| Albumin | g/liter | | | 36.7±5.2 | 46.4±7.0 | 31.7±4.7 | 39.3±5.4 |
| Cholesterol | mg/dl | 114±56.3 | 72±20.1 | 94.8±16.9 | 92±15.9 | 150.4±29.9 | 118.2±36.1 |
| Triglycerides | mg/dl | 91±58.5 | 53±23.6 | 97±21.1 | 78±12.2 | | |
| Bilirubin | mg/dl | 0.4±0.2 | 0.5±0.35 | | | 0.7±0.15 | |
| | | Male | Female | Female | | | |
| Luteinizing hormone | ng/ml | 10-40 | 20-40 (basal) | 1500-2000 (proestrus) | | | |
| Follicle stimulating hormone | ng/ml | | 80-120(basal) | 250-300 (proestrus/estrus) | | | |
| Prolactin | ng/ml | <1 | 10-20 | | | | |
| Growth hormone | ng/ml | | 1-90 | | | | |
| Thyroid stimulating hormone | ng/ml | | 300 | | | | |
| Thyroxine | μg/dl | 7.4±0.5(BALB/c) | | | | | |
| Corticosterone | μg/dl | 9(start of dark period) 5(start of light period) | 40(middle of dark period) | | | | |
| Epinephrine | pg/dl | 0-200 | | | | | |
| Norepinephrine | pg/dl | 30-300 | | | | | |
| Progesterone | ng/ml | | 5(early proestrus) | 35(late proestrus, estrus) | | | |
| Estradiol | pg/ml | | 1-5(basal) | | | | |
| Testosterone | ng/ml | 1.5-2.0 | | | | | |
| Urine | | | | | | | |
| Volume | ml/16hr | 1.6±0.9 | 1.7±1.1 | | | | |
| Specific gravity | | 1.0341±0.005 | | | | | |
| pH | | 5.011 | | | | | |
| Osmolality | Osm/kg | 1.06-2.63 | | | | | |
| Creatinine | mg/100g/24hr | 2.6±0.91 | | | | | |
| Glucose | mg/24hr | 0.53±0.19 | | | | | |
| Protein | mg/24hr | 0.7±0.33 | 3.21±1.05(B6C3F1) | | | | |
| Albumin | mg/ml | 11.9±0.2 | | | | | |

[a]Summarized from Loeb and Quimby(1999).

높혀서 수분의 보존이 향상된다. 수분의 보존은 체온을 안정시키는 역할을 해줄 수 있다. 만약 마우스가 체온의 상승에 대처하여 체내수분을 증발시킨다면, 마우스는 탈수 때문에 쇼크를 일으킬 것이다. 마우스는 땀샘을 가지고 있지 않고 개처럼 혀를 헐떡거릴 수 없으며, 침을 흘리는 능력도 아주 제한적이다. 마우스는 주위 환경온도가 섭씨 20°C에서 섭씨 35°C로 상승하는 변화에 대해서 부분적으로 대처할 수 있다. 마우스는 지속적으로 체온을 서서히 올리고, 대사율을 지속적으로 감소시키며, 열손실을 증가시키기 위해서 혈류를 귀 쪽으로 증가시켜서 주위 환경온도에서의 지속적인 그러나 적당한 증가에 적응한다. 야생상태에서 몸을 식히는 일차적인 수단은 굴을 파서 숨는 것이다. 케이지나 화물차 또는 비행기 내에 갇혀 있을 때 마우스는 고열에 대해서 살아남기가 힘들어, 주위온도가 37°C 이상이 될 때 죽기 시작한다. 그래서 마우스는 진정한 온혈동물은 아니다. 실제로 신생 마우스는 변온동물이며 생후 20일 전까지는 온도조절이 잘 발달되어 있지 않다.

마우스에서 표준온도대(thermoneutral zone)는 마우스의 계통과 환경조건에 따라서 틀리지만, 섭씨 29.6~30.5°C로서 지금까지 측정된 다른 포유동물에서보다 아주 좁은 범위를 가지고 있다. 표준온도는 생리학적인 면이나 경제성 또는 안락성과 동일시해서는 안 된다. 주위환경이 21~25°C에서 사육한 마우스가 표준온도 대에서 유지되는 마우스보다 더 빨리 자라며, 번식률도 좋고, 그리고 태자의 생존율도 높다는 것이 많은 연구로부터 밝혀져 있다.

### 2) 호흡기계

호흡기계는 3개의 주요한 부분을 갖는다. 전반부 호흡기계는 비공, 비강, 비 후두로 이루어졌고, 중간부는 모두 연골로 지지되어 있는 기관, 후두, 기관지로 이루어져 있으며 호흡기계의 후반부는 폐로 이루어졌다. 왼쪽 폐는 한 개의 엽으로 이루어져 있고, 오른쪽 폐는 4개의 엽으로 나뉘어져 있다(그림 1).

쉬고 있는 마우스는 한 시간 동안 체중 그램당 3.5ml의 산소를 소모하는데 이것은 코끼리보다 22배 많은 것이다. 이러한 높은 대사율을 지지하기 위해서 마우스는 높은 폐포내 산소압을 가지고 있고, 빠른 호흡률, 짧은 기도, 높은 적혈구 농도 그리고 높은 적혈구 hemoglobin과 carbonic anhydrase 농도를 가지고 있다. 그리고 혈액 중 높은 산소 포화능력 및 높은 산소압으로 조직모세혈관에서 산소가 해리되도록 해주는 산소해리곡선 경향을 가지고 있고, 또 현저한 Bohr 효과(예를 들면, pH의 변화에 다른 산소와 헤모글로빈의 결합력이 뚜렷이 차이가 난

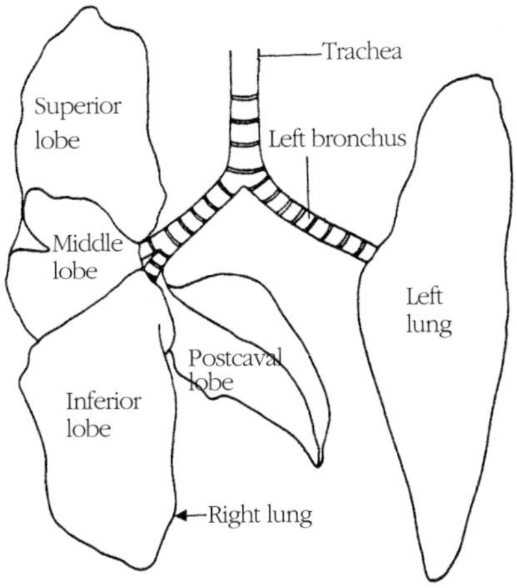


그림 1. 마우스 폐의 구조

다.), 높은 모세혈관 밀도, 그리고 높은 혈당농도를 보인다.

### 3) 비뇨기계

비뇨기계는 신장, 요관, 방광, 요도로 구성되어 있다(그림 2).

쌍으로 된 신장은 복강의 배측부 정중선으로부터 양측에 있다. 오른쪽 신장은 정상적으로 왼쪽 신장보다 두부 쪽으로 앞에 있다. 많은 근교계의 수컷 신장은 암컷의 신장보다 무겁다.

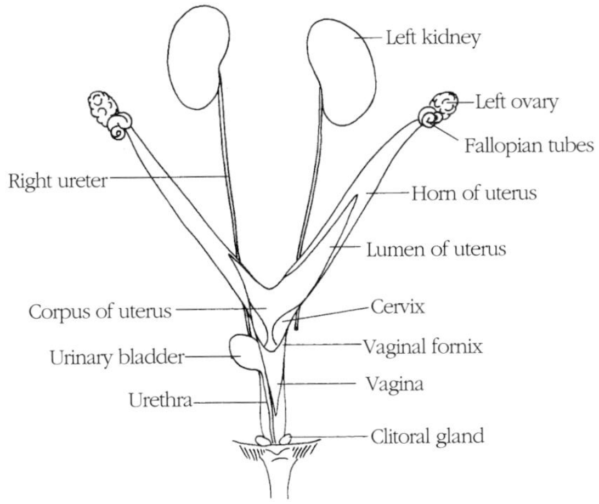


그림 2. 마우스 암컷의 비뇨생식기계

사구체는 소형으로 직경 74㎛ 정도이고, 랫드 사구체의 약 반 정도 크기이다. 그러나 랫드보다 마우스의 사구체는 조직 그램당 여과면적은 배이며, 사구체의 수도 4.8배이다.

마우스는 한 번에 한두 방울의 오줌을 배설한다. 오줌은 아주 고도로 농축된다. 수질부에서 Henle's loops와 관련된 giant vascular bundles이 형성되기 때문에 오줌은 고도로 농축될 수 있다. 마우스는 오줌을 리터(L)당 4,300mOsm까지 농축할 수 있는데, 사람에서는 리터당 1160mOsm이 가장 최대로 농축할 수 있는 농도이다.

마우스는 정상적으로 많은 양의 단백질을 오줌으로 배출한다. 타우린은 마우스 오줌에서 항상 볼 수 있지만, 트립토판은 없다. 크레아틴은 마우스 오줌에서 항상 배설되는데, 다른 동물에서는 거의 배설되지 않는다. 절식시킨 마우스에서 creatinine-creatine 비율은 약 1:1.4이다. 마우스는 요산보다 알란토인을 더 많이 배설한다.

### 4) 소화기계

대부분의 동물에서 혼합선인 악하선은, 마우스에서 한 종류의 침을 분비한다. 위장관계의 관상부분은 식도, 위, 소장, 맹장, 결장으로 이루어져 있다. 마우스의 식도는 두꺼운 각화 평편상피로 덮여 있어 위내 투여가 비교적 간단하다. 위의 근위부는 역시 각화되어 있지만, 위의 원위부는 선조직이다. 위에서는 사료의 유무에 관계없이 계속 위액이 분비된다.

위장관내 정상 세균총은 100여 종 이상의 세균으로 이루어져 있는데, 그것들은 출생직후에 선택적으로 소화관에 집락을 시작한다. 정상 마우스의 맹장에는 분변 그램(g)당 $10^{11}$개의 세균이 있다. 소화기관내 전반에 있어서 세균은 이로운 효과를 주는 장 내의 복잡한 환경시스템을 구축 하는데, 다른 장내 병원성 미생물에 대한 저항을 증가시키고, 필수 비타민을 생산하며, 중요한 생리학적 기능의 항상성을 유지시킨다(그림 3).

Gnotobiotic 동물은 알려진 미생물이 체내에 집락화된 동물을 말하는데, 생의학연구의 모델동물로서 좋은 장점을 가지고 있다. 일부 연구에서는 germfree 마우스의 체내에 특정 미생물로 집락화시키는 것이 바람직하다. 1960년 중반에 Schaedler가 germfree 마우스에 정상적인 마우스로부터 분리된 선택된 세균의 집락화를 처음 시작하였다. 그는 계속해서 동물생산업자에게 이러한 미생물군을 제공하였다. 이렇게 확인된 세균은 혐기성 세균과 통성혐기성 세균으로 이루어졌다. 설치류의 정상 미생물의 대부분을 이루고 있는, 산소에 아주 민감한 소위(extremely oxygen sensitive: EOS) 방추형세균은 포함되지 않았는데 그 이유는 분류와 배양에

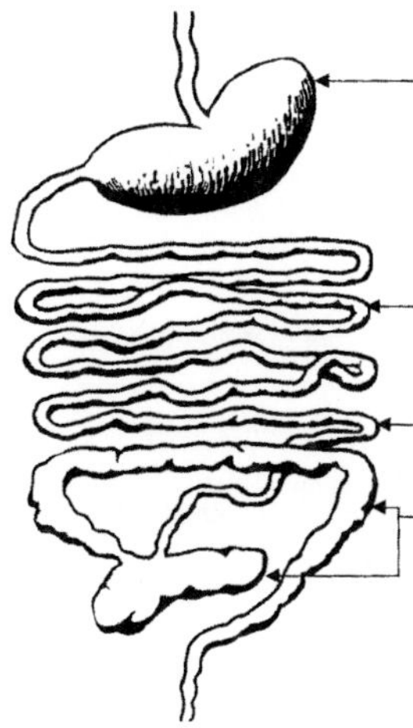


그림 3. 마우스 위장관 내의 정상 미생물총

서 어려움이 있었기 때문이었다. Gnotobiotic 연구에서 사용된 미생물 중에서 나중에 정의된 'Schaedler flora' 라고 알려진 것들이 가장 일반적인 것이다. 1978년에 NCI는 Schaedler flora 또는 'cocktail' 이라고 하는 것을 개정하기로 결정하였는데, 그 목적은 germfree 설치류에 특정 세균을 집락화시키는 데 이용되는 미생물을 표준화하기 위한 것이었다. 새로 정의된 미생물은 변형된 'Altered Schaedler flora' (ASF)로 알려져 있으며, 4개 원래의 Schaedler flora의 그룹과 (2개의 유산균, Bacteroides distasonis, EOS fusiform bacterium), 나선형의 세균, 새로운 3개의 fusiform EOS bacteris로 이루어져 있다.

동정된 미생물 총을 가지고 있는 gnotobiote 마우스를 모니터링하는 것은 어려운 작업이다. 의도적으로 감염시킨 특정화된 미생물 군에 대한 미생물이 있는가 그리고 우발적으로 감염된 미생물이 없는가를 확인해 줄 필요가 있다. 과거의 모니터링은 미생물의 형태학, 제한적인 미생물의 생화학적 특성 및 성장 특성에 의존해 왔다. 최근에 8개의 ASF 계통이 16S rRNA 염기서열 분석에 의해서 분류되었다. 그 중 3개의 계통은 형태학적인 기준에 따라 lactobacillus acidophilus, lactobacillus salivarius, bacteroides distasonis로 동정되었다. 16s rRNA 분석으로 각 계통이 기존의 가정적인 분류방법과 다르다는 것을 보여주었다. ASF 361 계통에 대한 16S RNA sequences결과 Lactobacillus murinis와 Lactobacillus animalis(둘다 마우스로부터 분리)의 16s RNA sequence가 일치하였고 이들 모두 한 종으로 밝혀졌다. ASF 360은 고유의 유산균으로서 L. acidophilus나 L. lactic와 같은 집단에 속한다. ASF519는 Bacteroides distasonis,

Bacteriodes merdae, Bacteriodes forsythus 그리고 CDC group DF-3이 포함되어 있고 이름이 정해져 있지 않은 속으로 분류된다. 이 미상의 속은 Cytophaga-Flavobacterium-Bacteriodes phylum에 위치하며 Porphyromonas 속과 가장 밀접한 관계가 있다. 나선형 균인 ASF 457은 Flexistipes phylum에 속해 있으며 염기서열이 Robertson이 설치류로부터 분리한 것과 일치한다. 나머지 4개의 ASF주는 EOS 방추형세균으로서 계통학적으로 낮은 G+C gram(+)균(Firmicutes, Bacillus-Clostridium group) 군에 속한다. 16S rRNA염기서열의 정보는 ASF균 주의 빠른 동정을 하도록 해주며, 다양한 병원성 미생물과 함께 감염된 마우스의 장 질병에서 ASF균의 관계를 분류하는데 상세한 정보를 제공해준다.

### 5) 림프계

림프계는 림프관, 흉선, 림프절, 비장 그리고 호재성의 주변 림프절 그리고 장에서의 Peyer' s patches로 이루어져 있다. 마우스의 림프절은 상당히 많지만 아주 작아서 수 mm에 달한다. 전형적인 림프절은 콩 모양으로서 피질과 수질로 이루어져 있다. 피질은 B 림프구가 우세한 피질소절과 T 림프구가 우세한 방피질로 나뉘어진다. 마우스는 구개나 후두 쪽에 편도를 가지고 있지 않다. 비장은 위의 대만부 옆쪽에 놓여져 있다. 계통에 따라서 다양한 정도로 부비장을 가지고 있다. 연령과 계통, 성별 그리고 건강상태는 비장의 형태, 모양, 크기에 영향을 준다. 예를 들어서 수컷 비장은 암컷 비장보다 50% 더 클 수 있다. 대부분의 림프구는 혈류를 통해서 비장에 들어가고 또 비장을 떠난다. 백비수는 중심동맥을 따라서 구성되는데, T 림프구와 B 림프구 영역으로 나뉜다. 중심동맥 주변에 판상을 이루고 있는 곳에는 주로 $CD4^+$, $CD8^+$ 림프구가 있다. 그리고 배 중심을 이루고 있는 림프 여포는, 종종 주변부에 위치하고 있다. 적비수는 유동과 망상 조직으로 이루어졌다. 세포성 그리고 체액성 면역요소는 혈류를 통해서 운반되어 수출 림프관과 림프도관에 의하여 조직으로 가고 결국 정맥계로 들어가게 된다.

흉선은 전부흉종격 밑에 있다. 그것은 성 성숙시기에 가장 크기가 크게 되었다가, 생후 35~80일 정도 되면 퇴축한다. 흉선은 T 림프구의 성숙과 분화에 중요한 역할을 한다. 이 기능은 신생자에서는 완전하지 않다. 흉선절제는 면역체계의 실험적 조작을 하기 위한 면역학적인 연구에서 수행된다. 신생자에서 흉선을 적출하면 순환 림프구가 감소되고, 또 특정 면역반응, 특히 세포성 면역에 불균형을 초래한다. 성숙마우스에서 흉선을 절제하면 즉시적인 효과는 없지만 몇 개월 뒤에 마우스는 순환 림프구가 점진적으로 감소하고, 그리고 세포성 면역에 불균형을 일으킨다. 돌연변이로서 흉선이 없는 누드 마우스는 면역조절에서 흉선 연구를 하는 데 중요한 수단이 되고 있다.

점막 관련 림프조직(MALT)은 많은 림프구를 가지고 있으며, 비장이나 림프절보다 더 많은 면역 글로블린을 생산한다. MALT는 외부와 연결되어 있는 체강에 연결된 모든 말초 림프조직을 뜻한다. 거기에는 Peyer' s patches, 맹장 림프조직 그리고 상하부 호흡기계의 림프조직, 비뇨기계의 림프조직을 포함한다. 림프관은 림프구가 많은 영역에 들어가서 림프절과 혈류를 직접 연결시킨다.

### 6) 혈관계, 세망 내피계

골수와 비장의 적비수는 마우스의 일생 동안 적혈구와 과립구 그리고 거핵구의 전구체를 생산한다. 골수는 뼈의 기질에 보호되어 있으며, 혈관과 지방조직이 풍부한 지지조직에 의해서 유지되고 있다. 골수 유래의 단핵성 탐식구는 항원 입자를 제거해서 림프구에 항원 제시 세포로서 작용한다. 조직 대식구는 비슷한 방법으로 기능을 하지만, 주변부 림프조직, 폐 · 장 · 간 · 피부 같은 많은 조직에서 발견된다.

### 7) 심혈관계

심장은 4개의 방으로 이루어져 있는데, 얇은 벽의 심방과 두꺼운 벽의 심실로 이루어져 있다. 마우스는 기록장치로 측정하였을 때 수축기 혈압이 84~105mm Hg의 범위에 있다. 체온이 상승되어도 혈압의 상승이 유도되지는 않는다. 심박수, 심분출량, 심근섬유의 넓이는 동물의 크기와 관련되어 있다. 심박수는 310~840/min의 범위를 가지고 있는데, 계통에 따라서 혈압과 심박수의 차이가 많이 관찰된다.

### 8) 근골격계

골격은 두 부분으로 구성되어 있다. 주축골격은 두개골, 척추, 늑골, 흉골 그리고 전지대 및 후

지대와 쌍으로 된 사지로 구성된 사지골격골로 이루어져 있다. 정상 척추골격의 구성은 마우스에서 경추 7개, 흉추 13개, 요추 6개, 천추 4개, 미추 28개 되어 있고, 계통에 따라서 차이가 있으며 특히 흉추와 요추에서 차이가 많다. 정상 마우스에서 치식은 한 개의 절치와 3개의 어금니가 각 1/4 part에 있다. 이것은 앞쪽부터 뒤쪽으로 발달해 나간다. 세 번째 어금니는 양 턱에 있는 가장 조그만 이로서 야생 마우스와 일부의 계통에서는 결손되어 있다. 절치는 계속 자라서 저작시 닳아 없어진다.

### 9) 신경계

마우스 뇌는 전형적인 포유동물의 구조를 가지고 있다. 그러나 영장류처럼 뇌구가 발달되어 있지 않다.

### 10) 생식기계

암컷의 생식기계는 한 쌍의 난소와 난관, 자궁, 자궁벽, 질, 음핵 그리고 한 쌍의 음핵선으로 이루어져 있다. 음핵선은 수컷의 귀두선과 유사하다. 음핵와의 측벽으로 들어가는 도관을 통해

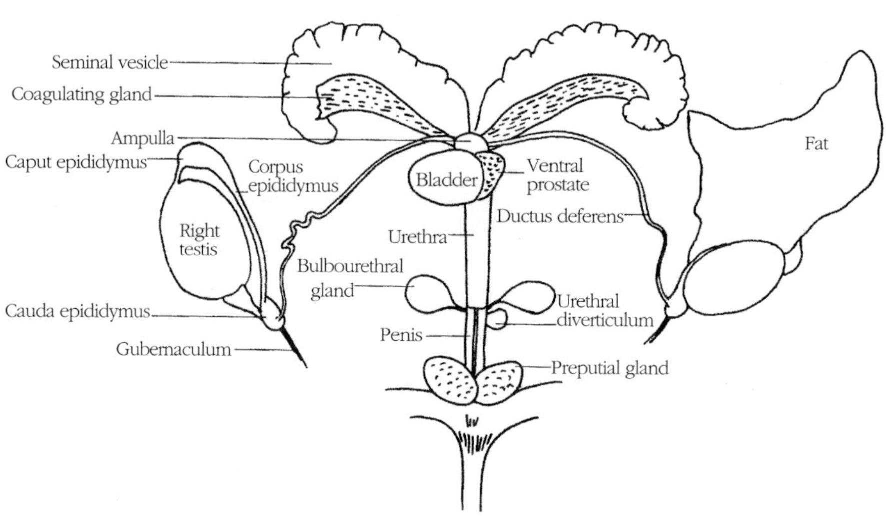


그림 4. 숫컷 마우스의 생식기

서 지방성 물질을 분비한다. 암컷 마우스는 정상적으로 5쌍의 유선을 가지고 있는데, 경 흉부 지역에 3쌍, 세혜부 복부지역에 2쌍을 가지고 있다.

수컷의 생식기는 한 쌍의 고환, 요관, 음경 그리고 요도와 전립선, 요도구선, 귀두선으로 구성되어 있다(그림 4).

## 2. 번식

소음이나 식이, 조명, 집단밀도 같은 외부적인 영향은 번식에 중요한 역할을 하고, 또 난소와 고환기능을 호르몬으로 조절하는 뇌하수체와 시상하부 축에 직·간접적으로 영향을 준다. 유전형 역시 마우스의 번식에 큰 영향을 미친다.

### 1) 성성숙

성성숙은 임신을 하여 태자를 가질 수 있는 최초의 시기를 말한다.

난포 자극호르몬(FSH)은 양성에서 배우자 형성을 촉진한다. 황체호르몬(LH)은 estrogen과 progesterone을 암컷에서 분비하게 하고, 수컷에서는 androgen을 분비하게 한다. Prolactin은 임신중에 난소의 발달과 유즙의 분비를 촉진한다. 이러한 성선 호르몬은 생식기계를 적당하게 유지시켜 주며, 성공적인 짝짓기를 촉진하는 행동을 조절한다. 뇌하수체는 암컷에서는 생후 12일에, 수컷은 생후 6일쯤되면 호르몬 영향에 반응을 한다. 난소의 난포 발달은 생후 3주 후부터 시작을 하고, 30일쯤이면 성숙을 한다. Gonadotropin치가 증가하면 같은 나이에서 성성숙의 증상이 나타나게 된다. 암컷에서는 질 개구시의 질 상피의 각화와 같은 estrogen 의존성 변화가 24~28일쯤 일어난다. 성성숙은 수컷에서는 그보다 조금 더 늦게 일어난다(2주까지). 성성숙은 각 계통에 따라서 또 마우스의 아계에 따라서 틀리며 계절적인 요인이나 환경적인 요인에도 의존적이다. 교미행동과 수태 그리고 분만까지 태자를 유지하는 능력은, 뇌하수체 전엽에 의해서 조절되는 복잡한 호르몬 조절 하에 있다.

### 2) 발정주기

마우스는 다발정을 보이며, 주기는 4~5일 정도이다. 전발정과 발정기에서 활발한 상피증식이 생식기계에서 일어나는데, 배란기에서 최고점에 다다른다. 상피의 변성은 세 번째 단계에서 일어나는데, 바로 휴지기가 뒤따르게 되며 세포 증식이 늦거나 중지하는 시기이다. 각 주기에 특징적인 질 상피의 변화가 뒤따르게 되는데, 그것은 종종 암컷의 교미와 수정에 대한 적절한 수용능력을 결정하는 데 척도가 된다(표 3).

질구의 개방과 음순의 부종은 전 발정기와 발정기를 확인할 수 있는 특징이다. 연령이 높아

표 3. 발정 주기에 따른 마우스 생식기의 변화[a]

| Stage | Smear[b] | Uterus | Ovary and oviduct |
|---|---|---|---|
| Proestrus | Epithelial cells to epithelial-cornified cells or epithelial-cornified cells; leukocytes to epithelial cells | Hyperemia and distension increases. Active mitoses in epithelium, few leukocytes | Follicles enlarged and distended with considerable liquor folliculi. Few mitoses in germinal epithelium and in follicular cells |
| Estrus | Epithelial-cornified cells to cornified+cells | Distension and activity are maximal during estrus and then decrease. No leukocytes | Ovulation occurs, followed by distension of upper end of oviduct. Active mitoses in germinal epithelium and in follicular cells |
| Metestrus | Cornified++cells, epithelial cells, leukocytes++ | Distension decreased. Leukocytes in epithelium. Walls collapsed. Epithelium degenerates. Mitoses rare | Follicles undergoing atresia. Growing corpora lutea. Eggs in oviduct. Few mitoses in germinal epithelium and in follicular cells |
| Diestrus | Epithelial cells, leukocytes, more or less mucus | Pale in appearance, walls collapsed. Epithelium healthy but contains many leukocytes. Some secretion by uterine glands | Follicles begin rapid growth toward end of period |

[a]Adapted from Bronson et al.(1996).

[b]+indicates many cells; ++indicates very many cells; -indicates transition from epithelial to cornified. The descriptions for smerars are typical; there is considerable variation.

표 4. 성숙마우스에서 페로몬 분비를 유도하는 인자들[a]

| 요인 | 효과 |
|---|---|
| 스트레스를 받은 마우스 | 다른 마우스를 흩어지게 한다 |
| 암컷 | 수컷의 공격적이고 성적인 행동, 유인성을 유발 |
| 외부로부터의 암컷 | 다른 암컷의 공격성 유발 |
| 비유기 암컷 | 수유기 마우스 유인 |
| 수컷 | 암컷을 유인 |
| 외부로부터의 수컷 | 다른 수컷의 공격성 유발 |
| 같은 영역의 수컷 | 같은 그룹의 수컷의 공격성 억제 |

[a]Modified from Shorey(1976).

감에 따라 발정기가 불규칙하게 된다. 계절적 요소, 다양한 사료에서 확인되는 에스트로겐 물질과 같은 식이요소 그리고 유전적 배경이 발정주기에 영향을 준다.

후 분만 발정인 경우 보통 분만 14~24시간 정도 후에 관찰된다. 그러나 질의 각화는 완전하지 않다. 그리고 수정 가능한 교미는 정상발정기와 비교해서 드물다. 마우스는 자연배란을 한다. 배란은 매 번의 번식주기와 항상 일치하지는 않으며, 발정은 각 배란과 일치하지 않을 수 있다. 그 이유는 발정은 성선 호르몬에 의존적이지만, 배란은 성선자극호르몬에 반응을 하기 때문이다. 발정과 배란의 주기성은 매일의 광주기 리듬에 의해서 조절된다. 교미와 발정, 배란은 광주기 중 어두울 때 일어난다. 조명 주기를 거꾸로 할 때 발정 주기도 역으로 된다.

Pheromone(표 4)과 사회적인 환경 또한 발정주기에 영향을 준다. 예를 들면 발정은 대규모로 사육되는 마우스에서 억압되는데, 그 이유는 휴지기 또는 위임신기 때문이다(Whitten 효과). 이러한 영향은 수컷 유래인 화학적인 자극 (pheromone)에 의하여 유발되는 취각의 자극에 의해서 중화될 수 있다. 이와는 대조적으로 다른 계통의 낯선 수컷 마우스로부터의 pheromone은 최근에 번식한 암컷 마우스에서 위임신이나 착상을 방해할 수 있다(Bruce effect). 수컷과 쌍을 이루기 전에 암컷을 집단 사육함으로써 발정을 동기화시킬 수 있다. 집단 사육은 발정을 억압하지만 수컷 pheromone에 노출시키면 발정 주기가 다시 시작하여, 대부분 쌍을 이룬 후에 3일 정도면 암컷에서 발정이 시작된다. 다음 발정은 약 10일 정도 후에 일어난다.

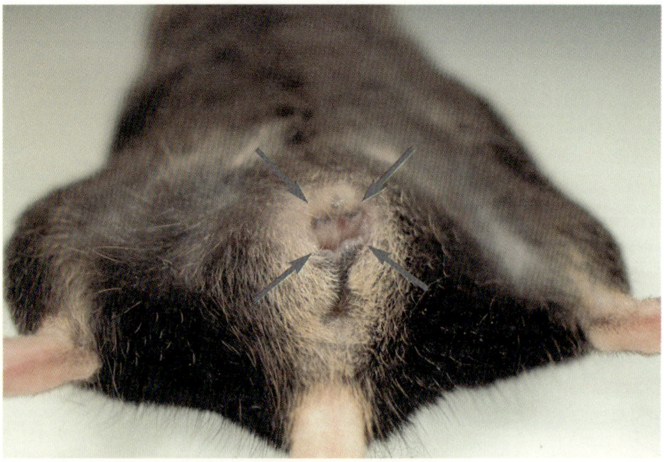

그림 5. 교미 후 암컷마우스의 질에서 관찰되는 플러그

### 3) 교미

교미는 정상적으로 질전(정낭선과 응고선의 혼합물)의 형성에 의해서 파악되는데, 질전의 형성은 계통에 매우 의존적이다. 질전은 자궁 경부로부터 음순까지 채워진다(그림 5). 질전의 검출은 질의 세포진단과 함께 수정과 수태를 평가하는 데 이용된다.

자궁경과 음순이 발정기때 물리적으로 자극을 받으면 Prolactin이 뇌하수체 전엽으로부터 분비되어 황체로 하여금 progesterone을 분비하게 한다. 분비는 13일 동안 계속된다. 만약 수정이 되면 태반은 progesterone 생산을 담당하게 되고 수정이 일어나지 않으면 위임신이 일어나는데, 그 기간에 발정과 배란은 일어나지 않는다.

수정은 난관의 상부와 팽대부에서 일어난다. 정상 태자를 생산하는데 난자는 배란 후 10~12시간 정도 동안 수정될 능력이 있다.

### 4) 임신

임신기간은 보통 19~21일이다. 임신 후 분만발정 때문에 비유와 임신이 동시에 일어날 수 있다. 비유는 임신을 지연시킬 수 있는데, 그 이유는 착상이 지연되기 때문이다. 어떤 계통의 근교계에서는 12~13일까지 임신이 지연될 수 있다.

근교계의 번식 수명은 적당한 환경조건이 유지될 때 2년까지 이른다. 그러나 암컷이 노령화가 되면서 태자 수는 감소한다. 그러므로 암컷은 보통 1년 정도면 번식을 중지시킨다. 산자 수는 계통에 의존적이지만 1~12마리이다.

### 5) 출산 후 발달과 이유

어미가 돌봐주는 것이 신생자 체중 변화의 70%까지 관여를 하고 있다. 신생자를 돌보는 어미는 보통 3주간 비유를 한다. 젖의 생산은 분만 후 12일에 최고로 달하고, 그 이후 21일 이유할 때까지 감소한다. 흥미롭게도 oxytocin이 신생자를 돌보는 데에는 필요하지만 분만이라든지 번식행동에는 필수적이지 않다.

어미로부터 일부의 체액성 면역이 자궁을 통해 신생자로 전달되지만 대부분은 초유를 통하여 전달된다. 초유를 통한 수동면역의 전달로 숙주는 바이러스, 세균, 기생충 등 많은 항원에 대하여 방어할 수 있다. 항체는 비유기 동안 젖을 통해 계속 분비된다. 이유 후 수주 이내에 어미로부터 획득한 면역이 소실된다. 모유로부터 받은 면역을 소실하면 감염에 감수성이 높게 되기 때문에, 이유 마우스를 격리시설에서 사육하도록 해야 한다.

## 3. 행동

마우스는 사회적인 포유 동물로서 pheromone이 사회에서 중요한 역할을 한다(표 4). Pheromoe은 크게 2개의 category로 나뉘어져 있는데, 일차적인 pheromone과 분비성 pheromone이다. 일차적 pheromone은 서골비기관(Vomero nasal organ)에서 인지되는데, 이것은 메시지를 중추 신경계에 전달하고, 그 결과 행동을 조절한다. 분비성 pheromone은 CNS와 관련된 행동 반응을 일으킨다. Pheromone은 발달과 번식과정에 아주 빈번하게 영향을 준다. 수컷에 의해서 생산된 일차적 pheromone은 암컷 마우스에서 번식 생리를 조절한다. 한 가지 이상의 반응이 같은 pheromone에 의해서 유도될 수 있다. 예를 들면 수컷 마우스의 주요 뇨단백에 결합하는 작고 구조적으로 다양한 ligands들은 수용체가 있는 암컷에서 성성숙을 촉진시키는 pheromone 활성을 나타낸다. 이 ligands 중에 4개는 발정동기에 관련되어 있다(Whitten 효과). 그러나 이 같은

그림 6. 같은 케이지에서 사육한 C57BL/6 마우스로 왼쪽 마우스는 수염이 있지만 오른쪽은 수염이 없다.

화학 감응성 물질이 양성의 성성숙에 관련되어 있다고 밝혀져 있으며, 암컷의 발정기에도 관련되어 있다고 밝혀져 있다. Pheromone을 이용한 의사전달은 특히 미묘한 행동이라든지 번식양상을 연구하거나 또는 마우스 집단을 사육관리할 때 잘 고려되어야 한다.

마우스에서의 행동은 또한 유전자형과 환경에 의해서 결정되기도 한다. 예를 들면 수컷 BALB/c 마우스는 싸우기 좋아하여 물린 상처가 머리, 어깨, 등, 회음부, 꼬리에 자주 나타난다. 공격 성향은 한 배로부터 유래한 신생자 중 수컷만 한 케이지에 함께 사육하거나, 이유 전에 쌍을 이루었던 수컷만 한 케이지에 사육함으로써 감소되기도 한다.

털을 씹거나 수염을 씹는 행위는 사회적인 우위성의 예 중 하나이다(그림 6). 이러한 성향은 몸치장을 하는 데 있어서 과장된 표현일 수도 있다. 우세한 마우스는 보통 수염을 가지고 있다. 그래서 그 이름이 이발사 마우스라고 한다. 털을 씹음으로 해서 탈모가 일어나는 것은 외부기생충이나 미생물 감염 또는 부적절하게 만들어진 케이지 뚜껑에 의한 상처들과 구별되어야 한다.

사료를 먹고 물을 마시는 유지 행동은 주기적이며 주로 밤이나 저녁에 일어난다. 둥우리를 만드는 것은 또 하나의 중요한 사회적 행동으로서 마우스 케이지 내에 둥우리를 짓는 물질이나 또는 솜 같은 것을 넣어주면 관찰할 수 있다.

유전자 조작이 된 마우스는 특히 행동학적 연구에서 많이 이용되고 있다. 약 100여 개의 다른 유전자가 마우스 중추신경계에서 연구에 이용되고 있다. 형질전환 마우스와 knockout 마우스에서 그러한 유전자가 확인되고 있으며 표현형이 검증되고 있다.

최초의 행동학적인 평가는 일반적인 건강상태와 신경학적 반응을 평가하는 것이었다. 그 후 지각신경과 운동신경기능은 정량적으로 평가되어 왔다. 특별한 검사방법으로 케이지내 행동, 체중, 체온, 털과 수염의 형태, 청각시험, 눈 깜박임, 동공축소, 콧수염 반사, 귀반사, 회전막대에서의 운동능력, 턱걸이 등이 있다. 또 최근에는 학습과 기억, 사료에 대한 반응성 그리고 인간의 고뇌에 대한 분리성 증후군, 억압, 마약중독에 관련된 행동 등에 초점이 맞추어 연구가 진행되고 있다. 마우스에서 행동학적인 표현형을 표준화시키기 위한 실질적인 노력이 계속되고 있다.

## 4. 면역학

마우스는 면역학 연구에서 포유동물 모델로 매우 중요한데, 그 이유는 광범위한 자료를 마우스로부터 얻을 수 있으며, 또 면역학적인 시료의 이용 가능성, 마우스 게놈 프로젝트의 완료, 그리고 수많은 유전적으로 확인된 마우스 계통들이 도움을 주고 있으며, 최근에는 유전적인 조작을 통한 마우스를 많이 만들고 있기 때문이다.

### 1) 면역글로블린

마우스는 다섯 종류의 면역글로블린을 가지고 있으며, 그것은 중쇄에 의해 결정되며 isotype에 의해서 분류가 되는데, IgM, IgD, IgG, IgA, 그리고 IgE가 있다. IgG class는 $IgG_1$, $IgG_{2A}$, $IgG_{2B}$, $IgG_3$로 나뉜다. 체액성 면역반응은 반응을 유발시키는 데 사용된 면역원의 형태 또는 효과 및 기능을 나타내는 면역글로블린 isotype에 따라서 다양하다. 예를 들면 IgM은 항원에 처음 노출된 후에 분비되며, 그 다음에 혈중에 가장 많은 항체인 IgG가 뒤따른다. 바이러스 감염이나 세포질내 세균감염에서는 $IgG_{2A}$가 우세하며, 반면 기생충 감염에서는 $IgG_1$이 우세하다. $IgG_{2B}$와 $IgG_3$는 탄수화물과 같은 T 림프구 비의존 항원에 의해서 유도된다. $IgG_3$는 탐식에 중요한 역할을 함으로써 세균 항원반응에서 중요하다. IgE는 알레르기와 관련되어 있으며, IgA는 점막 면역에 중요한 역할을 한다. 끝으로 IgD 형질세포는 드물게 발견되며 정확한 기능은 확실하지 않다.

## 2) 세포면역

설치류의 림프구는 표면 마커에 대한 단클론 항체에 의해서 분류될 수 있는데 이런 것들을 CD antigens(cluster of differentiation)라고 부른다. 이와 같은 항원이나 그 기능을 인식하는 다른 단백질을 표현하는 세포의 명명은 마우스에서 광범위하게 결정되어 있으며, 이러한 지표들은 마우스 모델에서 병리학적 과정을 밝히는 데 이용되고 있다. 마우스 T 림프구는 2개의 중요한 phenotype으로 나뉘어지며, 그들의 CD molecules의 표현에 따라서 분류된다. CD 4 T-Cell(Helper T cell)은 MHC Class II에 제한적이며, 체액성 면역에 필수적인 B 림프구의 반응을 촉진하는 데 중요하다. $CD8^+$ T-Cell은 MHC Class I에 제한적이며, 세포매개성 면역에 (예를 들면, 병원체에 감염된 세포) 대해서 세포 독성 세포로서 작용을 하거나 또는 면역반응을 억압하는 작용을 한다.

## 3) Cytokines

Cytokines는 복잡한 생물학적 체계에 있어서 세포간 신호전달에 관여하는 신호물질이다. Cytokines와 관련된 신호전달은 조혈세포의 발달과정 중에 그리고 숙주 면역반응이 일어나기 시작한 후에 주로 일어난다. 항원 자극에 대한 조직반응을 조절하는 데 있어서 그들의 중요성 때문에 다수의 마우스 cytokines가 연구에 많이 사용되고 있다(표 5).

## 4) 면역억제 모델

많은 자연 발생 면역억제 모델동물이 연구에 사용되고 있다(표 6). 이들과 함께 수많은 면역억제 knockout, transgenic 그리고 dominant negative mutant 같은 마우스들을 사용함으로써 인간의 면역결핍뿐만 아니라, 면역체계의 기본적인 이해를 하는 데 있어서 많은 진척이 있었다. 유전자 조작 마우스를 사용하는 연구자들은 이러한 동물의 형질분석이 주의 깊게 수행되어야 한다고 끊임없이 제기하고 있는데, 그 이유는 면역체계가 아주 심하게 손상을 받을 수도 있으나, 그렇지 않을 때도 형질이 발현할 수 있기 때문이다. 또 주어진 유전자 산물이 특

표 5. 마우스 사이토카인의 분비세포, 표적세포 및 생체에서의 효력[a]

| Cytokine | Cell source | Cell targets | Function |
|---|---|---|---|
| IFN-$\alpha$, IFN-$\beta$ | Macrophages, B and T cells, fibroblasts, epithelial cells | Many cell types | Antiviral, antiproliferative, stimulate NK activity and macrophage functions |
| IFN-$\gamma$ | T cells, NK cells | Macrophages, lymphocytes, NK cells | Proinflammatory, promotes Th1 immune responses/secretion of Th1-associated cytokines |
| IL-1$\alpha$, IL-1$\beta$ | Macrophages, endothelial cells, keratinocytes, lymphocytes, fibroblasts, osteoblasts | Many cell types | Proinflammatory, stimulates fibroblasts and bone catabolism, neuroendocrine effects(fever, sleep, anorexia, corticotropin release) |
| IL-2 | Activated T cells | Macrophages, T and B cells, NK cells | T cell growth factor, stimulates NK activity |
| IL-3 | T cells, mast cells | Mast cells, hematopoietic progenitors | Promotes proliferation and differentiation of mast cell and hematopoietic cell lineages (granulocytic monocytic, megakaryocytic) |
| IL-4 | T cells, basophils, mast cells, bone marrow stromal cells | B and T cells, mast cells, macrophages, hematopoietic progenitors | Proliferation and differentiation of B cells(Ig switching to $IgG_1$ and IgE) and Th2 cells(anti-inflammatory by inhibiting Th1 immune responses) |
| IL-5 | T cells, mast cells | Eosinophils, B cells | Stimulates eosinophilia, growth and differentiation of B cells, Ig switching |
| IL-6 | Fibroblasts, macrophages, endothelial cells, T cells | B and T cells, thymocytes, hepatocytes, neurons | Differentiation of myeloid cells, induction of acute phase proteins, tropic for neurons |
| IL-7 | Thymic and bone marrow stromal cells | B and T cells | Growth factor for B and T cells |
| IL-8 | Monocytes, neutrophils, fibroblasts, endothelial cells, keratinocytes, T cells | Neutrophils, basophils, T cells | Proinflammatory, activates neutrophils, enhances keratinocyte growth |
| IL-9 | T cells | CD4+ T cells, mast cells | Enhances hematopoiesis |
| IL-10 | Macrophages, T and B cells, mast cells, keratinocytes | Macrophages, T and B cells | Anti-inflammatory Th2 immune responses, inhibits Th1 responses |
| IL-11 | Stromal cells | Hematopoietic progenitor cells | Hematopoiesis |
| IL-12 | T cells | T cells, macrophages | Proinflammatory; promotes NK and cytotoxic lymphocyte activity; induces IFN-$\gamma$, which in turn promotes Th1 immune responses |
| IL-13 | T cells | B cells | Activation of Ig transcription, key mediator in asthma |
| IL-14 | Endothelial cells, lymphocytes | B cells | B cell growth factor |
| IL-15 | Fibroblasts, keratinocytes, endothelial cells, and macrophages | T and B cells, NK cells, monocytes, eosinophils, neutrophils | Enhances neutrophil chemokine production, cytoskeletal rearrangements, phagocytosis; delays apoptosis |
| IL-16 | Epithelial cells, mast cells, $CD4^+$ and $CD8^+$ cells, eosinophils | $CD4^+$ | $CD4^+$ T cell growth factor; proinflammatory; enhances lymphocyte chemotaxis, adhesion molecule and IL-2 receptor and *HLA-DR* expression |
| IL-17 | Human memory T cells, mouse $\alpha\beta$ $TCR^+$ $CD4^-$ $CD8^-$ thymocytes | Fibroblasts, keratinocytes, epithelial and endothelial cells | Secretion of IL-6, IL-8, PGE2, MCP-1 and G-CSF, induces ICAM-1 expression, T cell proliferation |
| IL-18 | Macrophages, keratinocytes, microglial cells | T cells; NK cells; myeloid, monocytic, erythroid, and megakaryocytic cell lineages | Proinflammatory, induces IFN-$\gamma$ and other Th1 cytokines, promotes Th1 development and NK activity |
| GM-CSF | Macrophages, stromal cells, fibroblasts, endothelial cells, lymphocytes | Hematopoietic stem cells, neutrophils, macrophages | Growth and differentiation of granulocytes, macrophages |
| TNF | Macrophages, T and B cells, NK cells | Many cell types | Proinflammatory, fever, neutrophil activation, bone resorption, anticoagulant, tumor necrosis |
| TGF-$\beta$ | Platelets, macrophages, T and B cells, placenta, hepatocytes, thymocytes | Many cells types | Anti-inflammatory; promotes wound healing, angiogenesis; suppresses hematopoiesis, lymphopoiesis, Ig production, NK activity; promotes Ig switching to IgA |

[a]IFN, interferon; IL, interleukin; GM-CSF granulocyte-macrophage colony stimulating factors; NK, natural killer; TNF, tumor necrosis factor; TGF, tumor growth factor.

표 6. 면역억제 마우스모델

| Model | Immunodeficiency | Phenotype | Major uses |
|---|---|---|---|
| Nude mouse | Defective transcription factor gene controlling thymic epithelial cell differentiation | Athymic and hairless (unrelated but linked gene defect) | Tumor and xenograft studies |
| SCID mouse | Defective DNA-dependent kinase that recombines gene segments coding for T(TcR) and B(Ig) cell receptors | No T cell functions<br>Hypoplastic lymphoid tissues<br>No Ig or T cell responses<br>Sensitive to ionizing radiation because of defective DNA break repair | V(D) J recombination studies<br>Tumor and xenograft transplantation<br>Lymphocyte subset transfer studies<br>Reconstitution of human hematopoietic system(Hu-PBL-SCID) |
| Rag-1 and Rag-2 mice | Defective recombinase enzymes (Rag-1 and/or Rag-2), preventing formation of functional B $\alpha$(Ig) and T(TcR) cell receptors | Hypoplastic lymphoid tissues<br>No Ig or T cell responses | V(D)J recombination studies<br>Tumor and xenograft transplantation<br>Lymphocyte subset transfer studies |
| XID mouse | Defect in Bruton's tyrosine kinase gene affecting signal transduction in B cells | Decreased B cell numbers, low IgM<br>Impaired response to polysaccharide antigens | Model for human X-lined agammaglobulinemia |
| Moth-eaten mouse | Defective phosphatase, impairing signal transduction from cell receptors | Deficient humoral and cellular immunity<br>Lack cytotoxic T and NK cells<br>Moth-eaten pelage secondary to folliculitis<br>Autoimmune syndromes<br>Hypergammaglobulinemia | Apoptosis studies<br>Autoimmune syndromes |
| Beige mouse | Mutation on chromosome 13 affects pigment granules (coat, retina) and lysosomal granules of type II pneumocytes, mast cells, and NK cells | Diluted coat color<br>Lysosomal storage disease<br>Impaired chemotaxis, bactericidal activity of neutrophils, decreased NK activity | Model for Chediak-Higashi syndrome<br>Crossed onto nude or SCID backgrounds for multiple imune deficiencies |
| 1pr and gld mice | Impaired apoptosis from Fas(1pr) or Fas ligand(gld) defect | Generalized lymphoproliferative disease(gld), autoimmunity, immunodeficiency | Apoptosis studies<br>Autoimmune syndromes |
| Cytokine KO mice (IL-2, IL-10, IFN-$\gamma$, TNF-$\beta$, others) | Genetically engineered disruption(knockout) of cytokine gene | Anemia(IL-2), wasting(IL-2, IL-10), and inflammatory bowel disease(IL-2, IL-10) when housed conventionally | Physiological role of cytokines in immune response and inflamation |
| Receptor KO mice (TcR, Ig, cytokine, MHC, adhesion molecules, integrins) | Genetically engineered disruption(knockout) of receptor gene | Lack functional response to signal of interest, variable immune compromise<br>Inflammatory bowel disease common in TcR KO | Physiological role of receptors in immune response and inflammation |

정 형질에 직접적으로 관여하는지 또는 면역체계가 심하게 억제되어 그 결과에 따른 2차적인 반응인지를 결정하는 데 어려움을 주기도 한다. 다른 생물학적 체계와 마찬가지로 보상성 기전이 그 형질의 발현을 막을 수도 있다. Dominant negative mutant를 사용함으로써 이러한 가능성을 어느 정도 제거하였는데, 그 이유는 비정상적이며 대사적으로 불활성한 단백질이 마우스에서 만들어지는데, 그 단백질은 여러 보상성 경로가 있음에도 불구하고 특정 경로를 차단할 수가 있기 때문이다.

# II. 마우스와 랫드의 질병

제1장 감염성 질병
제2장 대사성 및 영양성 질병
제3장 환경, 행동, 창상성 상해
제4장 선천성, 연령관련성, 그외 기타 장애

지금까지 실험용 마우스에 관한 지식은 주로 전통적인 계통이나 사육집단에 대한 질병의 영향을 조사하면서 발전해 왔다. 유전자 조작 마우스가 폭 넓게 사용되면서 현재의 개념이 많이 변화되었는데, 그 이유는 유전적인 조작, 그들이 표현되는 유전적 배경, 그리고 감염성 인자와 같은 외부의 요인들 사이에 새롭고 예측할 수 없는 상호작용 때문인 것이다. 그러한 조합이 예외적으로 높이 일어나기 때문에, 임상적 또는 실험적 진단시 유전자 조작 마우스에서 변형된 질병이 나타날 수 있다는 것에 주의해야 하며 예외의 증상, 병변 그리고 역학에 대하여 잘못 이해해서는 안 된다.

# 제1장 감염성 질병

본 단원에서 거론되는 많은 병원체와 외부로부터의 각종 상황들이 마우스를 이용한 연구를 방해할 수 있다. 마우스를 미생물학적으로 잘 관리되는 환경에서 사육하고 관리하면서, 특히 면역학적 기능부전 마우스는 치명적인 감염에 대한 위험성을 줄이도록 그러한 환경에서 사육되어야 하며 동시에 효과적인 미생물학적 감시체제를 확립하는 것이 감염의 위험성을 배제할 수 있는 방법이다. 미생물학적 검사를 수행할 때에는 다음과 같은 몇 가지 기본원칙이 강조되어야 한다.

(1) 미생물학적 감시는 사육 마우스와 외부로부터 생산되는 마우스 산물들(혈청, 세포주, 이식종양조직)을 대상으로 하여야 한다. 많은 실험동물 판매업자들은 그들이 판매하는 동물에 대하여 현재의 미생물학적인 검사결과를 제공한다. 이와 같이 상업적으로 획득되는 모든 동물에 대해서 다시 검사를 한다는 것은 경제적으로 또는 논리적으로 비실용적이다. 그러나 비상업용 자원으로부터의 획득한 마우스와 마우스 산물에 대한 완전한 검역과 실험실 검사는 필수적이다. (2) 검사는 실험동물 시설의 요구에 부합되어야 한다. 그래서 검사가 행해질 미생물군의 리스트, 검출하려고 하는 감염에 대한 최소한의 유행 수준, 검사 빈도, 한 번에 검사할 동물의 수와 지역할당, 시료채취 계획, 그리고 비용들을 고려해야 한다. 특히 현대적 사육 관리시설을 대상으로 할 때 검사방법에 대한 영향을 생각하는 것은 중요하다. 예를 들어 micro barrier cage 내에서는 감염에 대해서 마우스를 보호하며 케이지에서 케이지로 감염이 전파되는 것을 방해하기 때문에 아주 낮은 수준의 감염률을 보이는 질병을 검출할 수 없다. 그러므로 병원체를 검출하기 위해서는 다수의 깔개 시료에 대해서 감수성이 있는 마우스를 미리 노출시킨다든지, ventilated cage rack에서 나온 공기나 또는 한 번 사용한 깔개에 대하여 검사하든지

또는 대상 동물에 대해서 분자 수준의 진단을 병용하는 것이 필요하다. (3) 선택된 시험방법은 고도의 감수성과 특이성을 가져야 한다. 종래의 검사수준은 혈청학적인 것이었지만 분자수준의 진단이나 특히 기생충에 대해서는 현미경학적인 방법, 세균에 대해서는 원인 균에 대한 분리법들이 검사와 증명을 위해서 이용되어야 한다. (4) 시험결과에 대한 해석이나 또는 감염원을 수용할 것인가 제거할 것인가에 대한 후속 전략은 노출이 될 수 있거나 또는 이미 노출이 된 마우스에 대한 잠재적 영향, 그리고 미생물 검사와 감시방법에 대한 확신을 고려하여 그 원인체에 대한 충분한 지식에 근거해서 이루어져야 한다.

효과적인 감시전략은 연구수요나 시설 관리프로그램에 따라 다르기 때문에 감시프로그램을 수정하거나 착수하기 전에 질병이나 감염원을 시험하고 점검하는 다양한 문헌을 참조하는 것이 필요하다. 상세한 미생물학적 모니터링 방법은 다른 단원에서 설명한다.

## 1. 바이러스성 질병

### 1) Poxvirus 감염

#### (1) Mousepox

**원인** Mousepox는 orthopoxvirus로서, 항원적으로 그리고 물리 · 화학적으로 vaccinia virus와 밀접한 연관성을 가지는 Ectromelia virus에 의하여 유발된다. Ectromelia virus 야외 주는 많은 나라에서 분리되어 왔다. Hampstead(저 병원성), Moscow(고 병원성), NIH-79 (고 병원성) 같은 몇 가지 계통은 실험용 연구에서 광범위하게 사용되어 왔다. Ectromelia virus는 닭의 수정란의 장뇨막에서 증식하고 또 HeLa cells을 감염시킬 수 있으며 마우스섬유아세포(L cells), 계태아섬유아세포에서도 증식한다. BS-C-1 cell line이 특히 감수성이 있다. Ectromelia virus는 envelope hemagglutinin을 생성하고 검출하는데 근간을 이루는 혈구응집억제 반응(HI)이 역사적으로 중요한 mousepox의 혈청학적 진단법이다.

**임상증상** Mousepox에 이환된 마우스는 급성 무증상 감염이나, 급성치사성 감염 또는 사망률이 낮은 만성감염 과정중 하나를 겪게 된다. 임상증상은 바이러스의 병원성과 감염용량

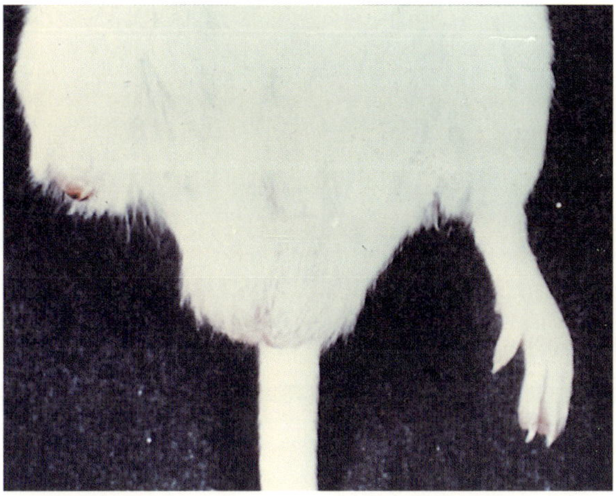

그림 1. Ectromelia (그리스어로 Ectroma: 유산, melos: 사지)는 괴사 또는 괴저 후에 사지의 탈락이 나타나는 것이 특징이다. (Laboratory animal medicine and science, GL Van Hoosier, Jr, DVM)

그리고 숙주와 관련된 요소(나이, 유전형, 면역학적인 능력, 바이러스가 침입한 부위) 등 바이러스와 관련된 요소와 숙주요소의 상호작용을 반영하여 나타나게 된다. 급성치사성 감염은 유전적으로 감수성이 높은 계통에서 일어난다. 감수성이 높은 마우스에서 발생하면 다양한 이환율과 높은 사망률이 나타난다. 임상 증상은 털이 거칠어지고 엎드려 있는 자세를 보이는데, 사망 수시간 전에서만 나타난다. 이것은 급성 치사성 상태이며 다수의 장기에 있어서 괴사가 관찰된다. 급성 감염에서 생존한 마우스는 피부발적이 특징인 만성 질병으로 이환하는데 병변의 정도는 실질장기의 감염에 따른 2차적인 바이러스 혈증의 정도에 따라 다르다. 발적은 체표 어느 곳에서든지 일어날 수 있으며 국소적이거나 전신적일 수 있다. 결막염이 관찰되기도 한다. 피부병변은 수주 이내에 감소되지만 탈모된 반흔조직은 남아 있게 된다. 발적 증상이 일어나는 동안에 꼬리나 사지에 바이러스가 감염되면 괴사와 절단이 일어날 수 있다(그림 1).

역학 Mousepox는 흔한 질병은 아니다. 발생은 산발적으로 일어나며 감염된 마우스나 마우스 산물의 수입을 통하여 일어날 수 있다. 예를 들면 감염된 마우스 혈청이 최근 미국에서의 발생원인이 되고 있다. 자연적인 노출은 피부상처를 통해서 일어나지만 실험적으로 경구접종을 하면 Peyer' s patches에 만성불현성 감염을 일으킬 수 있으며, 바이러스를 지속적으로 분변으로 배출한다. 만성 피부질병을 가지고 있는 마우스는 접촉을 통하여 바이러스를 전파할 수 있고 감염된 마우스조직의 공급원이 된다. 비강내 접종을 하면 괴사성 비염과 폐렴이 유발되고 최후에 전신적 질병으로 유도된다. 그러나 케이지에서 케이지로의 전파는 아주 낮으며, 실제로 케이지 뚜껑이 있다면 전파가 되지 않는다. Ectromelia virus는 실온에서 아주 안정적이며, 특히 건조한 상태에서도 안정적이어서 감염집단은 지속적으로 오염원이 될 수 있다. 공기전파는 자연적인 질병발생에서 중요한 요소는 아니다. 그리고 절족 동물 전파도 흔히 일어나는 전파경로는 아니다. 그러나 자궁 내에 감염과 태자의 사망이 보고되어 왔다. 따라서 제왕절개로 유도된 감염된 태아나 또는 수정란 유래 배양세포로부터도 전파가 가능하다.

마우스는 ectromelia virus의 유일한 숙주이다. 마우스유전형에 따라 감염의 경과나 증상의 정도가 틀리게 나타난다. DBA/1, DBA/2, BALB/c, A 그리고 C3H는 근교계 마우스 중에서 치사적인 감염에 가장 감수성이 높은 반면, C57BL/6와 AKR은 저항성이 있다. 면역저하 마우스는 감수성이 아주 높다. 마우스유전형에 따른 저항성의 기전은 완전히 이해되지 않았지만, 다수의 유전자와 관련된 것으로 생각되고 있다. 그 중 일부는 NK세포를 포함하는 림파구와 세망내피계세포를 통해서 표현되고 있다. 중등도의 저항성이 있는 마우스는 자연전파를 촉진한다. 그러한 마우스는 종종 오랫동안 생존하면서 바이러스를 전파하는 피부병변을 보이는데, 감염을 전파할 수 있는 주요 보균자로서 남게 된다. 떨어져 나온 각피나 분비물에 감염성 바이러스가 혼재하여 전파의 위험성이 증가한다. 바이러스 배출은 약 3주 동안 지속되지만, 바이러스는 각피나 분변에서 16주까지 발견된다. 저항성이 강한 마우스 계통도 또한 위험한데, 그 이유는 그러한 마우스가 무증상 감염중에 바이러스를 전파하기 때문이다. 그러나 저항성이 있는 마우스에서 감염은 그렇게 오래가지 않는 것으로 생각된다. 감수성이 높은 마우스는 감염된 마우스가 적절한 시기에 안락사된다면 그들이 바이러스를 전파하기 전에 죽기 때문에 오히려 감염을 전파하는데 위험성이 적다. 그래서 임상증상 없이 감염만 되는 마우스와 고도로 감수성이 있는 마우스를 같이 사육하는 것은 폭발적인 발생을 일으킨다. 어린 마우스나 나이든 마우스 모두 젊은 성숙마우스보다 치사성 감염에 대하여 감수성이 높다. 임상 증상 없이 감염되는 번식 마우스 중에서 모체이행 항체가 어린 마우스에서 질병의 현성화를 방어하지만, 감염을 지속시킬 수도 있다. 그러한 마우스는 계속해서 접촉 노출을 해서 바이러스를 전파한다.

**병리** Ectromelia virus는 세포질에서 증식하고, 두 가지 형태의 봉입체를 형성한다. A-type(Marchal body)은 조직학적으로 호산성이고 경계가 잘 구분되어 있다. 그것은 주로 피부나 점막의 상피세포에서 관찰되고, 장 점막 · 췌장 · 간장에서도 관찰될 수 있다(그림 2).

B-type의 봉입체는 호염성이고 바이러스 감염 세포에서 관찰된다. 그러나 조직을 강한 헤마톡실린이나 면역조직화학 같은 방법으로 염색하지 않으면 봉입체를 관찰하기가 힘들다. 피부 침입 후에 바이러스는 림프절에서 증식을 하고 나서 1차 바이러스혈증이 일어나게 된다. 비장

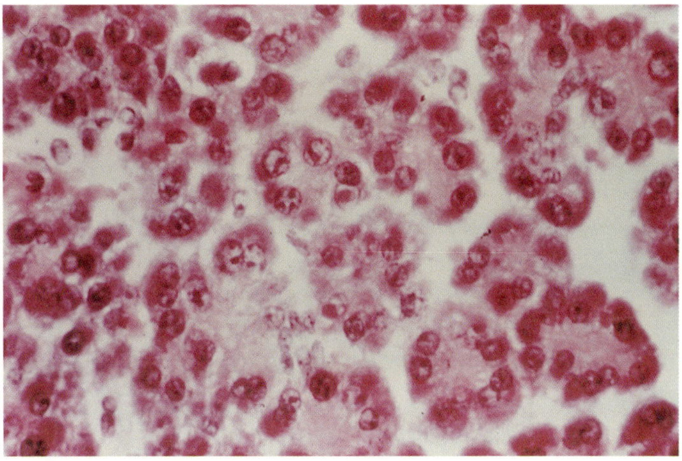

그림 2. 췌장 외분비 세포의 세포질에 관찰되는 호산성 봉입체 (Laboratory animal medicine and science, GL Van Hoosier, Jr, DVM)

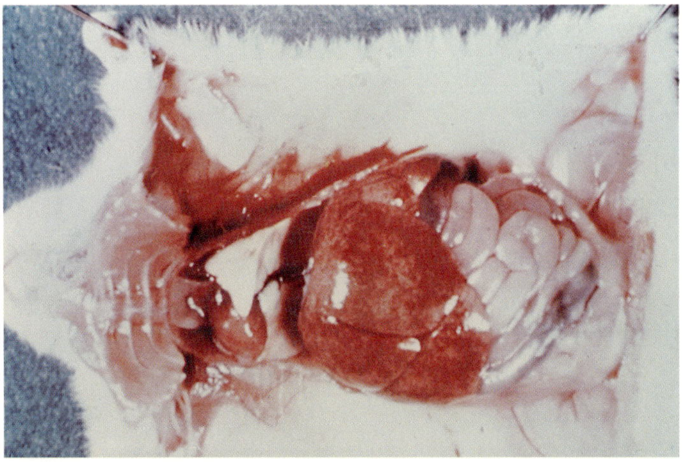

그림 3. 간장에 관찰되는 소상괴사소 (Laboratory animal medicine and science, GL Van Hoosier, Jr, DVM)

과 간장은 3~4일 만에 감염되며, 그 이후에 대량의 바이러스가 혈류를 통하여 피부의 세포에서 증식하게 된다. 이러한 과정은 약 1주일 정도 걸리는데 마우스가 간장이나 비장의 감염으로 인한 급성경과로 사망하지 않는다면 바이러스가 처음 침입한 부위에서 1차적인 피부병변만으로 종료된다. 그러한 1차적인 피부병변은 숙주의 항바이러스 세포성 면역 때문에 일어나게 된다.

감수성이 높은 마우스에서 고도의 간세포 괴사가 급성경과시 일어날 수가 있다. 괴사소는 흰색 반점으로서 간장전역에 걸쳐 나타난다(그림 3). 비치사성인 경우에는 재생성 변화가 괴사소 주변부에서 시작되지만 염증은 다양하게 나타난다. 급성 치사성인 경우 비장의 괴사는 보통 간장괴사보다 앞서서 일어나는데 그 정도는 거의 비슷하거나 더 심하게 일어난다. 적비수와 백비수의 괴사와 반흔화가 육안적으로 백색과 갈색의 모자이크형으로 나타난다. 흉선, 림프절, Peyer's patches, 장 점막 그리고 생식기의 괴사도 급성 감염기에 관찰된다. 반면에 저항성이 있거나 회복기의 마우스에서는 림파구의 증생이 일어난다. 심한 장 감염으로 출혈이 수반되기도 한다.

1차 피부병변은 바이러스에 노출 후 6~10일 정도에 일어나는데, 그 부분은 종창이 되고 염증성 부종 때문에 확장이 된다. 피부상피의 괴사는 표피의 가피화를 일으키고 심층부는 탈모성 반흔화로 치유된다. 2차 피부병변은(홍반) 바이러스혈증의 결과로서 2~3일 늦게 일어난다. 병변은 다발성으로 체표 전체에 산재되며 결막염, 안검염이 같이 일어날 수가 있고, 심한 경우에는 구강염, 혀의 괴사까지 동반되기도 한다. 피부병변은 궤양성이며 그리고 반흔화되기 전에 가피가 형성된다.

**진단** Mousepox는 임상증상, 병변, 혈청학적 검사, 그리고 바이러스의 확인이나 바이러스 항원을 조직에서 검출함으로써 진단할 수 있다. 특징적인 세포질내 호산성 봉입체가 진단에 도움을 준다. 바이러스는 배양세포(BS-C-1)나 수정계란에 접종을 함으로써 감염된 조직으로부터 분리할 수 있다. 몇 가지 혈청학적 검사가 mousepox를 검출하는 데 도움이 될 수 있다. 역사적으로 표준검사법은 혈구응집 억제반응인데, vaccinia virus를 응집항원으로 사용한다. ELISA법이 감도도 높고 특이성이 높기 때문에 백신을 접종하지 않은 마우스를 혈청학적으로 검사하는 방법으로서 혈구응집 억제반응 대신 이용되고 있다. Ectromelia virus 감염은 PCR, 간접형광항체법으로도 검출할 수 있다. 혈구응집원결핍 vaccinia virus로 백신을 한 마우스에서 vaccinia virus 감염과 mousepox를 구별하는 것은 백신주가 혈구응집원이 없다는 점을 이용한다. 이와 같이 백신이 접종된 마우스는 ELISA법으로는 양성 반응을 보이지만 혈구응집 억제에서는 반응을 보이지 않을 것이다.

**감별진단** 고도의 발병율과 치사율을 보이는 MHV, Tyzzer 병 reovirus 3 감염과 같은 다른 감염성 질병과 구별되어야 한다. 이들 질병은 실질장기에 급성 괴사가 나타나는데, 형태학적, 혈청학적, 바이러스학적 기준에 따라 구분이 가능하다. 만성 mousepox의 피부병변은 기회 감염성 또는 병원성 세균, 절족동물, 교상 등에 의한 피부병변과 구별되어야 한다.

**예방과 치료** Mousepox는 감수성 있는 마우스에 병원성이 있기 때문에 위험하다. 따라서 감염된 집단은 즉시 격리되어야 한다. 백신접종과 함께 감염 동물을 제거하는 것이 바이러스의 구제에 있어서 일차적인 수단으로서 이용되었지만, 노출된 마우스를 제거하기 전에 감염이 되었다는 것을 확신해야 한다. 마우스 조직이나, 공급장치, 기구, 감염 마우스와 직접 접촉할 수 있는 기타 장비는 포르말린, 차아염소산나트륨, 과산화염소 같은 화학물질로 소독을 해야 한다. 사육관련 물질들은 고압 멸균하거나 소각해야 한다. 감염된 사육실은 소독 후, 임상증상이 나타날 수 있는 감수성 감시 동물에 노출되어야 하고 수주 후 혈청반전이 생기는지 검사해야 한다. 감염동물의 제거와 소독은 철저하게 수행되어야 한다. 마이크로배리어케이지의 사용에 기반을 둔 현대의 사양관리체계의 장점은 감염을 확산시키지 않기 때문에, 특히, 형질전환 마우스처럼 대체할 수 없는 마우스의 경우에는, 검사를 통하여 적절하게 격리된 마우스를 도태시키는 것이 전 집단을 도태시키는 종래의 방법에 대하여 좋은 대체수단이 되고 있다. 그러한 마우스는 번식을 중단시키고 감염이 종식되기를 기다린다. 접촉감염을 통한 감시 마우스 시험법도 또 다른 방법으로서 적용될 수 있다. 또한 완전히 회복된 어미로부터의 모체 이행 항체는 어린 마우스를 감염으로부터 방어해 주기 때문에, 과거에 감염된 마우스로부터 바이러스에 감염되지 않은 마우스를 생산할 수 있는 기회를 주게 된다. 한편, 백신을 통하여 임상적으로 증상을 보일 수 있는 mousepox 감염을 막을 수 있다. 백신을 접종하기 위하여 혈구응집력이 없는 vaccinia virus를 꼬리의 배면 피부에 접종한다. 6~10일이면 전에 감염된 적이 있는 마우스에서는 나타나지 않지만, 감염된 적이 없는 마우스에서는 표피에 반응을 보이게

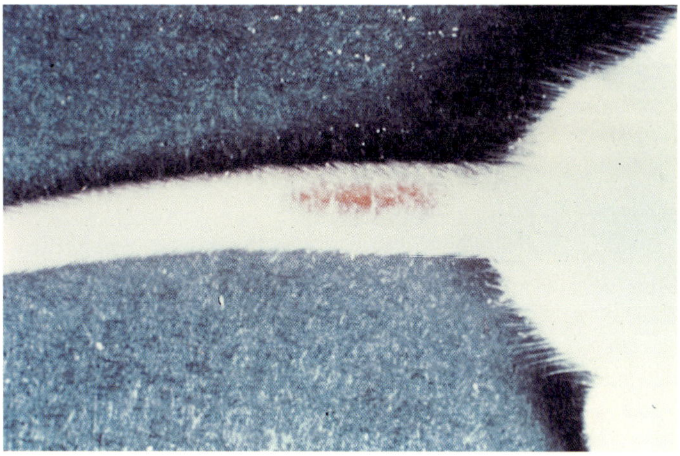

그림 4. 백신처치 후 6일째의 미근부 표피변화 (Laboratory animal medicine and science, GL Van Hoosier, Jr, DVM)

된다(그림 4).

감염된 마우스는 분리 검역되어 제거되어야 한다. 백신 접종된 마우스에서 감염이 일시적으로 발생할 수도 있기 때문에 백신이 감염을 완전히 막지 못할 수도 있다고 생각된다. 그리고 접종부위에서 최소한 며칠 동안 vaccinia virus가 산포된다. 따라서 진단적 시험방법으로 vaccinia virus나 ectromelia virus가 제거되었다는 것이 확인될 때까지는 마우스나 마우스산물들의 입수에 있어서 정기적인 혈청검사와 더불어 엄격한 관리와 같은 다른 예방적인 수단이 태만하게 되어서는 안 된다. 덧붙여, 백신을 접종한 집단의 혈청학적 검사에 있어서 혈청 반전은 확인되어야 한다. 마지막으로 vaccinia virus는 인간에게 감염이 되는 병원체이기 때문에 백신 절차에는 인간에게 노출을 방어하는 개인적인 방호방법이 포함되어야 한다.

**연구와의 관련성** Mousepox의 1차적인 위협은 감수성 있는 마우스의 높은 치사율이다. 감염이 일어나면 시간, 동물 그리고 경제적인 자원의 손실이 상당히 크다.

#### (2) 랫드 폭스바이러스 감염

이 병원체는 Turkmenia 설치류 폭스바이러스인데, 우두 바이러스와 유사하지만 Ectromelia virus와는 다르다. 임상증상은 마우스의 mousepox와 비슷하며, 잠복감염에서부터 높은 폐사율을 보이는 피부형이나 꼬리절단까지 다양하게 나타난다. 피부와 호흡기도에서 병변이 모두 관찰된다. 호흡기 소견을 보이는 랫드는 조직학적으로 부종, 출혈, 흉막 삼출액을 동반하는 간질성 폐렴을 나타낸다. 국소성 염증병변이 상부호흡기도에 나타난다.

### 2) Herpesvirus 감염

마우스는 자연적으로 두 종류의 herpesvirus에 감수성이 있다. 마우스 Cytomegalovirus와 흉선괴사바이러스이다. 이 바이러스들은 종 특이성이며, 항원적으로 서로 다르고 다른 설치류 herpesvirus와도 다르다.

#### (1) Mouse Cytomegalovirus(MCMV 감염)

**원인** MCMV는 마우스 종 특이적 $\beta$-herpesvirus이다. 그러나 마우스뿐만이 아니고, 햄스터, 토끼, 양, 사람을 제외한 영장류의 배양세포에서도 증식을 한다.

**임상증상** MCMV는 성숙 면역능력이 있는 마우스에서는 무증상 감염을 보이지만, 신생자에 감염 실험을 하면 여러 장기에 괴사와 염증이 일어나며 치사적이다.

**역학** 실험용 마우스에서 MCMV의 만연은 확실하게 밝혀져 있지 않은데, 그 이유는 감염이 되어도 임상적으로 불현성이며 혈청학적인 검사도 널리 실용화되지 않았기 때문이다. 야생마우스는 자연 보균자로서 감염원이 될 수 있으며, 현대의 사육시설에 바이러스가 침입할 수 있는 경로는 오염된 동물의 산물을 검역 없이 동물실에 반입하는 것으로 생각된다. 실험감염에 대한 감수성은 마우스의 연령, 바이러스의 용량, 감염 경로, 바이러스주 그리고 숙주 유전자형에 따라 매우 다르다. 감염은 어리거나 성숙한 마우스 모두 일어날 수 있다. 그러나 MCMV의 병원성은 연령에 따라 감소한다. 신생자는 감염에 매우 민감하여 치사적이지만, 질병에 대한 저항성은 이유 후부터 증가한다. 면역력이 저하된 마우스는 성숙할 때까지 병원성 MCMV 감염에 대해 민감하다. 비치사성 감염에 의하여 지속 감염이 특징적으로 일어난다. 지속적으로 감염된 마우스는 바이러스를 침, 오줌 그리고 눈물에서 수개월 동안 배출하는데 마우스와 마우스는 접촉을 통해서 수평 감염이 일어나게 된다. 바이러스는 전립선, 고환 그리고 췌장에 감염될 수 있는데 이것은 바이러스가 다른 경로로도 배출되고 있다는 것을 뜻한다. 수직 감염은 자연 감염 상태에서 중요한 요소가 아니다. 모체이행항체가 젖먹이 마우스를 감염으로부터 방어할 수가 있다.

**병리** MCMV는 마우스의 여러 조직에서 증식할 수 있다. 그리고 바이러스혈증이 흔히 일어난다. 병변은 자연감염 기간 중에는 뚜렷하지 않다. 흔히 세포의 종대(megalocytosis)만이 나타나는데, 그 세포에는 호산성의 핵내 또는 세포질내 봉입체가 관찰되고, 림프구와 형질세포가 침윤하는 간질성 염증이 관찰된다. 특히 경부 타액선에서 병변이 심하다. 전술한 바와 같이 어린 마우스가 감염되면 여러 장기에서 괴사와 염증이 유발된다. 지속 감염이 일어나면 흔히 타액선과 췌장에 영향을 준다. 타액선의 지속 감염은 바이러스에 용량 의존적으로 일어난다. MCMV는 전술한 조직과 더불어 B 림프구 그리고 T 림프구에서도 지속 감염을 유발시킬 수 있다는 실험적 증거가 있다. 지속 감염은 면역복합체성 사구체 신염을 일으킬 수 있다. 잠복지속 감염은 면역억제나 림프구 증식자극에 의해서 활성화될 수 있다.

**진단** MCMV 항원은 체액성 항체 생산에 대하여 약한 자극을 보인다. 따라서 세포성 면역이 감염에 대한 방어에 중요한 역할을 하는 것으로 알려져 있다. 중화 항체가는 급성 감염기 중에 아주 낮으며, 만성 감염기 중에는 검출하기 힘들 정도이다. 혈청학적인 검색법으로 ELISA가 개발되었다. 그리고 PCR법으로 진단하기 위한 primer를 이용할 수 있지만, 둘 다 널리 사용되고 있지 않은데 그 이유는 감염이 매우 낮은 빈도로 일어나기 때문이다. 마우스 cytomegalovirus는 mouse embryo fibroblasts나 3T3 cell에서 증식한다. 잠복 감염을 검출하기 위해서는 두 종류의 세포에 같이 배양하는 것이 필요하다. 특히 타액선에서 핵내 봉입체를 보이는 종대된 세포의 검출은 진단에 중요하다. 조직내 교잡법은 일반적인 조직병리학적 기법과 병행해서 사용할 수 있다.

**감별진단** MCMV의 감염은 mouse thymic virus와 구별되어야 한다. Mouse thymic virus는 흉선과 주변부 림프조직의 위축과 괴사를 유발시킨다. 림프조직의 융해성 병변은 MCMV의 특징적인 병변은 아니다. 각각의 바이러스들은 혈청학적으로 서로 구별될 수 있다. 핵내 봉입체를 보이는 타액선염은 폴리오마 바이러스 감염에서도 일어날 수 있다. Reovirus 3, 마우스유선종양바이러스 그리고 마우스흉선바이러스도 타액선을 감염시킨다.

**예방과 치료** MCMV 감염은 실험용 마우스의 중요한 감염성 질병으로 생각되지 않았기 때문에 관리방법이 확립되지 않았다. 케이지 간의 접촉전파는 보고되지 않았지만, 오염된 타액을 통한 수평 감염은 고려되어야 한다. 야생마우스의 제거는 필수적이다.

**연구와의 관련성** MCMV는 면역반응을 억압한다. 면역학적인 연구에 미치는 잠재적인 영향과는 별도로, Pseudomonas aeruginosa와 같은 기회감염인자의 병원성을 더욱 증강시킬 수 있다.

### (2) Rat Cytomegalovirus

랫드는 MCMV와는 항원적으로 구분되는 랫드 사이토메갈로바이러스(RCMV)에 대한 숙주이다. 타액선 병변을 기준으로 보면 RCMV는 야생랫드에서는 일반적으로 감염되어 있지만 실험실 랫드에서는 드물다. RCMV는 타액선과 누선에 감염하여 도관상피에서 핵내뿐 아니라 세포질내 봉입체를 형성하는 전형적인 거대세포(cytomegaly)를 형성하고, 비화농성 간질성 염증을 일으킨다. 수유기 랫드에 RCMV를 뇌내 접종하면 신경조직에 거대핵, 세포질내 및 핵내 봉입체, 다핵세포 형성 등을 동반하는 비화농성 뇌염을 일으킨다. 혈청학적 검사는 가능하지만 실험실 랫드에서 드물기 때문에 일반적으로 적용하지 않는다.

### (3) Mouse Thymic Virus (MTV infection)

**원인** MTV는 항원적으로 MCMV와 다른 herpesvirus이다. In vitro에서 배양할 수 있는 적당한 방법이 아직 개발되지 않았다. 따라서 바이러스 증식은 마우스 접종에 의존한다.

**임상증상** 자연 감염에서 증상이 없다.

**역학** MTV의 만연은 아주 낮은 것으로 생각된다. 마우스는 모든 연령에서 감염될 수가 있다. 그러나 병변은 주산기에 감염된 마우스에서만 일어난다. 유아기와 성숙기 때 감염된 마우스는 타액선에 지속 감염 상태로 되고 몇 개월 지속된다. 타액선에서 바이러스 배출은 특히 모체로부터 젖먹이 마우스로 감염을 전파하는 데 중요한 요소로서 생각된다. 혈청 반전은 성숙 마우스에서 일어나지만 감염을 제거하지는 못한다. 신생자에서의 감염이 일어나면 혈청 반전이 일어나지 않아서 혈청학적으로 음성인 보균자가 된다. 감염의 기전은 불명확하지만, 바이러스가 타액에서 배출되기 때문에 경구로 감염된 마우스로부터 신생 마우스로 전파가 일어날 수 있을 것을 예상할 수 있다. MTV는 수유 마우스의 유선 조직에서도 분리되어 왔기 때문에 수유 중에 전파가 가능하다. 산전 태자로의 전파는 보고되지 않았다.

**병리** 출생 후 약 1주일 이내에 MTV에 노출된 마우스는 심한 산재성의 흉선 괴사를 일으키지만, 흉선과 림프절의 괴사 정도는 마우스의 계통에 따라 다르다. 육안적으로 흉선은 정상보다 작다. 감염된 흉선세포는 MTV 양성 핵내 봉입체를 보인다. 바이러스 항원은 면역조직화학적 방법으로 흉선에서 검출할 수 있다. 괴사 후 육아종성 염증이 보이고 합포체의 형성이 뒤따른다. 괴사와 염증이 림프절에서도 일어날 수 있다. 림프기관의 재구축은 3~8일에 일어난다.

**진단** 핵내 봉입체와 관련된 흉선괴사가 특징적인 병변이다. 바이러스는 면역 조직화학법에 의해서 검출될 수 있다. 혈청반전은 ELISA나 간접형광항체법에 의해서 검출될 수 있다. 감염이 의심되는 혈청음성 마우스의 타액선의 유제나 타액을 바이러스가 감염되지 않은 신생마우스에 감염시키면 10~14일 후에 전형적인 병소가 나타나기 때문에 감염여부를 진단할 수 있다. PCR 방법 또는 마우스 항체 생성(MAP)시험은 감염을 진단하는 데 사용될 수 있다.

**감별진단** 중증의 마우스 coronavirus 감염이나 이유기 마우스의 유행성 설사 또는 스트레스 후에 흉선 무게가 감소될 수 있기 때문에 MTV와 감별해야 한다.

**예방과 대책** MTV는 지속적인 타액선 감염을 유발하기 때문에, 감염으로 인하여 연구에 지장을 초래할 때는, 신생자를 다시 재분만시키거나 또는 다른 곳에서 동물을 공급받는 것이 바람직하다.

**연구와 관련성** MTV는 신생자의 T 림프구에 파괴적이기 때문에 일시적으로 세포성 면역이 억제되고 그 다음에 체액성 면역반응이 억제된다.

### 3) Mouse Parvovirus 감염

수년간 Minute virus of mice(MVM)는 실험용 마우스의 유일한 parvovirus로 알려져 왔는데 최근의 연구결과 새로운 혈청 그룹에 속하는 parvovirus에 의한 자연감염이 확인되었다. 최초 분리 주는 처음에 mouse orphan parvovirus라고 명명되었지만 mouse parvovirus(MPV)로 재명명되었다.

#### (1) Minute Virus of Mice(MVM)

**원인** MVM은 작은 (5K base) 단쇄 DNA 바이러스이다. 기본형의 바이러스는 MVM(p)으로 명명된다. In vitro에서 면역억제능력을 보이는 동종의 변이주는 MVM(i)로 구분되어 왔다. 유전체에는 NS-1과 NS-2 두 개의 비구조적 단백질을 만드는 유전자가 있는데, 설치류 parvovirus 중에 아주 보존적이어서, parvovirus 속에 대한 혈청학적인 방법에서 뚜렷한 교차반응이 보이는 이유가 되고 있다. 바이러스 capsid proteins VP-1과 VP-2는 바이러스 종의 특이성을 보이며, MPV와 MVM의 혈청학적인 차이의 근간을 이룬다. MVM의 숙주역은 배양세포 중에서는 대단히 다양하다. 마우스 fibroblasts (A9 Cell), C6 rat glial cells, SV40으로(simian virus 40) 변형된 인간 신생아의 신장세포 (324 K Cells), T 림프구성 림프종(EL4) 그리고 랫드와 마우스 태아세포의 단층세포에서 증식하여 세포병변을 보이며 핵내 봉입체를 형성한다.

**임상증상** 자연감염에서는 무증상적이다. 일부 근교계의 신생 마우스에 MVM을 실험감염시키면 신장과 장에 치사성의 출혈을 보이지만, 이런 증상은 자연발생 예에서는 보고가 되지 않았다.

**역학** MVM은 마우스에서 흔한 바이러스로서 알려져 있으며 미국에서 1970년과 1980년에 조사된 마우스 집단에서 30~90%가 감염되었다고 보고되었다. 최근의 미국의 주요 생의학 연구소의 parvovirus 감염에 대한 조사에서 SPF 마우스에서는 25%, 일반 마우스에서는 40%가 만연되어 있다고 보고되었다. 그러나 초기의 조사자료에서 MPV 감염에 대해서는 언급이 없었지만, MPV가 조사 당시 사육시설에 감염되어 있었다고 알려지고 있다. 한편 최근의 연구결과도 MVM과 MPV를 분리해서 보고하지 않고 있다. 따라서 MVM의 만연에 대해서는 불분명한 점이 많다. 최근 개발된 바이러스주에 대하여 특이적인 ELISA법이 이런 문제를 해결할 것이다.

마우스는 MVM에 감염성이 아주 높으며 유일한 자연숙주이다. 바이러스는 소화기계를 감염시키고, 분변과 오줌을 통해서 배출이 된다. 설치류 parvovirus는 환경적 불활화에 대하여 저항성이 있기 때문에 바이러스가 배출된 후에 전파의 위험이 증가된다. 따라서 케이지, 깔개, 사료, 의복이 오염되면 전파에 대한 위험성이 고려되어야 한다.

전파는 경비 또는 경구로 일어나지만 이식용 종양 조직같이 실험에 사용되는 생물학적 물질이 바이러스에 오염되었을 때 감염원으로 될 수 있다. 감염동물 또는 오염된 깔개에 마우스가 지속적으로 접촉 노출되면, 3주 이내에 체액성 면역이 유도되지만 제한적으로 노출되면 혈청 반전이 지연된다. 지역적으로 감염된 집단에서의 어린 마우스는 모체이행항체에 의해서 보호받지만, 모체이행항체가 소실된 이후 감염되면 능동 획득 면역이 생기게 된다. MPV와 대조적으로 MVM은 지속 감염을 일으키지 않는 것으로 생각된다. 면역능력이 있는 마우스에서의 감염은 보통 3주 이내로 종료된다. 신생 마우스에 구강이나 경비로 접종했을 때 조차 1개월 이상 감염은 지속되지 않는다. 면역능력이 없는 마우스에서 MVM에 대한 연구결과는 드물지만 보통은 감염이 지속할 것이라고 생각해야 한다. MVM이 자궁을 통해 전파된다는 증거는 없다.

**병리** 성숙마우스가 자연 감염이나 실험접종으로 감염되면 병리학적인 소견을 보이지는 않지만, 낮은 수준의 세포용해가 보이기도 한다. 접촉 노출된 신생 태자는 소뇌병변이 관찰된다고 보고되었지만 이런 경우는 아주 드물다. 신생 BALB/c나 SWR, SJL, CBA 그리고 C3H 마우스에 MVM(I)을 감염시키면 신장의 출혈과 경색을 유발시킬 수 있다. DBA/2 마우스에서는 장출혈이 일어날 수 있고, 또 간장에서 수외조혈이 조기에 퇴축된다. 이러한 병변은 내피세포의 바이러스 감염 때문에 일어난다. C57BL/6 신생 마우스는 혈관 질병에 저항성이 있다.

**진단** ELISA를 이용한 혈청학적 방법이 감염을 진단하는 일차적인 방법으로 이용된다. 또한 MVM은 MPV와 구별될 수 있는데, 바이러스의 VP2 항원을 사용하면 가능하다. 또 MVM 감염은 PCR법으로도 검출할 수 있다. 조직내 교잡법이나 면역조직화학으로도 검출할 수 있다. 흔히 사용되는 분자생물학적 방법은 NS1의 보존된 부분에 대한 PCR 법이지만 그것은 MVM과 MPV를 구별할 수 없다. 그러나 캡시드 단백 유전자를 증폭시키는 바이러스 특이 PCR 방법이 이용될 수 있다. MVM은 비장, 신장, 장 등의 조직을 C6 Rat glia 세포주에 접종하여 분리할 수 있으며 또 마우스 항체생성 시험법으로 검출할 수 있다.

**예방과 관리** MVM은 면역능력이 있는 마우스에서 지속감염되지 않기 때문에 구제와 제거를 위하여 주변환경의 완전한 소독과 병행한 격리법이 개발되어 왔다. 그 이유는 parvovirus는 주변환경의 불활화에 대한 저항성이 있기 때문이다. 그러나 이러한 전략이 성공했다고 확신하는 어떠한 보고도 없다. 더군다나 검역 및 격리에 의존하는 것은 면역능력이 있는 성숙마우스에서 지속할 수 있는 MPV 감염이 배제된다는 것을 가정하고 하는 것이다. 만약 바이러스 확인에 문제가 있다면 더 엄격한 접근방법 예를 들면 제왕절개법이나 수정란 이식 같은 방법이 바람직하다. MVM 감염의 예방은 엄격한 격리사육 그리고 정기적인 마우스와 마우스 생산물에 대한 미생물학적 감시에 의존한다.

**연구와의 관련성** MVM에 오염된 이식성 종양조직이 아주 흔하다. 따라서 오염된 세포주를 접종함으로써 한 마우스 집단에 도입될 수 있다. 마우스로부터 장기간 세포 배양확립을 실패하거나 이식종양이 수용되는 빈도가 낮을 때 연구자들은 MVM의 오염 가능성을 고려해 보아야 한다. MVM(I)는 혼합된 림프구 배양에서 세포독성 T 림프구의 증식을 억압할 수 있다.

### (2) Mouse Parvovirus (MPV)

**원인** 1980년 중반기에 혈청학적인 검사를 통해서 MVM과 항원적으로 다른 murine

parvovirus를 밝혀냈다. 바이러스는 세포성 면역에 대한 시험관 연구를 수행하던 중 오염된 림프구로부터 분리되었다. 바이러스는 CD8+ T 림프구주로서 L3라고 명명된 세포에서 세포 용해성을 보이며 증식하고, 항원이나 인터루킨으로 자극된 클론 T세포의 증식을 억제한다. 추가로 분리된 분리주로부터 이러한 바이러스들이 MVM과 항원적으로 틀리다는 것을 확인했고 이들이 두 번째 murine parvovirus로서 혈청학적으로 MVM과 분명히 틀린 바이러스 주로 인식되었다. MPV를 분자생물학적으로 연구한 결과 NS protein을 엔코딩하는 유전자가 MVM과 유사하다는 것이 밝혀졌다. 즉, 혈청학적인 시험법에서 바이러스 종 내에서 교차항원성이 있다는 것을 설명해 주는 것이다. 그러나 그들은 캡시드 단백질을 엔코딩하는 유전자는 틀리기 때문에 이것이 종간의 항원성이 틀린 종 특이성을 설명해주고 있다. 최초로 분리된 바이러스주는 orphan parvovirus of mice라고 명명되었는데, 그 바이러스의 생물학적 성상이나 그 의의가 불분명하였기 때문에 그런 이름이 붙여졌지만 나중에 마우스 파보바이러스(MPV)로 재명되었다. MPV는 시험관 내에서 증식시키기가 아주 힘든 바이러스이다. T세포(L3)가 MPV증식에 이용되는 유일한 세포이다.

**임상증상** MPV에 감염되면, 어린 마우스나 면역저하 또는 면역능력이 있는 마우스에서 무증상으로 경과한다.

**역학** 마우스가 MPV에 자연 감염된다는 것은 혈청학 검사를 통해 예측되었다. 감염은 적어도 30년간 미국의 마우스 집단에서 계속되고 있다. 과거의 조사에 따르면 MPV는 1970년 초반에 약 40% 정도 만연하고 있었는데, 검사혈청 중의 약 7%만 MVM 항체를 갖고 있었다. 소장이 바이러스 표적장기이고 초기의 증식소임을 in situ hybridization을 통해 밝혀냈다. 그러나 호흡기를 통한 감염도 배제될 수 없다. 이러한 사실과 초기 감염연구에 따르면 MPV는 주로 분변에 의해서 그리고 오염된 물질을 섭취함으로써 전파되는 것으로 생각된다. 산전 감염은 일어나지 않는다. 초기 연구결과, 체액성(수동 또는 모체로부터 획득한) 면역은 MPV 감염을 방어할 수 있다고 하였다. 그러나 MVM에 대한 면역은 MPV에 대한 교차 면역성을 나타내지 않는다.

MPV는 어린 마우스나 성숙마우스에 지속 감염을 일으키는데 이러한 점이 MVM과 틀린 점이다. 실험 감염된 성숙마우스에서 최소한 9주 동안 조직내 교잡법으로 바이러스 DNA를 림프절에서 검출하였다. 그리고 감염된 성숙마우스로부터 동일 케이지의 비감염 마우스에 6주 동안 감염이 전파되었다.

**병리** MPV는 장점막을 통해 침입하고 그 곳에서 초기 증식을 한다. 급성 감염은 산재성이지만 미약하고 폐, 신장, 간장, 림프절에서 일어난다. 파보바이러스 증식기 동안 세포 용해성이 있음에도 불구하고 조직학적인 병변은 관찰하기 힘들다. 림프구 특이적인 특징으로서 유아 또는 성숙마우스에서 급성 또는 지속적인 MPV 감염은 림프구 특이적이다. 급성 바이러스 감염기 중에 림프절 안에 바이러스가 산재되어 있지만 만성 감염 중에는 배중심에 한정된다.

**진단** 감염된 마우스는 뚜렷한 증상이나 병변을 보이지 않고, 또한 바이러스는 세포배양에서 증식시키기 어렵기 때문에 검출과 진단은 혈청학적인 방법이나 분자 생물학적인 방법에 의존한다. 최근에 개발된 특이한 MPV ELISA법은 MPV VP2를 항원으로 사용하고 있는데, MPV와 MVM을 감별할 수 있는 특이 진단방법이다. 또한 MAP 시험도 파보바이러스 감염을 검출하는 데 사용될 수 있지만, 비교적 많은 시간이 소모되고 비용이 많이 든다.

MVM에서 주지했듯이 바이러스 특이성 PCR 진단법을 설치류 파보바이러스에 적용하는 것은 설치류 파보바이러스 중에 잘 유지된 유전자에 대한 프라이머 시컨스를 사용하는 것으로서 스크리닝 테스트에 이용될 수 있다. PCR 방법은 또 VP-2 유전자에서 MPV의 종 특이 염기서열을 검출하는 데 사용할 수 있다. 진단용 PCR이 감수성과 특이성이 높지만, 활발하게 감염이 일어난 동물에서만 효과적이고, 부검시 조직이 입수되어야 한다. 그러므로 PCR의 중요한 가치는 혈청학적인 결과를 확신하는 데 있다.

**감별진단** MPV 감염은 MVM 감염과 구별되어야 한다. 두 바이러스 모두 장 특이성 그리고 림프구 특이성을 가지기 때문에 혈청학적인 방법이나 분자 생물학적인 방법이 두 바이러스를 구별하는 데 사용되어야 한다.

**예방과 대책** MPV가 마우스 개체에서의 지속 감염과 면역기능을 저하시키는 점 그리고 설치류 파보바이러스가 환경성 변화에 저항성이 있다는 점들이 MPV 감염을 예방하고 대책을 구축하도록 촉구하고 있다. 감염된 사육실은 검역을 하는 것이 좋다. 감염된 마우스가 실험이나 번식 집단을 직접적으로 위협하기 때문에, 다른 마우스로 대체될 수 있다면 제거되어야 한다. 쉽게 대체될 수 없는 마우스의 경우, 바이러스가 태반 감염을 통하여 전파되지 않으며 지속 감염이 된다는 점 때문에 제왕절개나 수정란이식 같은 방법들이 모든 마우스를 제거하는 것보다 비교적 효과적인 방법으로 이용된다. 감염에 대한 대책법으로 사육환경의 소독을 실시한다. 동물실의 화학적 소독과 케이지나 다른 사육기구들의 열소독이 확실한 방법이다. 적절한 혈청학적 모니터링과 마우스에 투여될 물질에 대한 검사 등이 예방법이다.

**연구와 관련성** 설치류 파보바이러스는 세포증식에 의존하는 생물학적 반응을 왜곡시킨다. MPV는 면역반응에서 그러한 효과가 보이는데, 체액성 또는 세포성 면역반응의 증가나 억제가 보이게 된다.

### (3) 랫드 파보바이러스 감염

랫드에서 자연적으로 감염을 일으키는 파보바이러스는 3개로 나뉘어진다. 첫째로 Kilham's 랫드 바이러스(Kilham's rat virus)에는 RV, H-3, X-14, RV-Y 그리고 HER 바이러스가 있다. 두 번째로 Toolan's rat virus에는 H-1과 HT 바이러스가 있다. RV와 H-1군 간에는 부분적인 항원 교차반응을 나타낸다. 세 번째로는 랫드 파보바이러스(RPV)로서, RPV는 RV나 H-1 virions과 교차반응하는 같은 구조항원을 가지고 있지 않으나, 바이러스가 증식하는 동안에 감염된 세포에서 표현되는 비구조항원(NS1과 NS2)이 교차항원으로 작용한다. 따라서, 바이러스의 구조단백에 의존하는 혈구응집억제반응으로는 RPV에 대한 항원을 검출하지 못한다. 반면에, 기질로써 바이러스의 구조항원과 비구조항원을 모두 포함하는 감염된 세포를 이용하는 간접형광항체법은 모든 랫드의 파보바이러스에 대한 항원을 검출할 수 있다. RPV는 비병원성이며, MPV와는 구별된다. RV에 감염된 성숙랫드에서, 림프절의 충혈, 체지방 소실, 음낭 출혈 그리고 정소주위의 섬유소성물질의 삼출 등이 관찰된다. 거비증, 황달, 복수 등이 종종 관찰된다. 조직학적 변화가 뇌, 간 그리고 정소에서 관찰될 수 있다. 산재성 출혈소가 대뇌와 소뇌의 회백질과 백질에 연화 그리고 정상적인 구조의 소실 등과 함께 불규칙적으로 분포한다. 정소와 부고환에는 경색 때문에 일어나는 다소성 응고괴사와 출혈이 국부혈관의 혈전과 함께 나타날 수 있다. 국소성 간세포 괴사가 나타날 수 있으며, 내피세포와 담관상피에 양염성의 핵내 봉입체가 나타날 수도 있다. 신생랫드에는 소뇌 저형성, 간염 그리고 황달이 나타날 수 있다. 회복된 랫드에서는 간 자반증과 문맥 반흔화를 보이는 결절성 과형성이 관찰되기도 한다. 불임, 태아 흡수와 유산이 임신암컷에서 보인다.

### 4) Adenovirus 감염

#### (1) Mouse Adenovirus 감염

**원인** 마우스 아데노바이러스(MAdV)는 외피가 없는 DNA 바이러스로서 배양세포나 생체세포에서 핵내봉입체를 형성한다. 두 가지 형태의 아데노 바이러스가 마우스와 관련되어 있다. MAdV-1 (FL), MAdV-2 (K87) 두 바이러스주 모두 배양된 마우스 신장세포에서 증식하지만 항원적으로 차이를 보인다.

**임상증상** MAdV-1은 수유기 마우스에 실험적 접종 후에 임상증상을 유발시킬 수 있다. 임상증상은 체모가 불결해지고, 무기력, 발육저하가 보이며 10일 이내에 사망한다. MAdV-2는 장 친화성이며, 자연 감염의 원인 바이러스이다. 감염은 면역 저항성이 있는 마우스에서는 무증상적이며 유아기의 마우스에서 일시적인 발육 부전이 일어날 수 있다.

**역학** 마우스 집단에서 아데노바이러스의 유행은 잘 보고되지 않았지만 아주 낮을 것으로 예상한다. 바이러스를 섭취하여 전파가 된다. 실험적으로 MAdV-1에 감염된 성숙마우스는 감염이 지속되고, 오줌을 통해 바이러스를 장기간 배출한다. MAdV-2에 실험적으로 감염된 성숙마우스는 최소한 3주간 분변으로 바이러스를 배출하지만 그 후에는 회복한다. 무흉선 마우스는 MAdV-2를 적어도 6주 동안 배출하지만, 때때로 6개월 동안 배출하기도 한다.

**병리** MAdV-1 감염은 여러 장기에 다발성 괴사를 수반하는 병변을 일으킨다. 유아기 마우스는 핵내봉입체의 형성을 동반하는 갈색지방, 심근, 부신 피질, 타액선 그리고 신장의 괴사가 특징인 치사적인 감염에 특히 감수성이 높다. 성숙마우스는 보통 준임상적 감염으로 진행하며, 혈청반전이 일어난다. 그러나 무흉선 마우스는 장내 출혈과 소모성 질환으로 발전한다. MAdV-2에 감염되면 양염성의 핵내봉입체가 장상피 특히 원위부 장상피와 맹장에서 발견된다. 봉입체는 성숙마우스보다 유아기 마우스에서 쉽게 관찰된다.

**진단** MAdV가 배양세포에서 분리될지라도 일상적인 진단은 혈청학적인 방법과, 특히 장점막에서 보이는 아데노바이러스 봉입체의 검출에 의해서 감염을 진단한다. ELISA나 형광 항체법은 혈청학적인 검사에 이용되고 있다. 교차 중화항체 시험법으로 MAdV-2에 대한 항체가 두 바이러스주를 중화시키지만, MAdV-1 항체는 MAdV-2를 아주 약하게 중화시킨다는 것을 알게 되었다. 그래서 MAdV-2 항원이 마우스 아데노바이러스의 혈청학적인 검사에서 분석법에 관계없이 사용되어 왔다. 마우스 아데노바이러스는 PCR에 의해서 검출될 수 있다.

**감별진단** 핵내 마우스 아데노바이러스 봉입체가 장상피에서 관찰되는 것은 MAdV 감염의 특이적인 병변으로서, MAdV-2 감염과 다른 마우스 바이러스성 감염을 구별할 수 있는 특징적인 병변이다.

**예방과 대책** 예방을 위해 마우스의 혈청학적인 검사와 이식용 종양과 같은 동물 유래의 물질에 대하여 바이러스를 검사하는 것이 필요하다. MAdV-2 감염은 개별 마우스에서는 일시적이기 때문에, 감염 집단의 분리가 대책으로서 효과적일 수 있다. 그러나 신생자를 다시 분만시켜 격리된 사육시설에서 사육하는 것이 더 좋은 방법일 것이다.

**연구와 관련성** 마우스 아데노바이러스 감염은 면역능력이 있는 마우스를 사용하는 연구에서는 지장을 주지 않는다. 그러나 면역능력이 저하된 마우스에서는 병원성이 나타날 수도 있다.

### (2) 랫드의 아데노바이러스 감염증

랫드는 실험적으로 마우스 아데노바이러스의 어떤 유형에 의해서도 감염되지 않지만 마우스 아데노바이러스 K87과 항원적으로 연관된 항체를 형성한다. 즉, 랫드는 랫드에 특이성이 있는 아데노바이러스에 자연적으로 감염된다는 것을 암시하고 있다. 랫드에서는 아데노바이러스에 감염에 의한 특이한 병변은 없다.

## 5) Papovavirus 감염

마우스는 두 종류의 파포바바이러스에 감염되는데 polyomavirus와 K-virus가 그것들이다.

(1) Polyomavirus

**원인** Polyomavirus는 작은 DNA 바이러스이다. 성숙마우스에서는 항원성이 높지만, 신생마우스에 감염이 되면 다양한 종류의 종양을 유발한다. 자연적인 감염은 드물며, 일차적인 중요성은 설치류를 이용한 발암모델로서 아주 중요하다.

**임상증상** 면역능력이 있는 마우스에서 자연 감염은 보통 증상이 없지만 면역능력결핍 마우스에서 종양 유발, 신경성 질병 또는 소모성 질병이 일어날 수 있다.

**역학** 현대적 사육관리 그리고 건강관리 시스템을 통하여 실험용 마우스에서 바이러스 감염을 제거해왔다. 감염은 우발적으로 도입되며, 전염력이 높기 때문에, 몇 가지 부가적인 특징을 여기서 강조하고자 한다. 오염된 생물학적 산물이나 배양세포를 신생마우스에 접종하면 감염의 침입문호가 되며 전파의 원인이 된다. 일단 감염이 성립되면, 바이러스는 오줌, 분변, 타액으로 산포되고, 다른 마우스에 경비감염으로 전파된다. 공기전파는 오염된 사료와 깔개로부터 주로 일어난다. 자궁내 감염도 일어날 수 있으며, 신생자 때 감염되어 신장에 지속감염이 되면 임신기중에 활성화될 수도 있다. 신생마우스에 바이러스를 노출시키면 바이러스가 전파되고 사망률은 높다. 또 생존개체는 지속감염이 되어 수개월 동안 폐와 신장에서 바이러스를 배출한다. 번식주령 마우스가 감염되면, 바이러스는 신속히 제거되고 신생자들은 어미의 모체이행항체에 의하여 보호받는다. 그러나 성숙 CBA마우스에 바이러스를 접종하였을 때 5개월까지 감염이 지속하는 것을 PCR법으로 확인하였다. Polyomavirus 감염은 성숙한 면역능력결핍 마우스에서는 지속될 수 있다.

**병리** Polyomavirus에 의한 종양 유발은 주로 실험실적인 현상이다. 신생 마우스에 실험감염을 하면 바이러스 혈증이 일어나고, 급성치사성 질병으로 진행한다. 종양은 생존마우스에서 접종 후 2~12개월 후에 나타난다. 대부분의 계통에서 가장 일반적인 종양발생 부위는 타액선이다. 그러나 종양은 피부부속기, 상부 위장관, 신장과 같은 다른 부위에서도 일어날 수 있다. 종양의 위치는 바이러스 계통에 따라서 다양하고, 접종경로에 따라서도 다양하다. 무흉선 마우스는 세포 용해성, 그리고 염증성 병변을 보이는데 그 후에 다발성으로 여러 장기에 종양 형성을 수반한다. 핵내봉입체는 세포 용해성 병변에서 발견될 수 있다. 신경조직의 탈수가 무흉선 마우스에 실험적으로 접종된 예에서 보고되어 왔다. 골수증식성 질병이 SCID 마우스에 실험적으로 접종했을 때 보고되었다.

**진단** 바이러스는 마우스 섬유아세포에서 분리될 수가 있지만 감염은 보통 ELISA에 의해서 혈청학적으로 진단된다. 그리고 PCR과 면역조직 화학법도 이용된다.

**감별진단** 무흉선 마우스에서 소모성 질병은 여러 감염원에 의해서 일어날 수 있는데, corona virus, Sendai virus, Pneumocystis carinii가 그것들이다. 핵내봉입체는 mouse adenovirus와 mouse cytomegalovirus 그리고 K-virus에 의해서도 일어날 수 있다.

**예방과 대책** 감염된 마우스와 마우스 유래의 물질들을 제거하고, 공기전파를 방어해야 한다. 마우스 접종을 위한 종양조직 또는 세포 주는 마우스 항체 생산 시험과 분자생물학적인 진단법에 의해서 polyomavirus에 대한 검사를 거쳐야 한다.

**연구와 관련성** Polyomavirus 감염은 이식성 종양이나 세포주의 우발적인 오염에 의해서 실험에 영향을 줄 수가 있는데, 접종된 마우스에 감염을 유발하며 풍토병적으로 진전시킬 가능성이 있다.

### (2) K-virus 감염

K-virus는 papovavirus로서 역사적으로 중요하지만, 현대적인 마우스 사육집단에 대해서는 거의 중요성이 없다. 신생 마우스에 K-virus를 경구 감염시키면 초기에 장의 모세혈관 내피세포에서 감염이 일어난 뒤 바이러스 혈증이 일어나게 된다. 그리고 감염된 폐, 간, 비장, 부신 같은 조직에서 혈관 내피세포는 중요 표적세포이다. 폐 감염시 부종과 출혈 때문에 호흡곤란이 발생한다. 면역능력이 있는 성숙마우스에서 감염은 무증상적이며, 활발한 면역반응을 일으킨다. 그러나 성숙마우스나 유아기의 마우스는 모두 지속적으로 감염된다. 또한 무흉선 마우스에서의 감염은 임상증상을 유발하며 신생 마우스와 유사한 병변을 보인다. 육안병변은 폐 출혈과 부종으로 한정된다. 핵내봉입체가 면역조직학적으로 쉽게 보이는데 감염된 조직의 혈관 내피세포에서 존재한다. 경도의 간염이 간세포의 변성과 함께 일어난다. 혈청학적으로 ELISA나 PCR법에 의해서 감염이 진단될 수 있다. 예방과 대책은 polyomavirus와 유사한데, 공기전파에 대한 주의는 필요하지 않다.

### (3) Rat Papovavirus 감염

마우스의 폴리오마(polyoma)나 K-virus와는 혈청학적으로 구분되는 파포바바이러스가 랫드를 감염시킬 수 있으나 역학적인 면이 불분명하다. 이 바이러스는 흉선이 없는 누드랫드에서 증상을 나타내는데, 10~15%가 폐렴과 이하선염을 보이며 소모성 질환으로 발전한다. 핵내 봉입체는 관상피에 존재하며, 이하선의 선방에도 나타난다. 흉선이 있는 랫드에는 병변이 없다. 바이러스 항원은 타액선, 후두, 기관지상피 그리고 신장 등에서 검출된다. 이 바이러스는 동정되지 않았기 때문에, 랫드에서 혈청학적 검색은 불가능하다.

### 6) Lactate Dehydrogenase-Elevating Virus 감염

**원인** LDV는 몇 가지 혈청 효소 특히 lactate dehydrogenase(LDH)를 증가시키는 마우스에 특이적인 togavirus이다.

**임상증상** 감염은 전형적으로 무증상이지만 면역억압된 C58과 AKR 마우스에 LDV을 접종하면 나타난다.

**역학** LDV의 감염률은 아주 낮다. 마우스 상호간 전파의 중요한 경로는 교상과 같은 공격적인 행동으로부터의 기계적인 전파이다. 오염된 동물 유래의 물질 예를 들면 세포주나 이식종양 또는 혈청과 같은 물질을 마우스에 접종하는 것이 가장 흔한 인위적인 감염경로일 것이다. 기계적인 전파가 가능하다는 점에서 감염이 일어나면 바이러스 혈증이 오랫동안 지속된다는 것에 주목하는 것이 중요하다. 감염된 마우스가 분변 또는 오줌, 젖, 타액에 바이러스를 배출할지라도 한 케이지 내의 다른 동물끼리 또는 어미와 어린 자식 사이에서 자연적인 전파는 드물다.

**병리** 바이러스 혈증은 접종 후 1일 이내에 최고에 이르고 점점 감소되어 유지된다. 혈중 효소치의 상승은 바이러스가 주로 세망 내피세포의 제거기능을 방해함으로써 유발된다고 생각되고 있다. 자연 감염된 마우스에서 병변은 보이지 않는다. 뚜렷이 관찰되는 유일한 병변은 면역저하된 C58과 AKR 마우스에서 회백 수뇌염이 실험 감염결과로서 보고되어 왔다. 경도의 뇌수막염과 척수염이 C57BL/6 마우스에서 보고되어 왔다. 흉선과 말초 림프조직의 T 림프구 의존역이 실험 감염 초기에 경도의 괴사를 보일 수가 있다. 바이러스가 면역복합체를 형성하는 경향이 있지만, 면역복합체가 사구체에 침착하여 발생하는 질병은 LDV 감염에서 일어나지 않는다.

**진단**　감염 마우스는 혈청 LDH가 상승되는데 이 상승반응은 LDV 감염력을 정량화하고 검출하는 데 이용된다. 마우스혈장에서 다섯 가지 LDH 동종효소 중에서 LDH-V(asparaginase)가 유일하게 상승된다.

특히, SJL/J 마우스는 LDH가 정상보다 15~20배 이상 상승되는데, 바이러스 감염이 의심되는 물질을 SPF 마우스에 접종 후 4일 또는 그 이전에 혈청 LDH의 상승을 확인함으로써 LDV의 감염을 진단할 수 있다. 용혈이 일어나면 위 양성으로 LDH 수치의 상승을 일으키기 때문에 비용혈된 시료를 이용하는 것이 중요하다. 혈장효소 수준은 일반적인 관례상 밀리리터당 유니트로 측정이 된다. 1 관례적인 유니트는 0.5 국제 유니트에 해당된다. 정상 혈장수준은 400~800 국제 유니트인데 LDV에 감염이 있는 경우에는 7000 국제 유니트까지 상승된다. LDV는 다른 혈청효소의 제거를 방해하여 혈청효소 중의 효소상승을 초래한다. 감염이 일어나면 적절한 체액성 면역반응을 유발하지만 바이러스와 항체의 면역복합체 형성 때문에 검출하기 힘들게 된다. 분자생물학적인 진단이 마우스 조직, 혈청이나 세포배양에서 LDV를 검출하는 데도 이용할 수 있다. 그러나 세포와 혈청에서 일부 억제요소가 PCR 검사에서 위음성의 결과를 초래할 수도 있어서 이런 방법이 사용된다면 적절한 PCR법에 대한 기준이 필요하다.

**예방과 대책**　이식성 종양은 LDV의 오염원으로서 아주 흔하다. 마우스에 접종될 종양이나 세포주는 LDV 오염에 대해서 검사를 받아야 한다. 비록 LDV가 종양세포를 감염시킬 수는 있을지라도 종양세포 안에서 증식하지는 않는다. 따라서 연구자들은 바이러스가 없는 종양조직을 만들 수 있는데, 그 종양 조직을 LDV에 감염성이 없는 설치류 예를 들면 랫드에 계대를 하고 나서 마우스에 계대하면 된다.

**연구와 관련성**　LDV는 면역학적인 기능에 영향을 줄 수 있다. 그것은 자가항체의 생성을 감소시킬 수 있으며 일시적인 흉선 괴사와 림프구 감소를 일으키고 세포관련 면역반응을 억압하며 종양의 성장을 촉진 또는 억압시키기도 한다.

### 7) Lymphocytic Choriomeningitis Virus(LCMV) 감염

**원인** LCMV은 단쇄의 외피가 있는 RNA 바이러스로서 세포 용해를 일으키지 않고 세포막으로부터 출아하여 나온다. 바이러스를 면역학적으로 정상인 마우스의 뇌내 접종하여 유발된 면역 관련 염증으로부터 바이러스 이름이 유래되었다. 바이러스계통은 항원적으로 아주 밀접한 관련성을 보이지만, 증식률, 조직선호성, 병리발생 또는 면역원성 등에서 차이가 많다. 그리고 이러한 특징들은 실험적으로 또는 생체에서 계대를 할 때 변하기도 한다. 신경 친화성 또는 장 친화성 계통은 바이러스에 의한 면역장애를 일으키는 마우스모델을 연구 개발하고, 면역인식의 기본적인 기전을 밝히는데 광범위하게 사용되어 왔다. LCMV는 곤충 세포뿐만 아니고, 포유동물 세포를 감염시킬 수 있고 자연적으로 노출된 마우스와 배양된 세포를 지속적으로 감염시킬 수 있다.

**임상증상** 마우스의 연령과 계통, 접종경로, 바이러스 계통에 따라 임상증상이 다르다. 면역능력이 있는 성숙마우스에서 자연 감염은 보통 그 개체에 한정적이며 무증상으로 경과한다. 그러나 실험 감염에 의한 네 가지 기본적인 임상증상이 알려져 있다. (1) 대뇌형은 바이러스를 면역능력이 있는 마우스에 뇌내접종한 후 5~6일 만에 시작되는 질병이다. 돌연사가 일어날 수 있으며 입모, 구부린 자세, 부동, 신경학적인 무반응 같은 증상이 하나 이상 나타나는 아급성질병으로 나타날 수 있다. 마우스의 꼬리를 잡고 들어올리면, 머리와 사지를 거칠게 떨고 간헐적 경련을 일으키며, 후지의 강직성 신장을 보인다. 동물은 죽거나 며칠 후 회복한다. (2) 장형은 장적합성 바이러스를 말초조직을 통하여 성숙마우스에 접종할 때 일어난다. 무증상 또는 입모, 결막염, 복수, 졸림, 사망 같은 임상증상을 보인다. 마우스가 생존하면 회복은 몇 주 걸린다. (3) 신생기에 감염된 수유기 마우스는 LCMV감염 후 일시적인 증상을 보이다 소모성 질환으로 경과하든지 또는 사망한다. 임상증상은 비특이적이며, 회복은 아주 늦고, 생존개체는 소모성 질환으로 경과한다. 이 병상의 초기 형태는 LCMV감염에 의한 내분비의 기능저하 때문이다. (4) 증상이 없이 감염되었던 병력이 있는 마우스에서 지연성으로 발현하는 질병이 나타나는데 면역복합체성 사구체신염이 일어난다. 그것은 보통 분만 전후 감염 때문에 일어나며, 지속 감염된 마우스에서 9~12개월령이 되었을 때 일어난다. 임상증상은 입모, 등 구부림, 체중감소, 단백뇨, 복수 등이다.

**역학** LCMV는 북, 남미대륙과 유럽의 야생마우스에 널리 분포하고 있고 최근에는 호주에서도 보고되었다. 흔한 실험동물 중에서 마우스, 햄스터, 기니픽, 비인간영장류가 감염에 감수성이 있지만, 마우스와 햄스터만이 바이러스를 전파시키는 것으로 알려져 있다. LCMV 감염은 현대적인 시설에서 유지 사육되는 실험동물에서는 만연되지 않았다. 감염은 보통 이식용 종양이나, 야생마우스 같은 바이러스에 감염된 생물학적인 물질의 접종을 통하여 도입된다. 야생마우스는 감염의 자연보균자이며 우연하게 사육시설로 도입된다면 연구용집단에 아주 위험하다. 보균 마우스는 분만 전 또는 신생기때 감염의 결과로서 바이러스에 대하여 면역관용을 보인다. 그러한 마우스는 여러 장기에서 고농도의 바이러스가 지속적으로 감염되어, 바이러스가 타액, 비즙, 오줌을 통하여 배출된다. 지속적 감염된 신생자가 번식기에 이르러 번식집단에서 감염을 전파시킨다. 이와 같이 번식집단에 한 마리의 LCMV 보균마우스가 유입된다면 결국 지속 감염되는 마우스가 증가한다. 성숙마우스가 감염되면 이와는 대조적으로 효과적인 면역능력 때문에 급성으로 경과하고 바이러스의 산포는 정지하게 된다. 수평감염은 밀접한 접촉에 의하여 증가되지만 빠른 수평 감염은 이 바이러스의 특징은 아니다. 마우스는 LCMV를 햄스터로 전파시킬 수 있는데, 햄스터는 바이러스혈증 상태로 되며, 성숙햄스터에 감염이 되었을 때도 수개월 동안 오줌으로 바이러스를 배출한다. 감염 햄스터는 바이러스를 다른 햄스터나 마우스에 전파시키며, 사람 LCMV의 중요한 감염원이다. 감염된 마우스는 사람에 대한 중요한 감염원은 아니다. 그러나 지속 감염된 면역능력결핍 마우스는 바이러스를 지속적으로 배출하고 인수공통 전염병에 대한 큰 위협적 존재로 인식되고 있다.

**병리** 바이러스 유도성 T 림프구 매개면역장애와, 면역복합체에 의한 질병이 LCMV에 의한 전형적인 병태이다. 그러나 실험적으로 유도된 질병과 같은 병변이 자연감염 예에서 드물다. 바이러스를 면역능력이 있는 성숙마우스의 뇌내 접종하면 비화농성 뇌수막염이나 맥락막염, 혈관주변 림프구 침윤 등이 일어난다. 숙주 세포는 바이러스에 대해서 면역반응이 일어날 때 손상을 받는다. 장 병변의 특징은 바이러스의 계통과 마우스 계통에 따라 다르다. 그리고 림프기관에서 증식성 반응에 대한 세포용해의 비율은 마우스 계통에 따라 다르다. 중증 감염에서는 비화농성 염증이 여러 조직에서 일어날 수 있다. 세포 용해성 병변에 대한 정도는 세포면역의 강도에 비례하여 일어난다. 간 병변으로는 간세포 괴사와 림프구, 쿠퍼셀의 결절성 침윤, 유동 내피세포의 활성화, 때때로 과립구나 다핵거세포가 관찰되고 또 지방변성 등이 일어난다. 세포용해, 세포증식 그리고 섬유소성 괴사 등은 림프기관에서 보인다. 피질부의 흉선세포 괴사는 흉선 위축을 유도한다.

LCMV 감염 후기에 나타나는 질병의 병변은 면역복합체 형성과 관련된 염증이 특징적이다. 맥락막총과 신장의 사구체가 가장 심하게 영향을 받지만 면역 복합체는 또한 관절의 활막에도 침착이 되고 혈관 벽, 피부에도 침착이 된다. 림프결절이 때로는 장기에 형성될 수 있다. 초기의 사망과 관련된 신생 감염 마우스에서 병변은 완전히 서술되지 않았지만, 간 괴사가 포함되어 있다.

급성 그리고 지속성 LCMV 감염의 병변은 각각 다른 면역 병리학적 과정을 보인다. 급성 LCMV에 감염된 성숙마우스에서 바이러스는 B-세포와 대식 세포에서 증식하지만 T-세포는 저항성이 있다. 내부 바이러스 epitopes가 체액성 면역반응을 유발하는 데 반하여 표면 epitopes는 세포 매개성 면역반응과 중화항체를 유도한다. 이와 같은 바이러스의 제거와 바이러스에 관련된 면역학적인 상해는 둘 다 T 림프구와 연관성을 가지고 있다. 이 같은 역설적인 사실은 다음과 같은 견지에서 설명이 될 수 있다. 즉, 신속한 세포 면역반응은 바이러스 증식을 억제하고 숙주의 생존을 유도한다. 반면 완만한 세포 면역반응은 바이러스가 증식하도록 하며, 또한 일단 면역이 완전히 형성된 후에는 바이러스에 감염된 세포의 수가 증가되어 면역학적으로 공격을 받게 된다. 항체는 감염 후 1주일 정도에 검출되지만 급성 질병을 제거하는 데 중요한 역할을 하지 않는다. LCMV 감염에서 병변은 바이러스에 감염된 세포에 대한 직접적인 T 림프구 매개로부터 진전되고, 그리고 면역 T 림프구로부터 방출되는 체액성 인자가 관여한다. 또한 LCMV는 급성으로 감염된 마우스에서 체액성 또는 세포성 면역을 억압할 수도 있다.

보통 임신 초기에 노출되었을 때 지속 감염이 일어나는데 바이러스는 보균마우스의 난소에서 검출된다. 산전 또는 신생기 감염은 면역학적으로 LCMV에 대하여 면역관용을 유도하여 바이러스는 다양한 조직에서 높은 역가로 증식을 할 수 있다. 그렇지만 지속 감염 마우스는 LCMV에 대해서 체액성 면역을 유도한다. 항체는 지속적으로 증식하는 바이러스와 복합체를 형성해서 보체 의존성 염증을 혈관에서 일으킨다. 면역복합체성 사구체 신염이 이런 과정을 설명하고 있다.

**진단** LCMV 감염은 혈청학적으로 면역형광 항체법이나 ELISA법으로 진단될 수 있다. 면역능력이 있는 성숙마우스들은 감염 후 정상적으로 혈청 양성으로 되는 반면 보균마우스는 체액성 면역반응이 약하다. 그래서 검사시 위음성 결과를 잘 고려해야 한다. 성숙한 감시마우스를 접촉시켜 LCMV 감염에 대한 혈청 양성 반응이 나타나는지 검사하는 것은 좋은 방법이 될 수 있다. 다른 방법으로서는 지속 감염된 것으로 의심되는 살아 있는 의심개체로부터 (대개 바이러스 혈증 상태) 소량의 혈액 시료를 수집하여 배양세포에 접종하든지 성숙 또는 신생 마우스에 접종하여 진단한다. LCMV의 양성 조직을 뇌내 접종하면 성숙마우스에서는 10일 안에 신경증상이 유발되는데, 어린 마우스에서는 무증상적으로 경과한다. 감염된 성숙마우스의 뇌를 조직학적으로 검사하면 비화농성 염증을 볼 수 있지만, 장 친화성 분리주로 감염시킨 마우스에서는 병변이 거의 보이지 않는다. 이유 마우스나 성숙마우스 뇌에서 바이러스 항원을 찾는데 면역 조직화학적 방법이 이용된다. 바이러스를 성숙마우스의 복강내 접종을 하면 혈청 양성을 보이며 짧은 기간내 감염을 유발한다 (마우스 항체생성 시험). RT-PCR 진단법도 이용될 수가 있다. 바이러스는 마우스 신경아세포종(N-18) 세포, BHK21 세포, 그리고 L 세포같이 여러 세포주에서 증식되고 정량화될 수 있다. LCMV 항원을 접종한 세포에서 형광항체법을 이용하여 항원을 찾는 것은 동물 접종에서 보다 더 빠른 결과를 얻을 수 있다. 바이러스의 직접적인 접촉을 포함하는 모든 진단방법은 실험실시자의 감염을 피하기 위해서 엄격한 격리 조건에서 수행되어야 한다. 시험관 진단방법은 동물시험에서 일어날 수 있는 위험한 노출을 피할 수 있다는 이점이 있다.

**감별진단** 신경 증상을 보이는 마우스들은 MHV 또는 마우스 encephalomyelitis virus 그리고 전이성 세균 감염 때문에 일어나는 뇌수막염과 구별되어야 한다. 낮은 비율로 신경성 질병이 일어나는 창상이나 종양 그리고 독성 물질에 의한 것들이 진단에서 제외되어야 한다. 질병이 지연성으로 진행하는 경우는 바이러스 항원이 조직에 침착하는 특징적인 신장병변과 관련이 있다. 감염 초기에 급성으로 진행하는 질병은 MHV나 ectomelia virus, reovirus 3 감염 Tyzzer' s 같은 감염 초기에 사망하는 다른 원인들과 감별되어야 한다.

**예방과 대책** 동물과 동물 유래 물질들을 검사하고 입수하는데 적절한 안전방지책을 고안하는 것이 예방적 차원에서 필수불가결하다. 마우스 상호간의 전파율은 낮기 때문에 항체 양성 또는 보균 마우스를 선택적으로 검사하여 도태시킬 수 있다. 만약 마우스가 쉽게 대체될 수 있다면 집단 전체를 교체하는 것이 더 안전하고 신뢰성이 있는 방법이다. 보균집단은 제왕절개를 통해서 다시 신생자를 얻을 수 있지만, 자궁내 감염을 배제하기 위해서 신생자는 다시 검사받아야 한다. 만약에 감염된 햄스터가 많은 양의 바이러스를 배출한다면, 감염된 햄스터는 안락사시키고, 햄스터는 마우스와 함께 사육되어서는 안 된다. LCMV는 사람에게도 전파될 수 있는데, 중증의 중추신경계 질병이 이환될 수 있다. 사람에서의 감염은 인플루엔자 감염과 유사하지만 보통은 무증상적이다. LCMV 감염은 인수공통전염병의 가능성 때문에 보균동물을 제거하고 검출하는 것이 아주 중요하게 인식되었고, 다른 오염된 물질들 특히 세포주나 이식성 종양 같은 것들은 반드시 검사를 해야 하며, 인간에게 노출을 막기 위하여 다른 백신들도 검사를 해야 한다. 실험적으로 LCMV를 연구하고 있는 사람과 같이 바이러스에 노출될 위험성이 높은 사람들은 혈청학적인 검사를 주기적으로 해야 하고, 혈청은행과 같은 것들은 주기적으로 검사를 받아야 한다.

**연구와의 관련성** LCMV는 시험관이나 또는 생체에서 면역학적인 반응을 자극하거나 억압하고, 면역학적인 연구에 표적이 되는 세포에서 증식을 할 수 있다. 보균동물에 대하여 면역된 세포를 주입하면 면역병리학적인 반응을 일으킬 수 있다. 면역복합체가 장기적인 실험을 복잡하게 만들며 형태학적 연구에서도 해석하기 힘들게 한다. 마우스가 이환 또는 사망하여 연구에 지장을 줄 수 있으며 인수공통전염병으로서 위험성을 가지고 연구에 영향을 끼친다.

## 8) Sendai virus 감염

### (1) Mouse Sendai Virus 감염

**원인** Sendai virus는 paramyxovirus로서 항원적으로는 인간 parainfluenza virus 1과 연관성을 가지고 있다. 바이러스 입자는 다형성이고 단쇄의 RNA를 가지고 있으며, 지방 용매에 감수성이 있는 외피를 가지고 있는데, 외피에는 혈구 응집능, neuraminidase 그리고 세포융합성질을 가지고 있는 당단백이 있다. Sendai virus는 수정란에서 잘 증식하고 또 여러 종류의 포유동물 세포주에서(예를 들면 원숭이 신장, 신생 햄스터 신장{BHK-21}, 마우스 섬유아세포) 잘 자란다. 바이러스는 세포질에서 증식을 하고 세포막을 통해서 출아법으로 나온다.

**임상증상** 감수성 있는 성숙마우스는 종종 등을 구부린 자세를 보이고 그리고 털을 세우기도 한다. 갑작스런 체중감소와 호흡곤란이 일어나고 그리고 소근거리는 소리를 내며 눈에 눈곱이 보인다

아주 감수성이 높은 성숙마우스가 죽을 수 있지만 치사적인 감염은 수유기 마우스에서 특히 흔하다. 감수성 차이는 성에 따라 보이지 않는다. 유전적으로 저항성이 있는 마우스는 특히 건강상태가 좋을 때는 감염되어도 증상이 없다. 무흉선 마우스와 면역학적으로 억압된 마우스들은 감수성이 높으며 소모성 질병으로 진행될 수 있다. 그러나 그들은 면역능력이 있는 마

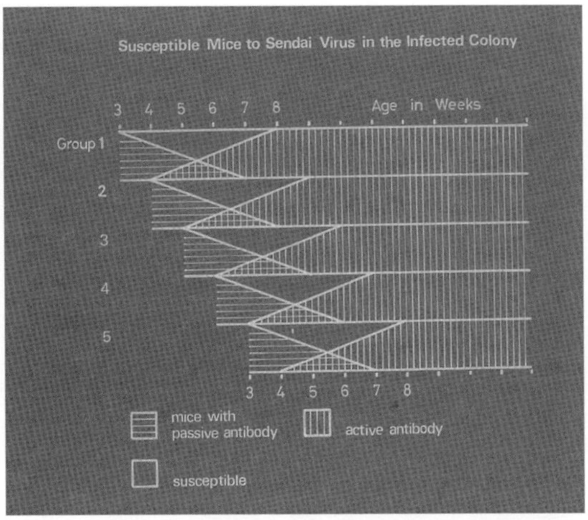


그림 5. 동물의 교배가 계속 이루어지는 번식시설에서 Sendai virus가 감염되면 모체로부터의 이행항체가 소멸하여 감수성이 높아지는 시기(4~6주령)의 개체가 바이러스에 재감염되어 감염의 고리가 이루어진다. (伊藤豊志雄 博士 제공)

우스보다 증상이 더 늦게 발현된다. 기회감염이 임상증상을 더 복잡하게 만들 수도 있다. 예를 들면 귀에 2차 세균감염이 있을 때 귀의 전정 증상을 일으킬 수 있다.

**역학** Sendai virus는 마우스 감염원 중에서 가장 감염률이 높은 것 중에 하나이며, 최근에 많이 감소되었다. 이것은 여러 가지 요인 때문인데, 사육 시스템의 개선 그리고 건강 모니터링 그리고 마우스의 생산 기술의 향상 때문이다. Sendai virus는 공기에 의해서 전파가 되고 전염력이 높다. 감염된 집단에서 이환율은 거의 100%에 다다르고, 사망률은 0~100%까지 다양하다. 그리고 치사적인 Sendai virus 감염의 감수성에 마우스 계통이 많은 영향을 주고 있다. 예를 들면 C57BL/6는 감염에 아주 저항성이 강하여 임상증상이 나타나지 않는 반면에 DBA/2 마우스는 아주 감수성이 높아 임상증상이 쉽게 나타난다. 공기에 의한 감염은 높은 상대습도와 낮은 공기순환에 의해서 촉진이 된다. 산전감염은 일어나지 않는다. 풍토병적인 감염은 주로 젖을 뗀 마우스에서 검출이 되는데(5~7주), 감염 후 7~14일 안에 혈청 양성을 보이고 그리고 감염이 완료된다(그림 5).

그래서 한 지역내 감염은 감수성 있는 동물을 도입함으로써 지속될 수 있다. 면역능력이 있는 마우스에서 지속감염에 대한 증거는 없다. 그러나 면역결핍된 마우스에서는 지속 감염이 흔하다. 어미로부터 획득한 수동 면역으로 어린 마우스는 감염으로부터 보호를 받고 능동 면역은 오랫동안 지속된다. 랫드, 햄스터, 그리고 기니픽도 Sendai virus 감염에 감수성이 있다.

A.

B.

C.

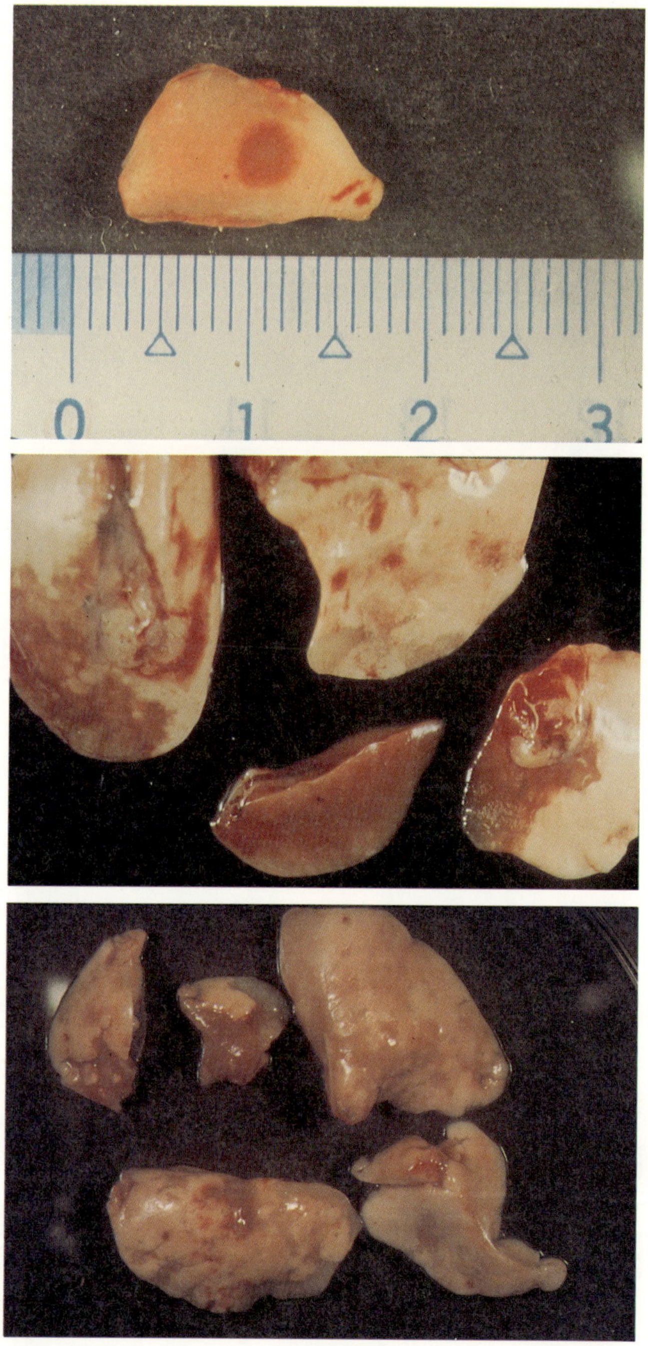


그림 6. Sendai virus 감염 마우스의 폐 A: 감염 초기 (3일째)에는 중심부에 투명한 부분을 보이는 한계명료한 충혈 병소가 보인다. B: 감염 중기(1~2주째)에는 폐엽이 간변화를 보이게 된다. C: 감염 후기(3주 후)에는 회백색 간변화가 관찰된다. (伊藤豊志雄 博士 제공)

그래서 양방의 교차 감염이 질병의 발생 중에 위험요인으로 간주된다.

**병리** 자연 감염의 예 중에는 정상적으로 바이러스 증식이 호흡기계에 제한적이고, 그리고 감염 후 첫 주에 절정을 보인다. 육안적인 병변은 부분적인 또는 전체 폐의 융합을 보인다(그림 6).

각각의 폐엽은 적자색으로서 할면은 포말성의 장액성 물질이 삼출되어 나온다. 때때로 흉

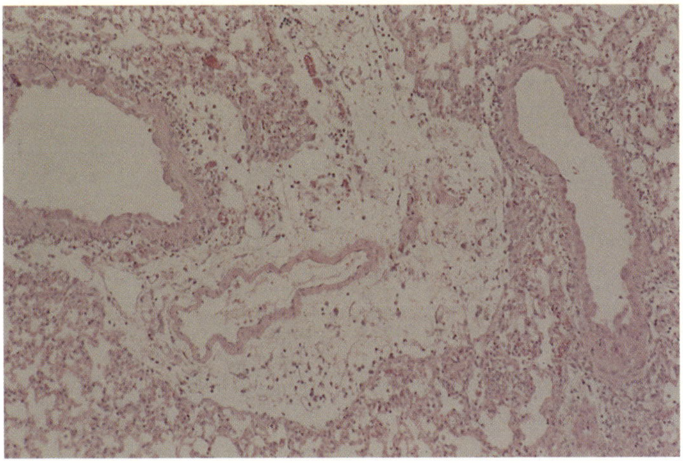

그림 7. Sendai virus에 감염된 마우스의 폐(감염 3일째) 염증성 부종이 혈관 주변에 보인다. 폐포벽은 백혈구로 침윤이 되어 간질성 폐렴이 관찰된다. (伊藤豊志雄 博士 제공)

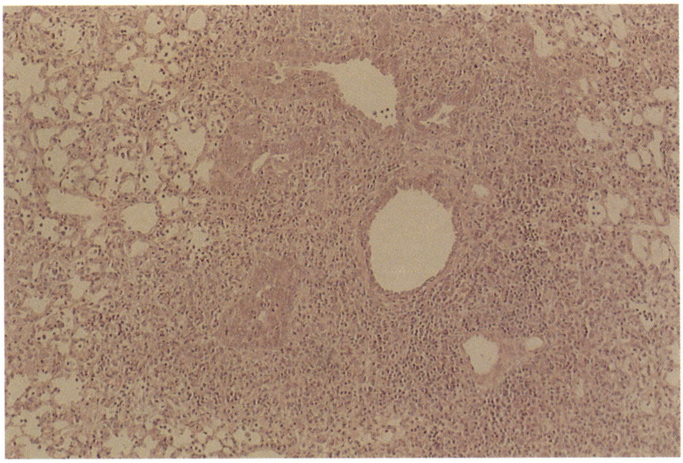

그림 8. Sendai virus에 감염된 마우스의 폐(감염 14일째) 혈관주위에 림파구가 강하게 침윤되어 있다. (伊藤豊志雄 博士 제공)

강의 유착이나 폐농양이 2차 세균 감염에 의해서 일어난다. Sendai virus는 기도의 상피세포나 type2 pneumocyte가 표적세포이다. Type1 pneumocyte는 심하게 감염되지 않는다. 조직학적으로 폐염의 형태는 마우스 유전형에 의해서 영향을 받는다. 감수성이 있는 마우스는 보통 뚜렷한 기관지성 폐렴과 간질성 폐렴을 보이는 데 반해서 저항성이 있는 마우스에서는 간질성 요소가 뚜렷하지 않다. 전형적인 변화는 염증성 부종이 기관지 고유 점막층에서 시작을 하는데, 폐포 도관, 폐포 그리고 혈관 주변까지 확장한다. 또한 기관지 상피세포의 괴사와 탈락은 종종 분절성으로 관찰된다. 폐포상피세포는 탈락되고 특히 심한 감염에서는 괴사성 세포 산물들이나 염증세포들이 기도에 또는 폐포강 내에 축척된다. 폐포벽은 보통 백혈구로 침윤이 되고 간질성 폐렴을 일으킨다. 림프구세포들이 소 기관지 주변 또는 혈관주변에 침윤을 한다(그림 7).

림프구성 반응이 Sendai virus 감염에서 일어나는 것을 볼 때, 그것은 세포매개성 면역이 병변뿐 아니라 회복에 영향을 주는 것을 알 수 있다(그림 8). 이러한 분명한 역설적인 사실은 Sendai virus 폐렴에 면역 병리학적인 기전이 관여하고 있다는 것을 말하고 있다. 침윤세포에 의해서 면역 글로블린이 국소적으로 합성되기도 한다. 면역 염증세포의 침윤 정도는 감염된 숙주에서 표현되는 유전적인 저항성에 따라 나타나고 저항성 있는 숙주보다는 감수성이 있는 숙주에서 활발한 반응을 하게 된다. 숙주의 계통 관련성 감염의 차이는 기도의 섬모에 의한 점액성 물질의 운송에서 그 차이를 발견할 수 있다. 다핵 합포체가 감염된 수유기 마우스에서 때때로 관찰되고, 봉입체가 감염된 무흉선 마우스에서 보고되어 왔다.

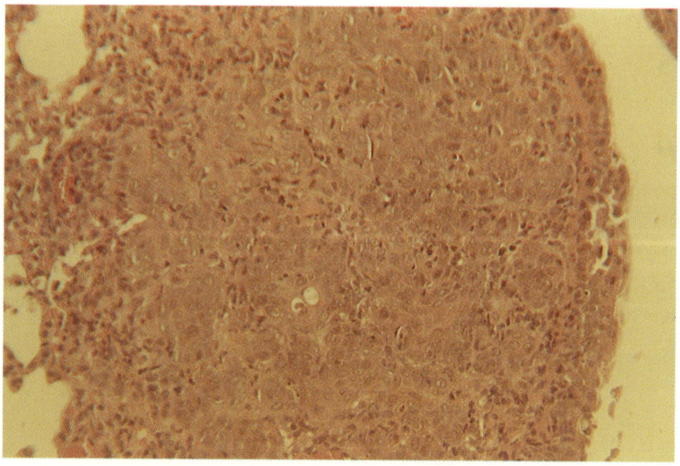

그림 9. Sendai virus에 감염된 마우스의 폐(감염 14일째) 기관지상피세포 또는 폐포상피세포의 과형성이 관찰된다. (伊藤豊志雄 博士 제공)

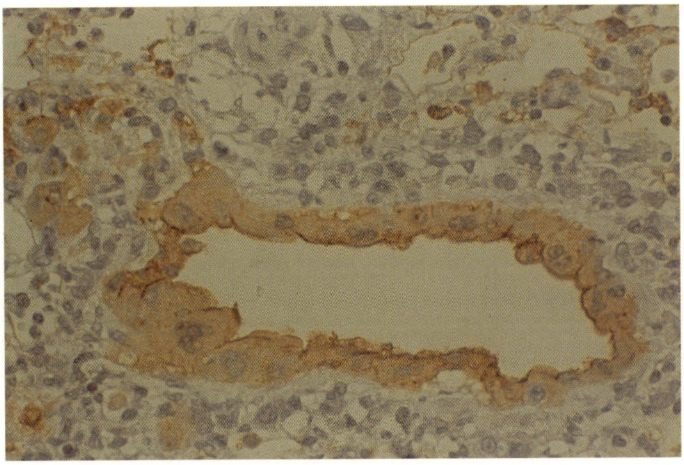

그림 10. Sendai virus 감염 마우스의 폐조직에 대한 면역조직화학염색 항원이 기관지상피세포와 폐포상피세포, 폐포 대식구에 국재되어 있다. (伊藤豊志雄 博士 제공)

재생과 수복이 용해기 후에 즉시 나타나는데, 기관지 상피세포의 편평상피 화생이나 증생이 특징적이며 병변은 폐포벽까지 확장된다. 입방상피세포가 증식하여 종말 기관지가 선 조직처럼 보인다(그림 9).

손상받은 폐는 생존한 마우스에서 비교적 완벽하게 수복되지만, 림프구 침윤이나 비전형적인 상피세포의 증생 병소 그리고 경도의 반흔조직이 지속하게 된다. 급성기 병변은 면역저하된 마우스에서 지속하는데, 소모성 질병을 보이거나 또는 사망하기도 한다. 나이든 마우스도 회복이 늦는데, 그 후에 국소적인 폐 섬유화가 수반된다.

**진단** 호흡기능 저하는 Sendai virus 감염이 특징이다. 특히 어린 마우스와 유전적으로 감수성이 있는 마우스에서 심하다. ELISA나 간접 형광 현미경법이 면역능력이 있는 모든 계통의 마우스에서 감염여부를 검출하는 데 효과적인 방법이다. 항체는 감염 후 7일째 검출될 수 있다. 반복적인 혈청학적 검사를 몇 주에 걸쳐서 하면, 감염을 확인하는 데 도움을 줄 수 있다. 항체가가 증가한다든지 또는 지속적으로 집단에 만연하고 있다는 것은 감염이 활성화되어 있다는 것을 보여준다. 또 다른 방법으로, 감시동물을 혈청 양성 집단에 같이 사육하므로서 활성화된 감염을 검출하는 방법도 있다. 혈청진단 결과와 관계없이 조직학적인 그리고 면역조직학적인 방법 그리고 가능하다면 바이러스 분리가 확진에 이용되어야 한다(그림 10).

바이러스는 감염 후 9일째 가장 높은 비율로 분리되지만 2주까지 호흡기계로부터 분리될 수 있다. 비후두부의 세척 또는 폐 조직 유제가 가장 분리하기 좋은 재료이며, 수정란이나 BHK-21 단층세포에 접종되어야 한다. 배양세포가 Sendai virus에 감염되어도 세포 용해가 보이지 않아, 적혈구 응집이나 항원검출방법이 이용되어야 한다. RT-PCR 방법은 감염된 폐에서 바이러스 유전자를 검출하는 데 이용되기도 한다.

**감별진단** 폐렴바이러스에 의한 마우스 호흡기 감염은 일반적으로 경도이며, 증상이 없다. 조직학적으로, 기도 상피세포의 괴사도 경미하다. 마우스의 세균성 폐렴 중에 호흡기성 마이코플라즈마를 포함하는 질병이 산발적으로 일어나며, 병리학적 또는 원인 균을 분리함으로써 감별진단될 수 있다. Sendai virus 폐렴은 폐에 기회감염성 세균 감염이 일어날 수 있는 소인이 되기 때문에, 세균이 분리되었다고 해서 바이러스의 평가를 간과해서는 안 된다.

**예방과 대책** Sendai virus의 감염은 감염 후 생존한 면역능력이 있는 마우스에서는 그 개체에 한정되는 경향이 있다. 면역능력이 있는 어미로부터 태어난 수유기 마우스는 어미의 항체에 의해서 이유 후까지 감염에 대하여 일부 보호받을 수 있다. 대책과 근절방법은 감수성 있는 동물에 노출이 되지 않도록 하고 감염원을 없애는 것이다. 이것은 감수성 있는 동물이 성숙체로서 또는 번식을 통해서도 새롭게 도입되지 않도록 4~6주의 검역기간을 설정함으로써 쉽게 이루어질 수 있다. Sendai virus는 아주 불안정하다는 점이 대책에 도움을 준다. 격리 사육시설을 통하여 감염을 막을 수 있으며 예방대책으로서도 격리시설이 선호된다. 포르말린 불활화 바이러스로 작제된 백신이 귀중한 마우스에 있어서 단기적인 방어능을 줄 수 있지만 흔한 방어 목적으로 사용되지는 않는다.

**연구와 관련성** Sendai virus는 숙주에 면역억제를 일으킬 수 있으며, 이식 종양의 성장을 방해할 수 있다. 바이러스가 종양세포 표면막을 변형시키기 때문에 종양세포가 성장할 수 없게 된다. Sendai virus 폐렴 중에 폐 변화는 실험적으로 유발된 폐병변의 해석에 오해를 줄 수가 있으며, 또 다른 세균에 의한 기회감염을 일으킬 수 있다. 또한 마우스 번식에 장애를 주는 것으로 생각되고 있다. 이러한 증상은 스트레스나 열 또는 다른 급성 감염기에 관련된 변화 때문에 일어나는 간접적인 영향일 수도 있을 것이다.

### (2) 랫드의 Sendai virus 감염

Sendai virus 감염에 의한 호흡기도의 임상적 질병과 병변은 드물지만, 혈청학적 조사에 의하면 이 바이러스는 랫드 집단에 비교적 널리 퍼져 있다. 이 질병의 급성기에 부검한 랫드에서, 비염이 나타나는데, 호흡기 상피세포에 국소성에서 미만성 괴사가 관찰된다. 침윤된 백혈구는 호중구, 림프구, 형질세포 등으로 구성되어 있다. 잔존 병변은 3주 이상 비점막에 지속된다. 하부 호흡기도에서는 다발성 과형성 내지는 농양성 기관지염과 세기관지염이 나타나고, 심한 경우에는 괴사성 세기관지염이, 그리고 흔히 국소성 폐포염이 나타난다. 폐포 중격에는 과세포성을 보이고, 침윤된 세포는 폐포 대식세포, 호중구, 림프구들로 구성되어 있다. 바이러스 증식은 I형, II형 폐포세포와 폐포 대식세포에서 일어난다. 아급성 단계나 회복단계에서는 림프구나 형질세포로 구성된 혈관 주위와 기관지 주위의 cuffing이 현저하다. 단핵세포 침윤은 폐포 중격에 수주 동안 관찰되며, 잔존한 간질성 섬유증이 폐포벽에 남아 있게 된다. 동물은 대개 무증상이므로, 현미경 검사에서 감지된 폐병변이 감염성 질병을 의심하게 하는 첫째 지표이다. 이런 변화는 Sendi virus에 특이적인 것은 아니므로, 확진은 항체가의 검사 및 바이러스의 분리로 이루어진다. 괴사성 세기관지염은 이 질병의 특징 중의 하나이다.

### 9) Pneumonia Virus of Mice(PVM) 감염

#### (1) 마우스의 PVM

**원인** Pneumonia virus of mice는 외피가 있는 RNA 바이러스로서 Paramyxoviridae 과 중에 pneumovirus 속에 속한다. 모든 분리 주는 물리화학적, 생물학적, 항원적인 성질이 비슷하다. 이 바이러스는 몇 종의 설치류 적혈구를 응집하는데, 마우스 적혈구도 응집한다. BHK-21 세포에서 잘 증식을 하지만 Sendai virus와 같이 배양세포에서 세포 용해성이 보이지 않는다.

**임상증상** 자연 감염되었을 때 증상이 관찰되지 않는다. 그래서 바이러스명 자체가 임상적으로 오해를 사고 있는데, 마우스에서 바이러스를 몇 번 계대한 다음에 일어난 폐렴 증상으로부터 바이러스명이 유래되었다. 그러나 면역능력이 결손된 마우스에서는 호흡곤란이나 무기력, 소모성 질병이 보인다.

**역학** PVM은 마우스, 햄스터 그리고 기타 설치류의 자연 감염원이며, 토끼에서도 감염성이 있다. 혈청학적인 조사자료를 보면 PVM이 마우스에 광범위하게 감염되어 있는 것을 알 수 있고, 그리고 세계적인 분포를 가지고 있다. 그러나 Sendai virus보다는 느리게 전파된다. 마우스 상호간에 직접적인 접촉에 의해서 전파되며 바이러스는 환경적 요인에 의해 불활화가 쉽게 일어난다. 감염은 급성으로 일어나며, 면역능력이 있는 마우스에서는 감염이 한정적이지만, 면역능력이 없는 마우스에서는 지속 감염이 일어난다.

**병리** PVM은 호흡기계에서 증식을 하는데, 감염 후 6~8일째 폐에서 가장 많은 바이러스가 검출된다. 폐의 융합이 실험적으로 감염된 마우스에서 일어날 수 있지만, 자연 감염인 경우에는 드물다. 병리조직학적인 병변은 상부 또는 하부 호흡기계에서 일어날 수 있으며, 경도의 괴사성 비염, 괴사성 기관지염, 간질성 폐렴 등이 있다. 이러한 병변은 보통 바이러스에 노출된 후 2주 안에 일어나며, 대개 3주 정도면 병변의 진행이 완료된다. 침윤되는 주요 염증세포는 단핵구이지만 약간의 호중구도 유주한다. 면역조직화학적으로 파라핀 포매조직에서 바이러스 항체를 검출하는데, 기관지 상피세포나 폐포 대식구, 폐포상피세포에서 검출이 가능하다. 이 외에 비화농성 혈관 주위염이 급성 감염이 끝난 후 몇 주간 지속되기도 한다. 중증의 폐렴이 면역결손된 마우스에서 일어날 수 있다. 그리고 중증 간질성 폐렴이 관찰되기도 하는데, 폐의 융합이 특징적으로 관찰되며, 염증성 삼출물과 탈락된 폐포 상피세포가 폐포강 내에 차 있게 된다.

**진단** 진단은 주로 혈청학적인 방법을 이용하며, 조직학적인 방법, 면역조직화학적인 방법, 조직내교잡법, 바이러스 분리, 간접 형광 현미경법이나 ELISA와 같은 방법들이 이용될 수 있다. 바이러스는 BHK-21 cell에서 증식을 하고 면역조직 화학적인 방법들에 의해서 검출이 되며, RT-PCR 방법으로도 검출할 수 있다.

**감별진단** PVM은 항원적으로 다른 설치류 바이러스와 구분할 수 있기 때문에 혈청학적인 방법이 PVM 감염을 다른 호흡기 감염과 감별하는 데 가장 유용한 방법이다. 그러나 면역결핍된 마우스에서는 임상증상과 병변이 전형적이어서, 다른 폐렴 특히 Sendai virus나 Pneumocystis carinii 감염시 일어나는 폐렴과 구별될 수 있다. 또한 PVM은 면역결손 마우스에서 Pneumocystis carinii 감염증을 더 심화시키거나, 중복감염을 일으킬 수 있다. 그러므로 면역조직화학적인 방법이나 은 염색을 통한 추가진단이 추천된다.

**예방과 대책** PVM 감염은 면역능력이 있는 마우스에서는 급성으로 경과하고 감염개체에 한정적으로 일어난다. 혈청학적으로 양성인 마우스는 면역학적으로 양성이거나 또는 급성 감염의 최종단계로 간주되어야 하며, 대책과 예방은 Sendai virus 감염에 적용되는 지침을 따라야 한다.

**연구와 관련성** PVM은 폐포내 염증세포의 증가와 관련되어 있다.

### (2) 랫드의 PVM 감염

혈청학적 조사에 의하면, 실험용 랫드에서 PVM의 풍토병적 감염이 확인되고 있다. PVM에 양성을 나타내는 랫드 집단은 80% 이상일 수도 있다. F344랫드에 PVM을 비강내 접종하면, 임상 소견은 나타나지 않지만 육안적 또는 조직학적 병변이 접종 후 6일에 나타나게 된다. 실험감염에서, PVM의 보체항체는 접종 후 14일에 최고치를 나타내며, 19일에 급격히 떨어진다. 급성 다소성 비화농성의 혈관염과 괴사를 동반한 간질성 폐렴이 급성기에 나타나는 전형적인 병변이다. 기관지 주변 림프조직의 과형성, 혈관주위염, 다소성 간질성 폐렴 등을 동반한 현저한 혈관주위 침윤이 나타난다. 랫드에서 이러한 병변은 수주 동안 지속되는 경향이 있다.

## 10) Reovirus 감염증

Reoviridae 중 2종의 바이러스가 실험용 마우스를 감염시키며, 이는 reovirus와 murine rotavirus이다. Murine rotavirus는 EDIM virus로도 알려져 있다.

### (1) Reovirus 1, 2, 3

**원인** 포유동물의 reovirus는 1, 2, 3의 혈청형으로 나뉜다. 야생 분리주와 실험실 분리주에 대한 특징은 잘 규명되어 있으며, 유관바이러스들이 포유동물, 유대류, 조류, 곤충 그리고 파충류로부터 분리가 되어 왔다. 바이러스는 분절성 이중쇄의 RNA를 가지고 있고, 열에 비교적 안정적이다. Reovirus는 능동적으로 재결합하기 때문에, 마우스에서 한 가지의 혈청형에 의해서 자연감염이 일어나지 않는다. Reovirus는 BHK-21 세포 같은 계대세포주뿐만 아니라, 여러 종류의 포유동물로부터 분리한 초대배양 단층세포주에서도 잘 자란다.

**임상증상** 임상증상은 드물게 나타나며 연령 의존적이다. 급성 증상은 약 2주령의 수유기 마우스에서 나타나며, 성숙마우스에서는 무증상 감염을 보인다. 수유기 마우스에서의 임상증상은 쇠약, 복부팽만 그리고 지용성의 헝클어진 털을 보이는데, 그 이유는 분변에 지방이 많이 배설되기 때문이다. 황달이 있을 수 있으며, 발바닥, 꼬리, 코의 변색으로서 쉽게 구별할 수 있다. 운동 실조성 경련이나 마비가 사망직전에 일어날 수 있다. 회복기의 마우스는 부분적으로 탈모증상을 보이고 쇠약해진다. 탈모와 쇠약 그리고 황달이 수주간 지속될 수 있는데, 감염성 바이러스가 분리되지 않을 때에도 증상은 계속된다. 면역능력이 있는 어미로부터 태어난 어린 신생자는 모체이행 항체에 의해서 보호받는다.

**역학** Reovirus 3 감염률은 미국에서 5~20%로 알려져 있다. Reovirus는 어린 마우스에서는 전염력이 높으며 구강, 분변, 공기전파에 의해서 전염될 수 있고, 절족 동물에 의한 기계적 전파도 보고가 되어 있다. 또한 바이러스는 종양세포나 조직의 이식 및 투여에 의해서 우연하게 전파될 수 있다. 성숙마우스에서는 전파는 비효율적으로 일어난다. 수직전파나 유전적인 저항성, 성별에 의한 영향 등에 대해서는 확실한 증거가 없다. 면역력이 있는 마우스에서는 감염 개체에만 제한적이며 몇 주 동안 지속되지만 숙주에 면역력을 생성하고 종식된다. 그럼에도 불구하고 보균상태의 존재는 배제될 수 없다. 면역결핍 마우스에서 감염경과는 지속적 감염으로 생각되어야 하지만 동물이 있다는 것은 그 기간은 확실하지 않다.

**병리** Reovirus 3은 어린 마우스에서는 모든 장기에 중증감염을 일으킨다. 비경구 접종 후에 바이러스는 간, 뇌 심장, 췌장 비장, 림프절 그리고 혈관에서 분리될 수 있다. 섭취 후 reovirus는 payer' s patch를 둘러싸고 있는 장 상피세포(M cells)로 들어간다. Virus는 백혈구를 통하여 간으로 운반되는데 쿠퍼세포에 의해서 탐식되고, 간세포를 감염시킨다. 급성 질병에서는 간장이 종대, 흑변, 황색괴사소가 관찰된다. 장의 발적과 확장이 관찰되며, 어린 마우스에서 장 내용물은 밝은 황색이다. 심외막에 창백한 괴사소를 일으키며, 그리고 폐출혈이 보고되어 있다. 심근의 부종이나 괴사는 특히 좌심실의 유두근에 뚜렷하다. 뇌에서는 종창과 충혈이 관찰된다. 중추신경계의 병변은 뇌간과 대뇌 반구에서 가장 많이 보인다. 신경조직의 변성과 괴사 후에 뇌막염과 위성증이 동반된다. 중증 뇌염으로 인하여 국소성 출혈이 일어날 수 있다. 만성기에서는 소모성 질환, 탈모, 황달 그리고 간, 비장의 거대화가 지속적으로 관찰된다. 수유기 마우스에서 경구 감염되었을 때에는 다발성 간 괴사가 나타나는데, councilman body와 유사한 호산성 구조물의 축적이 보이기도 한다. 간세포의 거대화, 쿠퍼세포의 증생, 단핵구의 침윤, 호중구의 침윤이 보이기도 한다. 실험적으로 감염된 마우스에서는 약 4주간 괴사소가 지속적으로 관찰될 수 있다. 만성 활동성 간염이 급성 감염 후에 일어날 수 있고, 담관 폐색을 초래한다. 췌장의 선방세포와 타액선의 선방세포는 변성 및 괴사를 거치게 된다. 췌관 상피세포가 감염에 감수성이 있기 때문에 췌장에서 실질조직의 병변은 선방세포의 바이러스 침윤에 의해서 보다는 췌관의 폐색에 의해서 일어난다. 폐출혈과 골격근의 변성 또한 관찰된다. 체액성 또는 세포성 면역이 숙주의 방어기전에 참여하는 것 같지만 숙주면역이 만성 감염의 진행에 어떠한 영향을 줄 수 있는지는 불분명하다. Reovirus 1 감염시 경도의 병변이 산재되어 나타나며, Reovirus 2 감염에서는 장 친화적으로 나타나기 때문에 다른 조직에서는 병변 없이 경도의 장염이 관찰된다.

**진단** ELISA와 간접형광항체법이 Reovirus 3 감염의 혈청학적인 검출방법으로 개발되었고, 또한 바이러스 RNA는 RT-PCR로 검출될 수 있다. Reovirus 3 감염의 진단은 임상적으로 기름기가 있는 털 및 황달과 쇠약을 관찰함으로써 가능하다. 조직학적으로 여러 장기에서 괴사가 관찰되면, 중증 Reovirus 3 감염과 증상이 일치하지만 바이러스의 분리나 면역조직학적 방법에 의해 검증되어야 한다.

**감별진단** Reovirus 3의 감염은 mouse coronavirus, EDIM virus, *Salmonella* spp., *Clostridium piliforme* 등 다른 질병과 구별되어야 한다.

**예방과 대책** 바이러스의 감염으로부터 완전히 회복된 마우스라 할지라도 체내 바이러스가 감염되어 있을 가능성은 완전히 해소되지 않는다. 그래서 감시 마우스나 마우스 항체생산 검사법 또는 다른 적당한 방법을 사용해서 바이러스가 계속 존재한다는 것을 확인한 후에 재생산하거나 또는 감염된 모체를 대체하는 것이 필요하다. 예방은 적절한 격리시설과 혈청학적인 모니터링으로 이루어진다.

**연구와 관련성** Reovirus 3 감염은 여러 가지 방법으로 연구에 지장을 줄 수 있다. 생산 시설이 감염되면 면역능력이 없는 어미로부터 생산된 수유기 마우스 집단이 고율로 사망률을 보인다. 바이러스는 흔히 종양 이식시 분리되어 왔고, 그래서 이식종양에서 괴사가 일어나는 원인으로 생각되어 왔다. 간, 췌장, 심근 그리고 신경에 대한 연구에서 실험적인 오차를 일으킬 수 있다.

### (2) 랫드의 reovirus 감염

랫드는 reovirus 3에 대한 항체가를 보이지만, 자연적 또는 실험적 감염에서 질병은 보이지 않는다. 마우스가 reovirus에 의한 질병에 감수성이 있는 유일한 실험동물이다.

### (3) Rotavirus(EDIM virus)

Rotavirus는 2중쇄의 분절성 RNA virus로서 전자현미경에서 바퀴모양으로 관찰된다. EDIM virus는 group A rotavirus로서 완전히 분화된 소장의 상피세포에서 소포체의 크리스타로부터 출아법으로 증식을 한다. 현재 단 한 가지의 혈청형이 알려져 있지만, 혈청학적으로 다른 변종이 존재할 수 있다. EDIM virus는 내부의 캡시드항원이 토끼, 가금, 비인간 영장류, 인간 그리고 가축과 애완동물의 rotavirus와 공유를 한다. 이러한 바이러스는 자연상태에서는 종 특이성을 보이기도 하며 혈청중화반응으로 구별될 수 있다. EDIM virus를 배양할 때에는 바깥쪽 capsid polypeptide를 절단할 수 있는 단백질 분해효소가 필요하다.

**임상증상** 2주 이하의 수유기 마우스에서 보인다. 면역결핍 마우스에서 감염이 일어날 수 있다. 모체이행 항체에 의해 보호받기 때문에, 면역능력이 없는 어미로부터 태어난 신생자에서도 임상증상이 일어날 수 있다. 기본적인 임상증상으로는 회음부에 분변에 의한 오염과 설사가 관찰되며, 오염은 심한 경우에는 털 전체까지 확장될 수 있다. 높은 이환율에도 불구하고 사망률은 낮은데, 그 이유는 감염된 마우스가 계속 젖을 먹기 때문이다. 일시적인 체중감소가 일어나기도 하며, 성장 지연이 일어나기도 한다. 감염으로부터 회복까지 2주 정도 걸린다. 체중이 다시 증가되면, 임상적으로 회복되었다고 판단한다.

**역학** EDIM virus는 마우스에서만 감염성이 있고, 마우스 집단에서만 일시적으로 일어나게 된다. 그러나 감염은 지역에 따라 널리 퍼질 수 있다. 최근의 미국에서 조사결과 (1997) 마우스집단에서의 감염률은 5~25% 사이이다. 모든 연령과 양성 모두 감염될 수 있지만 숙주의 유전적인 저항성과 감수성은 보고되지 않았다. 바이러스는 아주 전염성이 높으며 그리고 분변-구강경로를 통해서 전파가 된다. 무증상적으로 감염된 성숙마우스는 분변에서 감염 후 17일 정도 바이러스를 배출하는데, 면역능력이 없는 마우스에서는 그 기간이 더 늘어날 수 있다. 경구 접종 후에 바이러스는 위장관 내에 특히 소장과 대장에 분포하는데, 소량의 바이러스가 간이나 비장, 신장, 혈액에 존재할 수 있다. 비유를 하는 어미는 그들의 신생자로부터 감염될

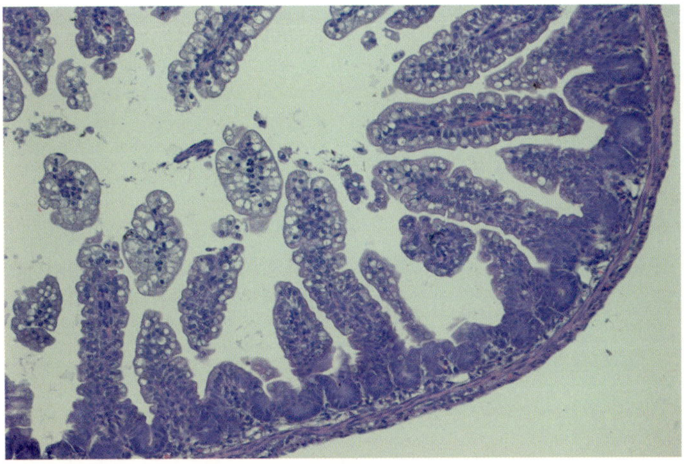

그림 11. 마우스 rotavirus(EDIM) 감염증 장상피는 공포변성을 보이고 융모는 곤봉처럼 변형되어 있다.

수 있다. 태반 감염은 보고되지 않았다.

**병리** 육안소견은 주로 위장관 내에서 일어나지만 흉선 위축이 감염과 관련된 스트레스 때문에 일어날 수 있다. 장은 종종 확장되어 연약해지고 그리고 회녹색의 가스가 찬 액상물질로 채워져 있거나 또는 점액성 분변물질로 채워져 있는데, 그런 것들이 털을 오염시킨다. 항문이 막혀 있는 사망직전의 개체를 제외하고, 위에는 응고된 젖을 가지고 있다. 바이러스는 최종적으로 소장과 대장의 잘 분화된 장 상피세포를 감염시키기 때문에 장 상피의 세포수가 장관이 성숙할수록 감소한다. 특징적인 조직학적 병변이 2주 이하의 마우스 소장에서 쉽게 구별된다. 그들은 융모상피세포의 공포화와 세포질의 부종이 특징이며, 융모는 곤봉처럼 끝이 종대된다(그림 11).

공포는 수유기 마우스에서 정상적인 흡수 공포와 구별되어야 한다. 고유 점막층은 부종성이지만 괴사나 염증은 일반적이지 않다.

**진단** EDIM virus는 혈청학적으로 간접형광항체법이나 ELISA를 통해서 검출될 수 있다. 현성질병은 증상과 전형적인 조직학적 병변이 장 내에 있는가를 보고 진단할 수 있는데, 장 또는 장 내용물의 도말 표본에서 면역조직화학법이나 전자현미경법으로 바이러스를 확인함으로써 이루어진다. Rotavirus의 항원은 분변에서 ELISA에 의해서 검출될 수 있지만 식이성분에 의해, 위양성 반응을 보일 수도 있다. RT-PCR에 의해서 바이러스 유전자를 검출할 수 있다.

**감별진단** EDIM virus 감염은 coronavirus 감염증, roevirus 3 감염증, Tyzzer 병 그리고 살모넬라 감염증과 같은 다른 수유기 마우스의 설사 질병과 감별되어야 한다. 위에 젖이 존재하는 점이 EDIM virus 감염을 병원성 coronavirus에 의한 다른 중증 감염들과 감별을 하는데 도움을 줄 수 있는데, 그 이유는 coronavirus 감염증의 경우에는 젖을 먹지 않기 때문이다. 복합감염에 대한 가능성이 고려되어야 한다. EDIM virus 감염 마우스에서 흉선 괴사가 비특이적으로 나타나므로 마우스 흉선 바이러스 때문에 일어나는 흉선 괴사와 구별되어야 한다.

**예방과 대책** EDIM의 전파는 격리 사육이나 좋은 위생시설을 사용하므로서 효과적으로 제어될 수 있다. 감염은 급성이고 개체 제한적이기 때문에 4~6주 동안 번식을 중지시켜서 성숙 마우스에서 면역력을 증가시키면서, 감수성이 있는 신생 마우스에 접근을 하지 못하도록 해야 한다. 대체방법으로 설사를 하는 신생자들을 제거하고 격리시설을 사용하는 것이 바람직하다. 면역능력이 없는 마우스에서 감염기간은 확실하지 않지만 지속감염이 일어날 수 있기 때문에 제거해야 한다. 면역능력이 있는 어미로부터 태어난 신생자는 감염에 저항성을 가지고 있다. EDIM 바이러스 감염의 예방은 위생적인 격리시설을 유지하고 적절한 미생물 모니터링을 함으로써 이루어질 수 있다.

**연구와 관련성** EDIM 감염에 의해 발생하는 설사와 성장지연으로 인하여 연구에 지장을 줄 수 있다. 일시적인 흉선괴사가 면역학적인 반응을 방해할 수 있다.

### (4) 랫드의 rotavirus 감염

신생랫드의 감염성 설사(infectious diarrhea of infant rats: IDIR)가 rotavirus 감염으로 일어난다.

신생랫드에서 설사의 유행은, rotavirus와 형태학적으로 동일하지만, 항원적으로는 구별되는 rotavirus와 유사한 바이러스에 의한 것으로 간주되고 있다. 이 병원체는 사람의 rotavirus로부터 유래한 것으로 추측하고 있다. 수유기 랫드에 이 바이러스를 구강으로 접종하면, 24~36시간 내에 설사를 일으킨다. 일시적인 성장지연, 항문 주위의 파열과 출혈, 피부의 건조와 비듬 등이 전형적인 임상소견이다. 랫드는 모든 연령에서 실험적 감염에 감수성이 있고, 12일령까지 질병을 일으킨다. 랫드는 2주령 이상에서는 무증상 감염을 보인다. 위에는 응고된 젖이 들어 있으며, 그대로 소장에는 수양성 물질이 관찰된다. 원위 소장과 대장에는 황갈색에서 녹색의 액체와 가스가 차 있다. 조직학적으로 장 융모의 위축, 장세포의 괴사와 질병 특유의 합포체 형성 등이 관찰된다. 이 변화들은 회장 부위에서 가장 확실하다. 합포체에 호산성 세포질 내 봉입체가 나타날 수도 있다.

### 11) Coronavirus 감염

#### (1) Mouse Hepatitis Virus(MHV) 감염

**원인** Mouse coronavirus는 대형의 다형성 외피를 가진 RNA 바이러스로서 방사성으로 펼쳐진 peplomer (spikes)를 가지고 있다. 초기의 임상적 그리고 실험연구에서 연구자들이 이 바이러스가 간염을 일으키는 능력을 보고 마우스 간염바이러스라고 명명하였다. 그러나 경험상 간염은 면역능력이 있는 마우스에서 자연 감염의 일반적인 특징은 아니다. JHM(MHV4), MHV-1, MHV-3, MHV-S 그리고 MHV-A59 다섯 가지 바이러스주가 많은 주목을 받아왔다. 그러나 수많은 변이주가 계속 동정되어 왔는데 그들은 병원성이나 조직특이성 그리고 항원성이 서로 틀리다. 이러한 것은 돌연변이가 coronavirus에서 흔하다는 것을 반영하는 것이며, 재발감염의 위험성을 증가시키는 특징을 반영하는 것이다. 아래 서술한 바와 같이 MHV 분리주는 종종 장기 특이성에 따라서 두 가지 생물학적 타입으로 나뉜다. 장 친화성 바이러스 주는 주로 장관 감염을 일으키는 것이고, 다장기 친화성 바이러스주는 처음은 호흡기계에 감염되지만 나중에는 전신적인 감염을 일으킨다. 비록 MHV 분리주들은 내부 항원(M과 N)을 공유하고 있지만 그들은 중화항체시험을 이용해서 분리주 특이적인 spike (S) 항원을 검출함으로써 구별될 수 있다. Rat의 coronavirus와 MHV는 교차반응이 일어나기 때문에, 혈청학적인 검사방법에서 랫드와 마우스의 이종항원을 개발하는 것이 필요하게 되었다. MHV는 사람의 coronavirus OC43과 항원적 연관성을 가지고 있다.

최초의 MHV 분리주를 시험관에서 증식시키는 데 확립된 세포주가 많이 사용되어 왔다. 그러나 야외 분리주는 시험관에서 증식시키기가 힘들다. NCTN 1469 마우스 간세포가 많은 다장기 친화성 바이러스 주를 배양하는 데 이용되고 있다. 장 친화성 바이러스주는 C57BL 마우스의 직장 암으로부터 유래된 CMT-93 cell에서 증식하지만, 일반적으로 세포배양에서 배양하는 것은 어렵다. MHV는 마우스 대식구에서 증식할 수 있는데, 감염의 감수성과 저항성에 대한 분자유전학적인 연구를 위해서 많이 사용되어 왔다. 합포체 형성은 바이러스를 분리하거

그림 12. 누드마우스의 만성소모증 MHV에 감염 후 1~2개월에 이와 같은 증상을 보인다. (伊藤豊志雄 博士 제공)

나 증식시키는 데 사용되는 세포에 관계없이 MHV 감염의 특징적인 현상이다.

**임상증상** 임상증상의 정도와 만연율은 주로 연령과 계통 그리고 감염동물의 면역학적인 상태에 따라 다르며, 바이러스의 장기 친화성과 분리주에 의존한다. 많은 다른 설치류 바이러스와 마찬가지로 면역학적으로 능력이 있는 마우스에서는 종종 무증상 감염을 보인다. 2주령 이하의 수유기 마우스나 면역결핍 마우스에서는 임상적인 증상이 나타난다(그림 12).

수유기 마우스는 설사, 식욕부진, 탈수, 체중감소 그리고 피로 등이 복합적으로 나타나며, 털이 헝클어지고 때로는 사망하게 된다. MHV-JHM과 같은 신경장기 특이적인 바이러스에 감염되면 후지가 이완되어 마비가 일어난다. 그러나 그 증상은 자연 감염에서는 발견하기 힘들다. 각막염, 경련 그리고 선회 운동들이 종종 보일 수 있다. 경도의 병원성 바이러스는 급성 질병을 일으키지 않지만, 오히려 진행성의 경련이 수반되는 진행성 만성 증상을 일으킬 수 있다.

**역학** MHV 감염은 마우스의 사육관리에 있어서 큰 문제점으로 생각되는데 마우스에서 가장 흔한 감염원인에 틀림없다. 최근의 미국의 한 조사보고서는 MHV가 100개의 주요 사육장 중에 일반동물시설에서 60%에 가깝게 감염되었다고 격리시설에서는 10% 이상 감염된 것으로 보고되었다. 마우스에서 다른 종으로의 자연적인 전파는 보고되지 않았지만, 수유기 랫드에서는 MHV-S를 비강 내에 접종한 후에 괴사성 비염이 일어날 수 있다. 바이러스 감수성에서 성별 및 계절적 차이는 보고되지 않았다. MHV는 전파력이 대단히 높은 것으로 고려되어야 하고, 호흡기 또는 경구를 통하여 자연적인 전파가 일어나는 것으로 생각되고 있다. 최근 자연 감염시에 장 친화성 바이러스주가 주로 분리된다고 보고되어 있다. 분변과 비후두 삼출물이 감염원으로서 작용될 수 있으며, 자연 수직전파는 보고되지 않았다. 오염된 생물학적 물질을 마우스에 접종함으로써 MHV가 도입되는 것이 풍토병적으로 중요한 요소가 될 수 있다. 특히 일부 분리주들은 B 림프구를 감염시키는데 그것은 hybridomas cell들이 세포괴사를 보이지 않으며 감염된다는 것을 뜻한다. 면역능력이 있는 마우스에서는 감염이 개체 제한적이다. 항체형성과 관련하여 바이러스를 면역체계를 통하여 제거하는 것은 감염 후 약 1주일부터 시작된다. 그리고 마우스는 3주면 완전히 회복한다.

체액성 그리고 세포성 면역이 감염에 대한 숙주방어에 참여하는 것으로 나타났고 T 림프구 의존성 면역이 절대적으로 필요하다. 이와 같이 MHV 감염에서 연령에 관련된 저항성은 림프세망내피조직의 발달과 관련이 되어 있다.

내재성 감염은 개개의 마우스에서 지속 감염으로 해석되어 왔다. 그러나 최근의 여러 가지 증거들로부터 내재성 감염이라는 것은 면역학적으로 능력이 없거나 결핍된 마우스를 새롭게 또는 계속적으로 도입한다든지 또는 MHV 변형 바이러스 주가 면역능력이 있는 마우스에서 재감염되어 일어난다고 생각되고 있다.

MHV 돌연변이는 자연적인 돌연변이로서 감염집단에서 면역반응에 의해서 일어날 수 있으며, 자연증식과정 중에 misstep 때문에 일어날 수도 있다. misstep은 copying error나 재조합에서의 error를 포함하고 있다. 하나의 MHV 주에 대한 면역능력을 갖고 있는 마우스는 하나 또는 그 이상의 유전적으로 또는 항원적으로 틀린 바이러스주에 대하여 감수성이 있을 수 있으며, 그러므로 재감염이 일어날 수 있다. 이러한 이유 때문에 MHV의 관리는 마우스 사육집단에서 아주 중요한 것이다. 모체이행 항체는 동일한 MHV 주에 대해서 수유 마우스를 보호할 수 있지만 항원적으로 틀린 바이러스주에 대해서는 그렇지 못하다. 그러나 동일한 바이러스주에 대해서조차 모체에서 획득한 항체가 신생자의 장 내강에 있는지 없는지에 따라서 방어능력이 다르므로, 어린 마우스에서 감수성은 이유 직후에 뚜렷하게 증가한다.

감수성과 저항성에서의 계통 차는 상염색체 우성 형질로서 유전된다. 예를 들면 DBA/2 mice는 MHV-3에 감수성이 높고 성숙개체조차 급성으로 사망하는 반면 A/J mice는 이유 직후 치사적인 감염에 대해서도 저항성을 보인다. 그러나 유전적인 저항성도 바이러스 종에 따라 다를 수 있으며, MHV 한 주에 대하여 저항성이 있는 마우스가 다른 주에 대해서 감수성이 있을 수도 있다. 특히, 어떤 항바이러스 반응을 연구할 때, 예견되지 못한 조건하 또는 특정 조건하에서 유전자 조작으로 만든 마우스를 광범위하게 사용하여 실험을 하면, 바이러스와 숙주관계의 결과를 예상하지 못하게 변형시킬 수 있다는 사실을 숙지하여야 한다. 이것은 MHV뿐만

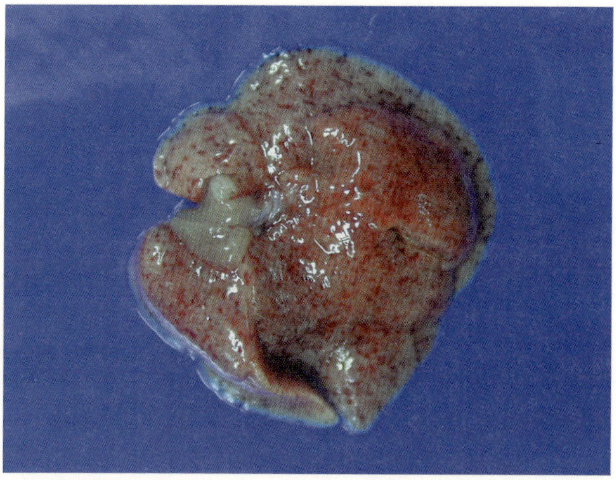

그림 13. MHV에 감염된 BALB/c 마우스 중심부에는 출혈이 보이는 비교적 큰 괴사소가 산재해 있다.

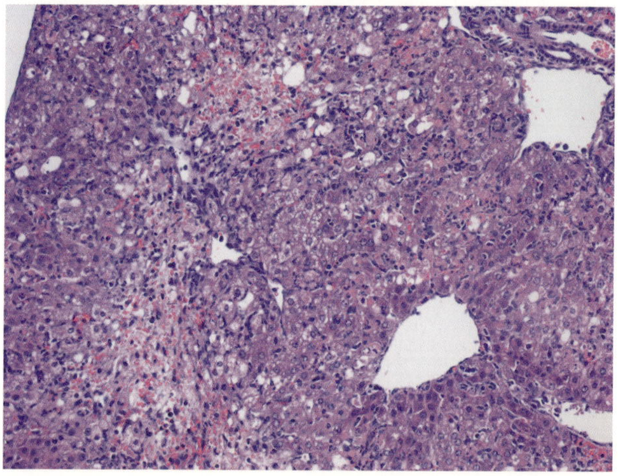

그림 14. MHV에 감염된 BALB/c 마우스 광범위한 괴사소가 관찰되지만 염증반응은 약하다.

아니고 다른 바이러스에서도 마찬가지이다. 예를 들면 MHV virus 감염이 interferon-gamma knockout mice에서 육아종성 복막염과 흉막염을 보였다고 보고되어 있다.

**병리** 다 장기 친화성 바이러스주는 처음에는 비점막에서 증식을 하여 괴사성 비염을 유발시킨다. 바이러스는 국소 혈관이나 림프관을 통한다면 전신성으로 산포될 수 있다. 이와 같이 바이러스는 혈관 내피 세포나 간, 뇌, 림프절 그리고 다른 조직을 포함하는 다발성 장기의 실직조직에 2차적인 감염을 일으킨다. 바이러스는 후각로를 따라서 후각으로부터 직접적인

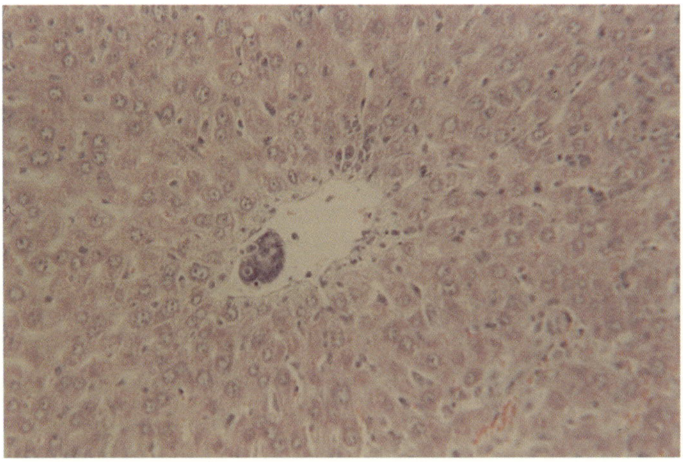

그림 15. MHV에 감염된 누드마우스의 간 합포체가 혈관 내피세포로부터 형성되어 있다. (伊藤豊志雄 博士 제공)

확산을 하게 되어 마우스는 중추신경계 질병이 유발될 수 있다. 부검 시에 황백색의 괴사소가 여러 조직에서 일어난다(그림 13).

그리고 전형적인 병변이 간장에 나타나는데, 간장이 손상되면 황달과 복막염이 일어난다. 조직학적으로 괴사는 소상 또는 유합성이며 염증세포가 경도로 침윤된다(그림 14).

경도의 병변에서는 합포체가 흔히 괴사소 지역 주변부에 형성이 되는데, 확실한 괴사소 없이 관찰되기도 한다. 합포체 형성은 장, 폐, 간장, 림프절, 비장, 흉선, 뇌, 골수 그리고 각종 조직과 전신의 혈관 내피 세포에서 감염의 특징으로서 나타난다(그림 15).

합포체는 면역능력이 있는 마우스에서는 일시적으로 보이지만, 만성적으로 감염된 면역능력이 없는 마우스에서는 지속한다. 신경계 변이주는 급성 괴사성 뇌염 또는 뇌수막염이 수유기 마우스에서 일으키는데, 희돌기세포에 바이러스가 증식하면 뇌간과 상의 지역에 탈수가 일어난다. 회복기 마우스에서는 잔류한 단핵구가 혈관주변과 간장의 소상괴사소에 침윤한다. 면역결핍 마우스는 간장과 여러 장기에 괴사소를 보인다. 수외조혈조직의 확장 때문에 비장이 보상성으로 종대될 수 있다.

장친화성 바이러스 주는 주로 장조직에 감염되어 관련 림프조직을 감염시킨다. 전신감염이 일어날 수도 있는데, 특히 간장과 뇌에 감염이 일어난다. 가장 흔한 부위는 회장 말단부, 맹장, 그리고 근위부 결장이다. 병의 중증도는 연령에 관련되어 있고 그리고 면역능력이 있는 어린 마우스들이 치사적인 감염에 대하여 위험성이 가장 높다. 병원성 바이러스에 감염되면 융모가 위축되며 가늘어지는 병변으로부터 폭발성의 괴사성 맹, 결장염의 병변까지 다양한 병변을 일으킬 수 있는데, 맹 · 결장염일 경우 수유기 마우스는 수일 내에 사망한다. 위는 비어 있고

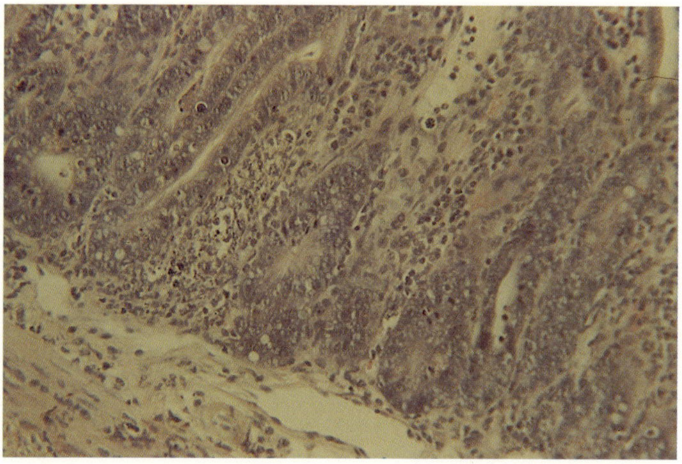

그림 16. MHV에 감염된 Beige 마우스의 소장 장염이 관찰된다. (伊藤豊志雄 博士 제공)

장은 수양성에서 점액성 황색물질이 보이며, 때로는 가스로 차 있다. 출혈이나 장의 파열이 일어날 수 있다. 합포체는 살아 있는 점막에서 항상 보이는데, 장에서 뿐만 아니라 장간막 림프절이나 장간막의 혈관내피 세포에서도 형성된다. 장상피세포는 세포질내 봉입체를 보이지만, 진단에 도움이 되지는 않는다. 살아남은 마우스는 보상성의 점막증생이 일어나는데, 나중에는 회복한다. 성숙한 저항성이 있는 마우스는 괴사병변 없이 일시적인 합포체를 형성한다. 누드 마우스나 SCID 마우스처럼 면역결핍 마우스에서는 예외적으로, 합포체를 수반하며 다양한 정도의 만성 증식성 장 질병을 일으킨다(그림 16).

**진단** MHV 감염은 보통 무증상적이기 때문에 혈청학적 검사가 가장 신뢰성 있는 진단방법이다. 많은 동물 사육시설은 계속적인 혈청학적인 감시를 위해서 감시 마우스에 의존하는데, 그 이유는 면역기능 저하 때문에 연구용 마우스 중에서는 혈청 반전이 일어나지 않거나 지연될 수 있기 때문이다. ELISA와 면역조직화학법이 확립되어 있으며, 민감도가 높고 믿을 만하다(그림 17A, 17B).

혈청중화항체는 각각의 바이러스주를 각 연구실에서 구별하기 위해서 사용되지만 가격이 비싸고 기술적으로 복잡하며 또한 MHV에 속한 자연적인 항원 돌연변이에 영향 때문에 일상적인 사용에서는 어려움이 있다. 그 이외에도 바이러스 주에 특이한 혈청학적인 동정법 그 자체로는 병원성이나 조직의 친화성 같은 생물학적인 동향을 예견하기 힘들다. 혈청학적인 방법은 마우스 항체 형성 시험(MAP)의 개념에서 사용될 수 있는데, 성숙마우스에 의심된 조직을 접종하여 혈청 양성이 나타나는지 확인한다. 분자생물학적 진단은 MHV 감염의 진단에 많

A.

B.

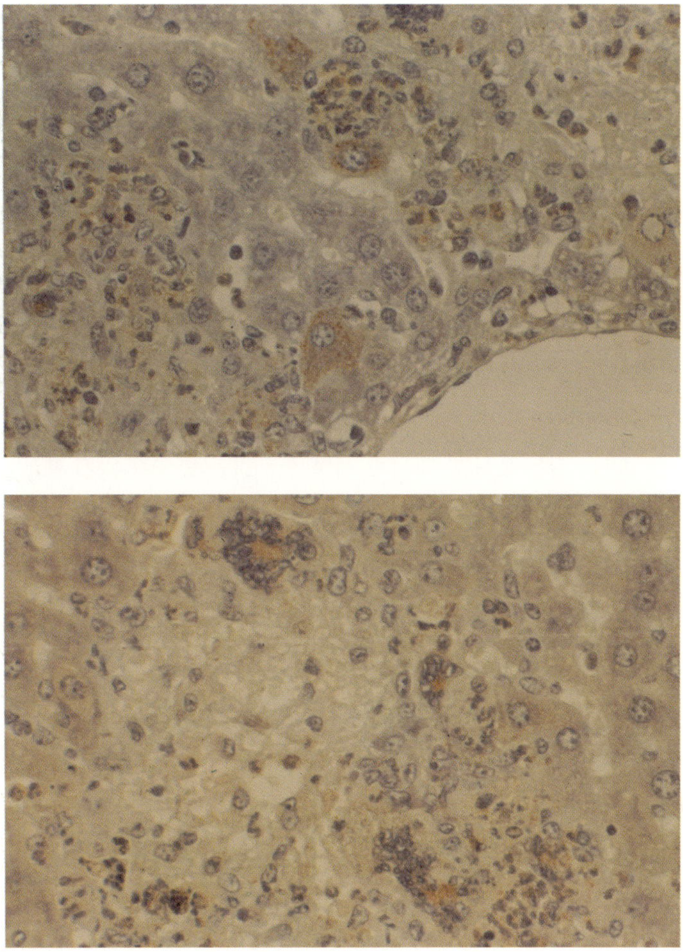

그림 17. MHV에 감염된 누드마우스의 간 면역조직화학으로 염색을 하면 괴사소 주변부의 변성 간세포나 A. 합포체의 세포질 B. 내에서 양성반응을 보인다. (伊藤豊志雄 博士 제공)

이 이용되고 있다. PCR 진단법이 바이러스가 감염된 조직에서 또는 배설물에서 바이러스 유전자를 찾고자 하는데 유용하게 이용된다. 임상증상, 즉 설사나 급성 폐사 그리고 신경성 질환을 통해 진단이 가능하지만 절대적인 것은 아니다. 이미 서술한 합포체에서 면역조직화학법으로 MHV 항원을 검출하면, 감염을 확신하는 데 유용하고 실질적인 수단이 될 것이다. 이러한 방법에서는 감염 초기의 마우스를 선택하도록 해야 한다. 그 이유는 어린 마우스에서 괴사가 일어나거나 또는 성숙마우스에서 혈청반전이 일어나면 합포체나 바이러스 항원을 검출할 기회가 감소되기 때문이다. 면역결손 마우스는 지속 감염이 유지될 수 있기 때문에 감시 마우스로서 선택될 수 있다. 면역결손 감시 마우스는 바이러스를 더 증폭시키기 때문에 제한된 장소에서 사육되어야 한다. 적절히 제어된 환경이라면 면역결손 마우스에서 바이러스의 증폭을 유도하고 나서, 그 조직을 이용하여 배양세포에서 바이러스 분리를 할 수 있다.

**감별진단** MHV 감염은 다른 감염성 질병 중 특히 설사, 소모성 질환, 수유기 마우스의 사망 그리고 면역결손 마우스의 소모성 질병을 일으키는 질병과 구별되어야 한다. 여기에는 EDIM, mousepox, reovirus 3, Tyzzer 병 그리고 Salmonellosis가 있으며, 신경증상이나 탈수병변은 마우스 뇌척수염바이러스 감염과 또는 비감염성 중추신경계 병변 예를 들면 종양, polyomavirus 유발 종양(무흉선 마우스)과 같은 질병과 구별되어야 한다.

**예방과 대책** MHV 감염에 대한 대책과 예방은 수많은 변수가 있기 때문에 어려울 수 있다. 가장 중요한 요소는 각각의 마우스와 마우스 군에서의 감염 기간이다. 각각의 면역능력이 있는 마우스에서 감염은 급성으로 경과하고 그 개체에 제한적이다. 그러한 마우스는 면역력이 생성될 것이고 바이러스를 30일 이내에 체내에서 제거할 것으로 예상된다. 그래서 일시적으로 생산을 중지하면서 감수성이 있는 동물의 반입을 중지하고 지속감염이 일어날 수 있는 면역결손 마우스를 제거하면서 검역을 하면 감염을 효과적으로 배제할 수 있다. 또 모체로부터 유도된 면역으로 수유 마우스는 이유기까지 또는 감염이 안 된 사육실로 이송될 때까지 감염으로부터 보호될 수 있다. 감시 마우스가 자연적인 재분만법 또는 검역의 효과를 확인하는 데 사용되어야 한다. 이러한 것은 검역기간 중에 새로운 돌연변이주에 의해서 감염이 일어날 수 있으며, 그런 바이러스주가 다른 집단에 지속적으로 감염을 일으킬 수 있다는 것을 고려할 때 아주 적합한 방법이다. 면역결핍 마우스는 만성 감염이 일어나기 쉬우며, 바이러스를 계속 배출할 수 있다. 그러므로 MHV 감염 대책법을 더 철저히 하고, 감염된 동물을 모두 제거하는 것이 고려되어야 한다. 한편, 유전적으로 변형된 마우스의 생산과 관련되어서, MHV 감염대책에 관한 결정이 더욱 문제점으로 부각되고 있는데, MHV 감염의 영향이 알려지지 않은 선택적 면역결손 마우스나 확실히 동정되지 않은 면역기능결핍 마우스들이 그 대상에 포함된다. 그러한 마우스 집단은 상당히 가치 있고 그리고 대체할 수 없는 마우스들도 있는데, MHV의 수직 감염이 배제된다면 제왕절개술로 다시 복원되거나 또는 수정란 이식으로 다시 복원될 수 있다. 비록 설치류 coronavirus가 환경에서 쉽게 불활화 될지라도 배설된 바이러스는 며칠 동안 감염성을 유지하기 때문에, 적절한 위생과 케이지 또는 사육실의 소독 그리고 엄격한 개인위생이 감염을 제거하는 데 필수적이다. MHV의 예방은 바이러스가 없는 집단으로부터 동물을 획득하고 그리고 효과적인 격리시설에서 잘 계획된 질적으로 보증된 프로그램 하에서 미생물 모니터링을 하면서 유지하는 것이 최선의 방법이다. 야생 마우스 집단을 제거하고, 그리고 적당한 사육, 위생 그리고 엄격한 생물학적 물질의 모니터링이 감염을 예방하는 중요한 정책이다.

**연구와 관련성** 많은 연구의 제한이 MHV 때문에 일어날 수 있다. 그리고 유전자 조작 마우스에서 감염을 예측할 수 없기 때문에 그 연구에 대한 제한요인이 증가된다. 예를 들면 임상적인 영향을 고려하지 않는다 해도, MHV는 면역반응을 억압하거나 자극할 수 있고, 그리고 이식 종양을 오염시키고, 무증상적으로 감염된 동물에서 면역억압제를 포함하는 몇 종의 약품에 의해서 재활성화되거나 간간히 재발하게 된다. MHV 감염은 조직의 효소 수치를 변화시킬 수 있다. 또한 MHV 감염이 쉽게 만연될 수 있다는 점이나 연구에 대한 잠재적인 영향에 대한 불확실한 예측이 바이러스의 실직적인 영향을 더 과장시키고 있다. 예를 들면 경도의 장친화성 바이러스주로 일시적인 감염을 일으키는 것은 전신 면역체계를 파괴하지는 않는다. 반면 다 장기 친화성 바이러스주에 의해 감염이 일어나면 아주 파괴적이다. 이러한 예는 무증상 또는 제한적 장친화 감염이 가볍게 간과될 수 있다는 뜻이 아니고, MHV 감염의 영향을 평가하는데 너무 과도하게 반응해서는 안 된다는 것을 말하는 것이다.

### (2) 랫드의 타액선누선염 바이러스(Sialodacryoadenitis)

랫드 코로나바이러스에 대한 항체가는 실험용 랫드와 야생 랫드에서 일반적으로 검출되는데,

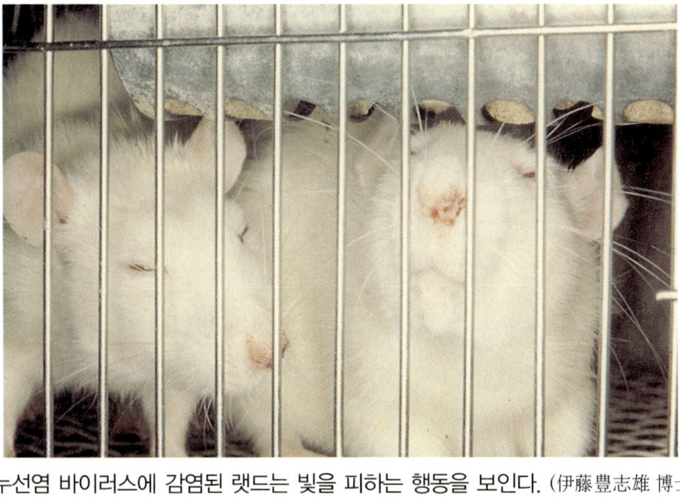

그림 18. 타액선누선염 바이러스에 감염된 랫드는 빛을 피하는 행동을 보인다. (伊藤豊志雄 博士 제공)

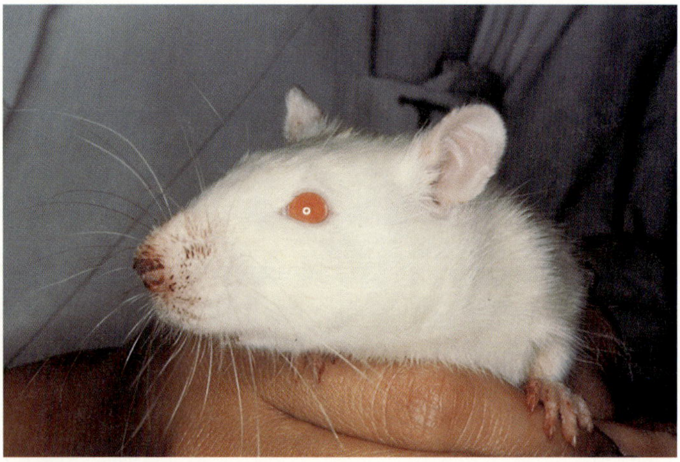

그림 19. 타액선누선염 바이러스에 감염된 랫드는 하더리안선으로부터 분비된 포피린 때문에 비공의 선단이 붉게 오염된다. (伊藤豊志雄 博士 제공)

랫드로부터 Parker's rat coronavirus(PRC)와 Sialodacryoadenitis virus(SDA)가 분리되었다. SDAV는 타액누선염을 일으키는 모든 코로나바이러스 분리주들을 나타낸다. PRC는 랫드의 폐장으로부터 분리되었다. 신생 또는 이유 랫드에 PRC를 비강내 접종하면, 비염, 기도염, 간질성 폐렴과 국소성 무기폐 및 다수의 폐사가 일어난다. PRC도 타액선이나 누선에 병변을 일으키고 SDAV도 어린 랫드에서는 호흡기계 질병을 일으킨다. 그러므로 이 바이러스들은 랫드 코로나바이러스라는 단일 생물학적 바이러스로 간주되어야 한다. 마우스의 MHV와 같이 랫드의 코로나바이러스에도 수많은 변이주가 있는 것 같다. 급성으로 감염된 랫드는 빛을 피하는 행동을 보이거나 과다한 유루를 보이거나 또는 외비공과 안검 주위에 붉은색 삼출물이 보인다(그림 18, 19).

이하 또는 악하 타액선 주위의 피하, 선주위 및 소엽간 부종이 관찰되며 정상 타액선과 대조적으로 감염된 타액선은 종대되고 창백하다(그림 20A와 B).

비슷한 변화가 안구외측 누선에서 분명하게 나타난다. 하더리안선과 다른 누선도 역시 선주위가 간질성 부종으로 종대되고 창백하다. 하더리안선에는 갈색 색소 침착이 나타난다. 조직학적으로, 급성기에 검사하였을 때 이하 및 악하 타액선(그림 21)과 누선(그림 22) 또는 하더리안선(그림 23)에는 도관의 응고괴사가 정상조직의 소실과 함께 나타난다. 간질성 부종이 단핵구와 다형핵세포의 침윤과 함께 관찰된다. 감염 후 7~10일에 보이는 회복기에서, 타액 및 누선의 관구조와 선방구조의 비각질성 편평상피 화생이 경부 림프절의 반응성 과형성과 함께 일어난다(그림 24).

A.

B.

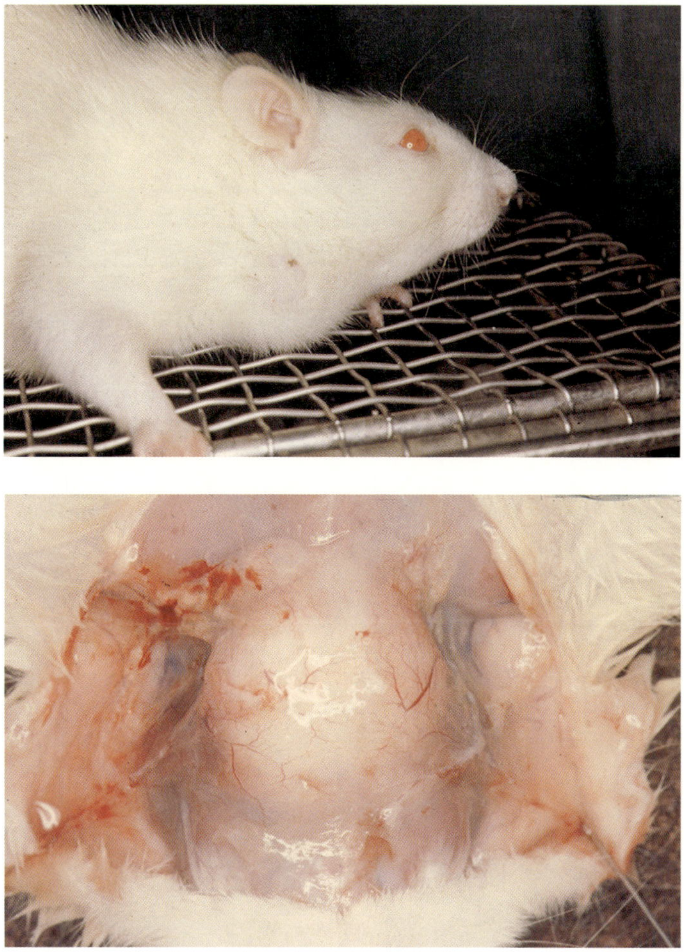

그림 20. 타액선누선염 바이러스에 감염된 SD 랫드

A: 타액선 병변에 의한 악하선의 종창, B: 타액선 주변부의 강한 부종과 타액선의 종대 (伊藤豊志雄 博士 제공)

이 단계에서 침윤하는 세포는 주로 림프구, 형질세포 그리고 대식세포이다. 편평상피 화생은 하더리안선에서 현저하다. 타액선에서는 선방과 관상피 세포의 재생이 3~4주 후면 완료된다. 이때 저분화 상피세포로 덮여 있는 호재성의 도관과 선방이 산재성으로 관찰되고 비만세포를 포함하는 단핵세포가 관찰된다. 하더리안선에는 국소성 염증병변이 수주일 동안 지속될 수 있다. 호흡기도에서는 비염이 단핵세포와 다형핵세포의 침윤과 함께 급성기에서 나타난다. 병변이 서비기관(vomeronasal organ)과 같은 특수한 부분에서는 지속될 수도 있지만 치유는 감염 후 14일경에 완료된다. 하부 호흡기도에서는 일시적으로 기도염과 국소성 세기관지염이 백혈구의 침윤, 호흡 상피세포의 과형성, 섬모세포의 편평화 및 소실과 함께 나타난다.

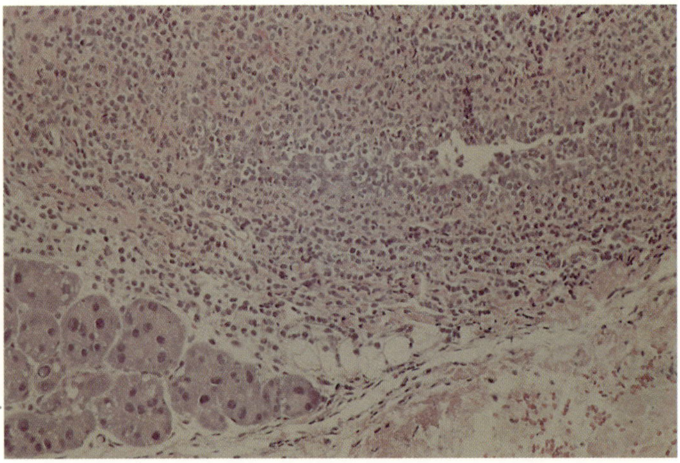

그림 21. 타액선누선염 바이러스에 감염된 랫드 악하선염 (伊藤豊志雄 博士 제공)

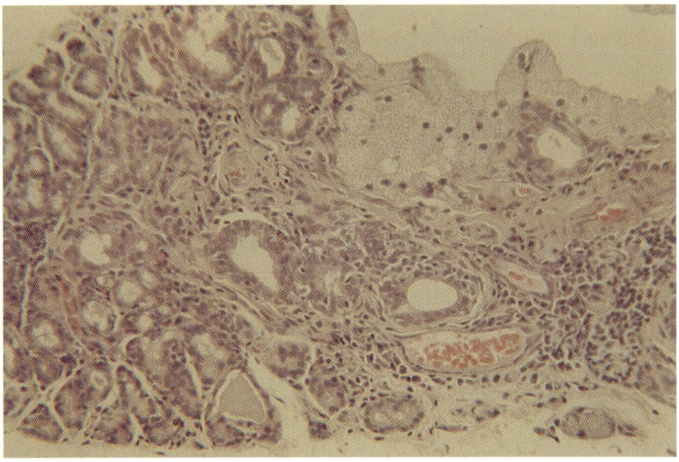

그림 22. 타액선누선염 바이러스에 감염된 랫드 누선염 (伊藤豊志雄 博士 제공)

하부 호흡기도의 병변은 일시적이고 보통 노출 후 8~10일경에 사라진다. 무흉선 누드 랫드는 coronavirus 감염에 특히 감수성이 있고, 만성 지속성 감염과 소모성 질병으로 진전한다. 발병 동물의 1%의 빈도로 후유증으로서 각막의 백탁이 보인다(그림 25).

조직병리학적인 병변, 감염 후 4~6일에 기도, 타액선 및 누선에서 L-2세포를 이용하여 바이러스의 분리, 간접형광항체법, ELISA 방법이 SDA의 혈청진단을 위해 이용되고 있다.

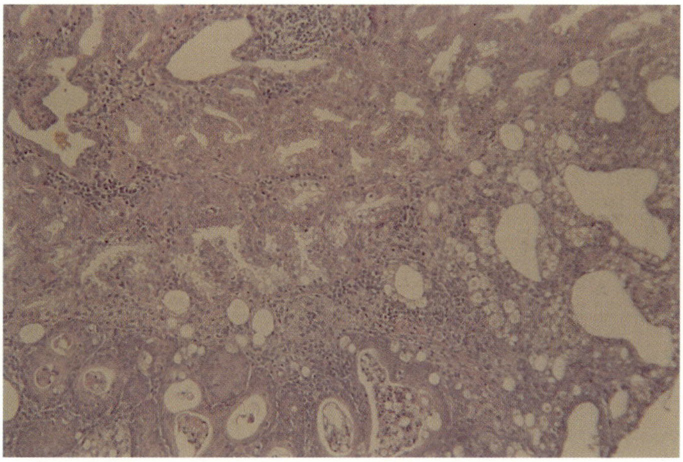

그림 23. 타액선누선염 바이러스에 감염된 랫드 하더리안선염 (伊藤豊志雄 博士 제공)

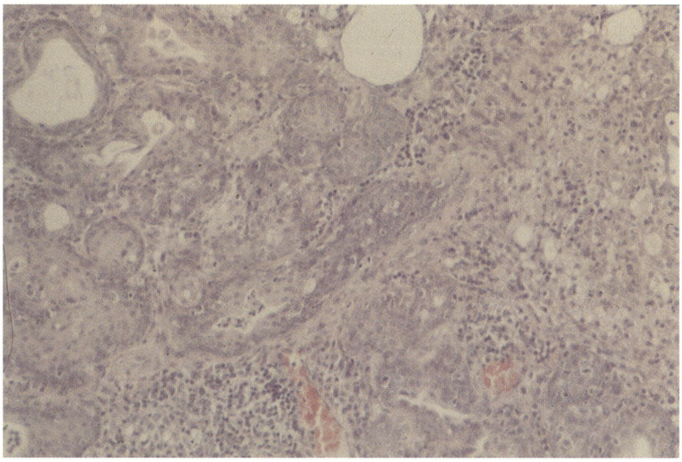

그림 24. 타액선누선염 바이러스에 감염된 랫드 회복기에는 편평상피화생이 관찰된다. (伊藤豊志雄 博士 제공)

## 12) Mouse Encephalomyelitis Virus(MEV) 감염

**원인** MEV는 소형의 외피가 없는, RNA로 구성된 cardiovirus이다. Max Theiler가 황열 바이러스를 마우스에서 연구하는 도중에 발견하였다. 그래서 그 이름을 Theiler' s MEV 또는 단순히 TMEV라고 명명하였다. 확립된 바이러스주로는 TO, FA, DA 그리고 GD 7이 있는데 그 마지막 것은 George Martine의 이름을 따서 명명하였다. 바이러스는 섭씨 50도 이상의 온도에

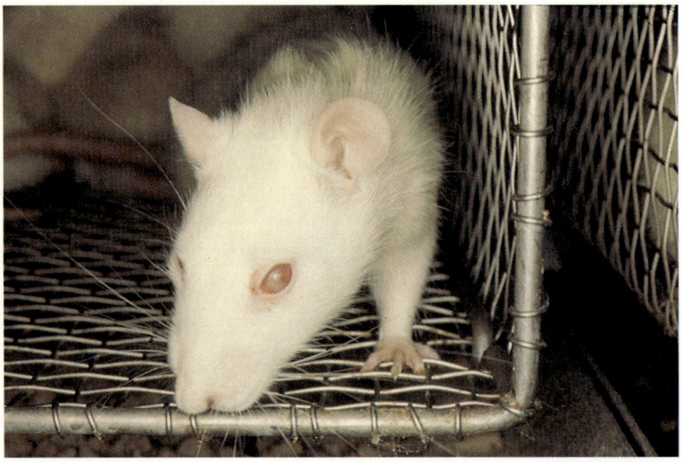

그림 25. 타액선누선염 바이러스에 감염된 랫드. 각막에 백탁병소가 관찰된다. (伊藤豊志雄 博士 제공)

서 쉽게 불활화가 되고, 그리고 알코올에 의해서 불활화가 되지만 에테르에 의해서는 불활화가 되지 않는다. 많은 계대세포주에서 쉽게 배양이 되는데, 일반적으로 BHK-21 cell이 분리와 증식에 가장 많이 사용되고 있다. 항원적으로 뇌심근염바이러스와 연관성을 가지고 있는데 자연노출을 시키면 마우스는 감염되지 않는다. 외피가 없는 다른 바이러스와 마찬가지로 MEV는 주변환경의 불활화요소에 저항성이 있고 그러한 요소들이 대책과 예방에서 고려되어야 한다.

**임상증상** 임상적인 질병의 경과는 바이러스주와 마우스의 계통 그리고 감염경로에 따라 틀리지만 아주 드물다. (감염 마우스의 0.1~0.01%만 임상증상을 보인다.) 임상증상이 일어나면 신경성 질병으로 나타난다. 특징적인 증상으로 후지가 이완되어 마비증상을 보이는데 후지 마비가 일어나기 전에 전지와 후지의 유약함이 미리 관찰된다. 대부분의 마우스는 회복되지만 간간히 사망 개체가 보인다. 그 이유는 사료와 음수를 섭취할 수 없기 때문이다. 그리고 마비증상으로부터 회복한 마우스는 만성 탈수기로 진행하는데 보행이상을 나타내기도 한다.

**역학** 감염은 주로 실험실 마우스에서 일어나지만, MGH 주는 예외이다. MGH 주는 실험용 랫드로부터 분리가 되었는데, 마우스와 랫드에서 실험감염 후에 병원성이 있는 것으로 나타났다. 마우스 집단에서 MEV의 만연은 아주 낮은데, 그 이유는 MEV가 마우스 상호간에 아주 낮은 비율로 전파가 일어난다는 것을 반영하는 것이다. MEV 감염은 경구로 섭취하여 일어나고 바이러스는 주로 장점막에서 증식한다. 장의 감염은 숙주 면역의 발달 후에 지속될 수 있고, 분변에서 수개월 동안 바이러스를 간헐적으로 배출하거나 만성적으로 배출하게 된다. 마우스는 이유 후 즉시 감염될 수 있지만 바이러스는 6개월령 이상의 마우스에서는 거의 분리가 되지 않는다. 그러나 뇌와 척수에서 약 1년 동안 감염이 지속될 수 있다. MHV와는 대조적으로 MEV주 상호간에 공통항원이 있어서 각각의 MEM주에 대해서 교차방어를 할 수 있다. 자연상태에서 감염에 대한 감수성은 마우스에서의 차이가 없다. 태내 감염은 보고되어 있지 않다.

**병리** 장 MEV 감염은 병변을 일으키지 않는다. 그러나 바이러스는 면역조직화학이나 조직내 교잡법으로 장 상피세포에서 검출될 수 있다. 회백수염과 비슷한 질병으로서 자연감염 중에 발생할 수 있는 증후군은 신경절 세포의 급성괴사, 신경식 세포 그리고 혈관 주위염 등이 특징적인데, 그런 병변들이 척수의 회백질의 복각에서 특히 잘 관찰되지만 해마, 시상 그리고 뇌간과 같은 지역에서도 일어날 수 있다. 후속적으로 진행되는 탈수기 중에는 단핵구성 염증이 뇌수막이나 척수의 백질에서 일어날 수 있으며, 부분적인 탈수가 수반된다. 백질의 병변은 면역학적인 상해작용 때문에 일어나는데 실험적인 allergic encephalomyelitis에서 보여지는 병변과 유사하다. 자연발생적 탈수성 척수병증은 흉수에서 일어날 수 있는데, MEV의 감염과 관련이 되어 있으며 나이 든 마우스에서 보고가 되어 왔다. 병원성이 있는 바이러스주들은 실험 감염 후에 급성 뇌염을 일으키고 병원성이 약한 분리주는 급성 회백수염을 일으키며 그리고 만성 탈수 질병이 뒤따른다.

**진단** 감염은 보통 면역형광항체법이나 ELISA와 같은 방법을 이용한 혈청학적 방법으로 검출한다. PCR 진단법이 이용될 수도 있다. 임상증상은 일어난다면 아주 뚜렷하지만 정상적인 진단을 하기에는 극히 드물다. 중추신경계에서의 조직학적인 병변과 특히 척수에서의 병변은 드물지만 특징적이다. 바이러스는 BHK-21 cell에 장이나 중추 신경계 조직 유제를 접종함으로써 분리될 수 있다.

**감별진단** 신경친화성 MHV 변이주가 때때로 비슷한 신경증상을 일으킬 수 있다. 척수에 영향을 주는 기계적 상해와 종양이 후구 마비를 일으킬 수 있다. polyomavirus가 무흉선 마우스에서 감염될 때 진전과 중추신경계의 탈수가 일어날 수 있으며, MEV의 감염과 비슷한 임상증상을 초래할 수 있다.

**예방과 대책** 대리모에 의한 수유방법이 마우스 집단에서 MEV를 제거하는 데 개발되었다. 이러한 기법이나 제왕절개 또는 수정란 이식에 의한 방법들이 성공적으로 MEV를 제거하는 데 이용되어 왔다. 대리모를 선택하기 위해서 미리 검사해야 한다. 감염을 제거하는데 도태가 선택적으로 고려될 수 있는데, 그 이유는 감염이 서서히 전파되기 때문이다. 그러나 바이러스가 환경과 화학물질에 저항성이 있기 때문에 감염된 동물을 완전히 도태시키는 것이 그리고 감염된 방을 소독하는 것이 가장 확실한 방법이다.

**연구와 관련성** 연구에 대한 위험성은 중추신경계에 대한 잠재적인 영향과 관련되어 있다.

### 13) 기타 랫드의 바이러스성 질병

#### (1) 랫드 카디오바이러스(Rat cardiovirus)

이 병원체는 TEMV와 밀접하게 관련이 있고, 감염된 랫드의 장, 폐 및 뇌에서 분리된다. 자연발생 질병은 랫드에서 관찰된 적이 없다. Wistar 랫드로부터 분리된 바이러스의 염기 서열이 RT-PCR에 의해서 TMEV-GD7과 비교되었는데, 유의한 차이가 보여 rat cardiovirus(RCaV)라는 이름이 제안되었다. RCaV를 대뇌에 접종한 랫드와 마우스는 증상을 보이지 않았다.

#### (2) 한타바이러스(Hantaviral Infection)

랫드는 한타바이러스 감염에 감수성이 높다. 사람은 감염된 랫드와 접촉하면 질병에 이환될

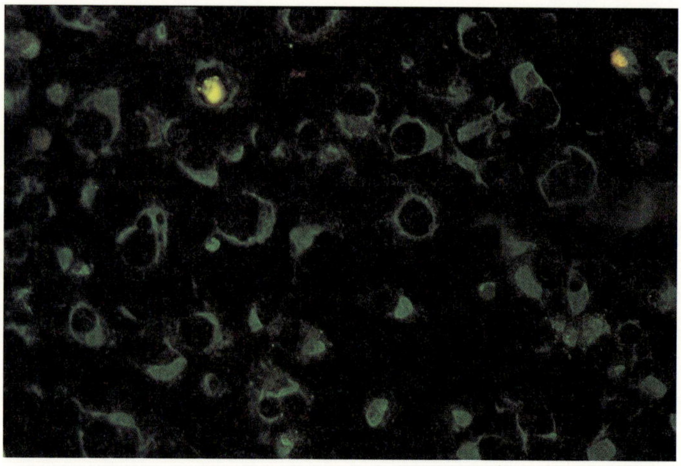

그림 26. 한타바이러스의 진단 Vero 세포의 세포질 내에 감염되어 있는 항원을 랫드의 혈청이 반응하여 형광이 보인다.

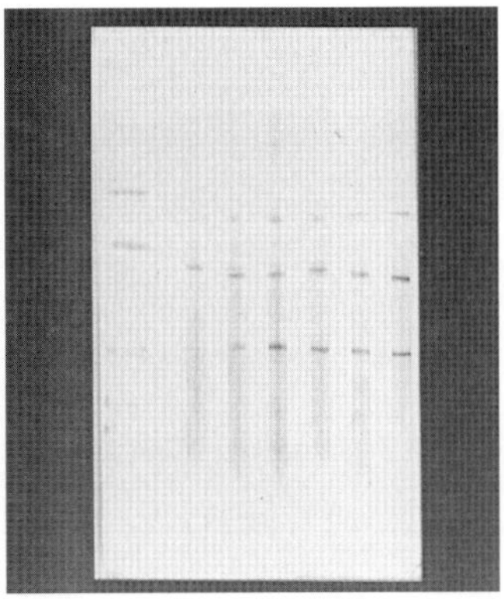

그림 27. 재조합 항원을 이용한 Western blot법을 이용하여 랫드의 혈청중 한타바이러스 항체를  검사한다.

수 있다. Bunyaviridae과에 속하는 한타바이러스속은, 적어도 14종의 설치류 매개성 바이러스를 포함한다. 이 속의 바이러스는 절지동물 매개성인 다른 Bunyaviruses와는 달리 에어로졸과 접촉에 의해 전파된다. 랫드(Rattus norvegicus 와 R. rattus)는 서울바이러스의 자연 감염에 감수성이 있다. 신증후군출혈열을 일으키는 Hantaan 바이러스는 랫드에서는 감염이 일어나지 않는다. 실험적으로 접종한 동물에서 바이러스 배출이 타액을 통하여 일어나며, 케이지내 전파가 접종 후 2개월까지 일어날 수 있다. 태반을 통한 전파의 증거는 없다. 사람 신증후군출혈열의 경우, 임상증상은 열, 혈소판감소증, 현저한 복막비후 및 신장 출혈과 함께 근육통, 두통, 점상 출혈이 보인다.

진단은 간접형광항체법(그림 26)이나 Western blot(그림 27)을 이용한다.

## 2. 세균성 질병

### 1) 마이코플라스마 감염증

몇 종의 마이코플라즈마가 실험용 마우스에 감염된다. *M. pulmonis*, *M. arthritidis*, *M. neurolyticum*, *M. collis*가 그것들이다. 이들 종 사이에 교차 항원성이 있는데, 특히 *M. pulmonis* 와 *M. arthritidis* 사이에 교차 항원성 때문에 병원성 마이코플라즈마의 감염을 구별하는데 사용되는 혈청학적 방법에 신뢰성 있는 진단방법이 필요하게 되었다. 우선 마우스에서의 *Mycoplasma pulmonis*에 의한 감염을 설명하고 그리고 기타 설치류 마이코플라즈마에 관련된 감염을 설명한다.

### (1) Mouse *Mycoplasma pulmonis*

**원인** *Mycoplasma pulmonis*는 다형성이고, 그람 음성 세균으로서 세포벽이 없고 단층의 세포막으로 구성되어 있다. 설치류의 호흡기 마이코플라즈마 감염증(MRM)을 일으킨다.

**임상증상** 마우스는 비교적으로 MRM에 저항성이 있어서 무증상적인 감염이 흔하다. 임상증상이 일어날 때 화농성 비염, 중이염 그리고 만성 폐렴 등이 보인다. 감염된 마우스는 활동성이 떨어지고 체중감소 그리고 털이 서지만, 대부분의 뚜렷한 증상은 호흡곤란으로서 비염과 화농성 삼출물이 비강내 차 있기 때문에 증상이 나타난다. 중이염이 있으면 머리를 기울이게 되며, 아주 드물게 화농성 염증이 뇌와 척수에 있어서 이완성 마비를 일으킨다. 자연감염에서 호흡기계 이외의 다른 부위에서 병변이 보고되어 있지 않지만 생식기에 실험감염을 일으키면 난소염이나 수란관염, 자궁내막염이 일어나는데, 불임이나 태자의 사망 등을 유발하기도 한다. 중증복합 면역결핍 마우스에 실험감염을 시키면 중증의 관절염이 수반되면서 전신감염이 일어난다.

**역학** MRM은 마우스의 흔한 감염성 질병이지만 개선된 사육관리나 건강유지 방법들로

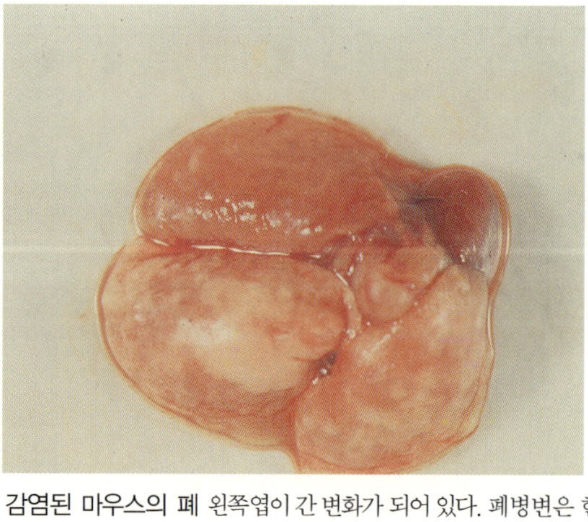

**그림 28. *M. pulmonis*에 감염된 마우스의 폐** 왼쪽엽이 간 변화가 되어 있다. 폐병변은 한엽 전체에 걸쳐 대엽성 폐렴소견을 보인다. 감염 초기의 육안소견은 Sendai virus 감염과 유사하지만 만성기의 병변에서는 표면의 요철이 심하게 된다. (伊藤豊志雄 博士 제공)

인해서 그 만연은 급격하게 줄어들었다. 미국에서는 마이코플라즈마가 일반 마우스 사육집단의 15%까지 감염을 시키고 있다는 최근의 보고가 있지만 그러한 결과는 *Mycoplasma arthritidis*와 같은 비교적 병원성이 적은 종에 의한 감염을 구별하지 않은 것이다. *Mycoplasma pulmonis* 감염은 호흡기에 의해서 전파될 수 있고, 수유기나 성숙마우스 모두에서 감염이 일어날 수 있기 때문에 아주 전파력이 높은 것으로 생각되어야 한다. 자궁감염이 랫드에서 보고되어 있지만 마우스에서는 보고되지 않았다. 바이러스성 폐렴(Sendai virus, mice coronavirus) 또는 환경 중 암모니아 농도의 상승이 마이코플라즈마 감염에 대한 감수성을 높이게 된다. *Mycoplasma pulmonis*는 랫드, 햄스터, 기니픽과 토끼도 감염시킬 수 있다. 이러한 동물 종 사이에서 유일하게 랫드만이 마우스에 대한 감염의 보균자이다.

**병리** *Mycoplasma pulmonis*는 세포외 기생체로서 호흡기 상피세포의 첨부 세포막에 집락을 형성한다. 마이코플라즈마의 부착은 비도 전부로부터 폐포까지 어디에서든지 일어나며, 표면 당단백에 의해서 이루어진다. 세균은 숙주세포를 손상시키는데, 탄수화물이나 핵산과 같은 대사 산물에 경합을 하므로서 그럴 수도 있고 과산화물과 같은 독성 물질을 분비함으로써 손상시킬 수도 있다.

기관지상피의 섬모가 정체되거나 섬모수의 감소 그리고 미세구조가 변화하면 세포 사멸이 유도된다고 보고되어 있다. 섬모 상피세포에 주는 해로운 영향 때문에 점액을 운반하는 섬모의 기능에 지장을 줄 수가 있으며, 그로 인하여 폐의 병변이 더 악화된다. MRM의 감염은 실험적으로 세균 용량 의존성으로 일어난다. $10^4$ CFU 또는 그 이하의 양으로 상부기도나 중이에 경도의 일시적인 질병을 일으키는 데 반해서, 고용량으로 감염시키면 급성 치사성 폐렴을 일으킬 수 있다. 마이코플라즈마 세균주의 독력에 따라 질병의 양상이 다를 수도 있다. 중증감염에서 살아남은 개체들은 만성 기관지 폐렴으로 진전하는데, 소기관지 확장이 보이고 다른 마우스에 감염이 전파된다. *Mycoplasma pulmonis*를 정맥내 주사하면 마우스에서 관절염을 일으킬 수 있지만 관절염은 자연 감염의 중요한 특징은 아니다. 숙주의 유전자형도 감염결과에 중요한 영향을 주는 요소이다. 근교계마우스에서 감염에 대한 저항성은 폐포 대식구가 세균을 사멸시키는 능력에 따라서 틀리다. C57BL 계통으로부터 유래된 마우스가 병원성 마이코플라즈마 감염에 저항성이 있는 데 반해서 BALB/c, C3H, DBA/2, SWR, AKR, CBA, SJL 계통들은 다양한 감수성을 보이게 된다. MRM의 초기 병변은 화농성 비염인데 기관과 주요 기도로 확장된다. 초기 염증병변이 쉽게 없어지지 않는다면, 뚜렷한 평편 상피 화생으로 진전을 한다. 점막하 조직에서 일시적인 증생이 일어날 수도 있다. 그리고 점막하 조직에 림프구 침윤이 수주

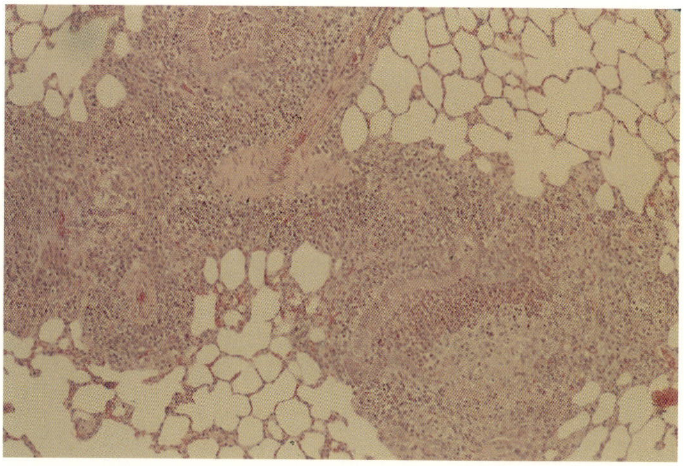

그림 29. *M. pulmonis*에 감염된 마우스의 폐 기관지 내에 수많은 호중구가 관찰된다. 기관지 주변에는 림파구와 대식구가 침윤하고 있다. (伊藤豊志雄 博士 제공)

간 지속될 수 있다. 때로 합포체가 화농성 삼출물과 관련되어 비도에서 관찰될 수 있다. 감염된 동물들은 화농성 중이염을 보이고 만성 후두기관지염과 점막의 증생 그리고 림프구의 침윤을 보인다. 폐는 육안적으로 대엽성 폐렴을 보이며 초기에는 간변화가 되어 있다(그림 28). 만성기에서는 폐표면의 요철이 심하게 관찰된다. 조직학적으로 폐병변은 기관지 폐렴이 특징적으로 병변이 폐문으로부터 하부 기도로 전이가 된다. 림프구와 형질세포가 기관지 주변에 침윤하며 기관지 내강에는 호중구들이 차 있다(그림 29).

만성 폐질병의 특징은 화농성 기관지염과 폐포염이다. 만성으로 진행하면 기관지 확장증과 화농이 증가한다.

**진단** 정확한 진단법이 임상, 혈청학적, 분자 생물학적, 미생물학적 그리고 형태학적 진단법 등의 보조적인 방법과 함께 개발되어야 한다. 임상증상은 다양하지만 특징적이다. 감수성이 높은 ELISA 또는 radioimmunosorbent assay, soild-phase radioimmunoassay법 등이 혈청학적 방법으로 이용될 수 있지만, *Mycoplasma pulmonis* 감염과 *Mycoplasma arthritidis* 감염은 구별할 수 없다. 더군다나 일부의 마우스는 항체가가 낮을 수가 있으며 반응이 미약하게 보일 수 있다. 따라서 진단을 확진할 수 있는 다른 방법을 사용해야 한다. 이러한 방법들 중에 가장 중요한 것은 원인 균을 분리하는 것이다. 시료는 상부 기도에서 채취하여 배양하는데, 그 이유는 자연감염이 흔히 일어나는 장소이기 때문이다. 완충 식염수나 마이코플라즈마 배지를 이용하여 기관, 후두, 인두, 비도를 세척하여 시료를 채취한다. 생식기로부터 배양은 이러한 부

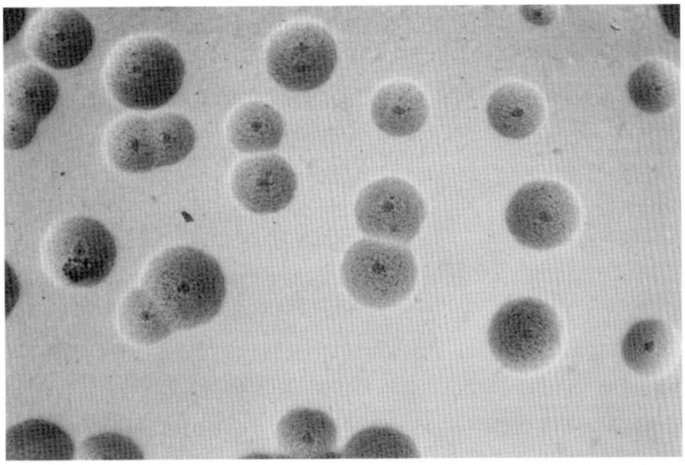

그림 30. *M. pulmonis*의 집락 마이코플라스마의 집락의 형태는 유방 또는 프라이팬에 구운 계란과 같은 모양을 하고 있다.

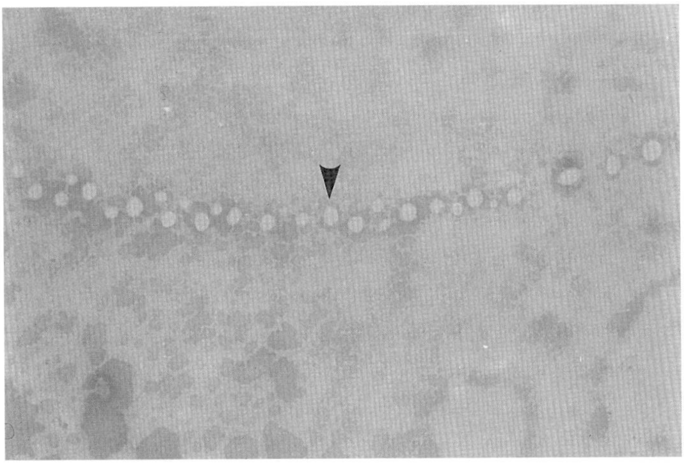

그림 31. *M. pulmonis*의 전자현미경 소견(negative staining) 크기가 300nm 정도로, 구형 또는 다형태를 보인다.

위에 감염이 의심될 때만 실시한다. 마이코플라즈마는 배양하기 힘들어서 비교적 숙련된 사람이나 질적으로 검증된 실험실에서 수행한 경우에만 그것들을 확신할 수 있다. 전형적인 집락의 형태를 관찰하여 진단한다(그림 30).

또한 전자현미경을 이용하여 세포벽이 결손되어 있는 마이코플라즈마의 형태를 보고 진단하기도 한다(그림 31).

그밖에 간접형광항체법이나 면역조직화학법(그림 32) 그리고 세균의 증식을 억제하는 방법

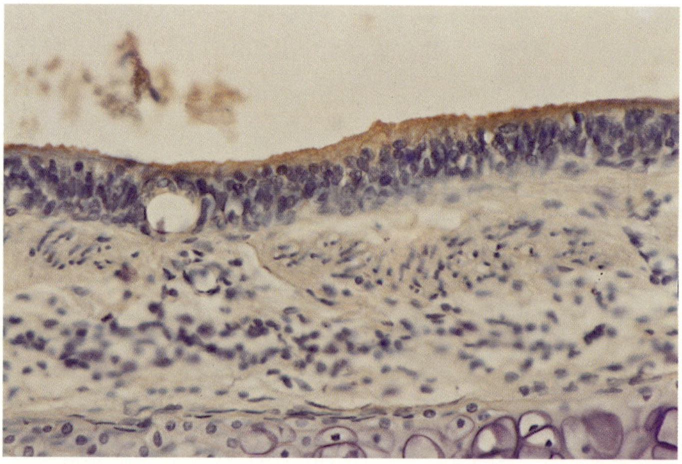

그림 32. 마이코플라스마에 감염된 마우스의 기관지 상피가 면역조직화학법에서 양성으로 관찰되고 있다.

등이 있다. 면역조직화학법은 기본적인 조직학적인 검사에 대한 보충자료로 고려해 볼 수 있다. 면역형광항체법이나 면역 조직화학법은 마이코플라즈마 항원을 조직에서 검출하는 데 이용될 수 있고, 기관 및 기관지나 생식기를 세척하여 얻은 시료의 세포 도말 표본을 대상으로 실시할 수도 있다. 최근에는 PCR방법이 진단방법으로서 이용되고 있다. 살아있는 마우스나 파라핀 포매된 조직을 대상으로 PCR방법을 이용하면 감염을 빠르고 정확하고 감도 높게 검출할 수 있다.

**감별진단** MRM은 Cilia-associated respiratory(CAR) bacillus와 관련된 기관지 폐렴과 감별해야 한다. 은염색을 통해 호흡기 상피세포에 부착되어 있는 CAR bacillus를 볼 수 있다. Sendai virus는 마우스에서 기관지 폐렴을 일으킬 수 있지만, 혈청학적 방법으로 검출할 수 있고 또 면역조직화학법으로도 검출할 수 있다. 다른 호흡기 감염을 일으키는 원인으로는 마우스의 pneumonia virus of mice, Corynebacteriosis 그리고 면역억제된 마우스에서는 *Pneumocystis carinii* 감염이 있다. 2차적인 기회감염병원체나 잘 알려진 병원체와의 복합감염을 고려해야 한다.

**예방과 대책** 마우스가 가벼운 감염으로부터 회복하면 항체가 생산되고, 수동 또는 능동면역 후 감염에 대하여 저항성을 나타낸다는 점으로 미루어 보아, *Mycoplasma pulmonis*에 대하여 효과적인 면역반응을 보인다고 생각된다. 여러 종류의 항체를 국소적 또는 전신적으로 생산할 수 있지만 감염에 있어서 그 역할은 불분명하다. 항체는 *Mycoplasma pulmonis*에 대한 탐식작용을 촉진하는 것으로 알려져 있다. 전형적인 세포성 면역은 *Mycoplasma pulmonis* 감염에서 중요한 역할을 하는 것 같지 않다. 그 이유는 면역세포로 면역성이 전이될 수 없기 때문이다. 또한 무흉선 마우스나 신생자에서 흉선을 제거한 마우스들은 면역능력이 있는 마우스에 비해서 *Mycoplasma pulmonis*에 대한 감수성이 더 증가하지도 않는다. 숙주 면역 이외에 효과적인 대책과 예방법은 혈청학적, 미생물학적 또는 조직병리학적 방법으로 감염여부를 계속 감시하는 격리시설에서, Mycoplasma가 없는 집단을 유지하는 것이다. 제왕절개나 수정란으로부터 재생산한 신생자들은 감염을 배제할 수 있지만 배아나 태자의 막 그리고 태자들이 오염되지 않았는지 검사받아야 한다. Tetracycline으로 치료를 하면 임상증상을 완화시킬 수 있지만 감염을 제거하지는 못한다. DNA 백신을 개발해왔으나, 임상적으로 적용하지는 못하고 있다.

**연구와 관련성** 임상증상과 사망을 유발하기 때문에 연구에 장애가 될 수 있다. 흡입독성시험과 같은 호흡기계 관련 연구는 만성진행성 감염에 의하여 복잡해질 수 있다. 또한 감염된 동물은 일반적인 마취시 위험성이 더 증가한다. *Mycoplasma pulmonis*는 면역반응에 변화를 일으킬 수 있다. 예를 들면, T 림프구와 B 림프구의 분열을 촉진하고, 자연 살해세포(NK cell)의 활동을 증가시킨다. 마이코플라즈마의 가장 중요한 문제는 세포주와 이식성 종양조직을 오염을 시키는 데 있다.

### (2) 기타 설치류 마이코플라스마

*Mycoplasma arthritidis*는 항원적으로 *Mycoplasma pulmonis*와 관련을 보인다. 따라서 마이코플라즈마 감염을 검출하기 위한 검사법은 이러한 병원체를 감별하기 위한 다른 진단법과 병용되어야 한다. *Mycoplasma arthritidis*를 정맥내 접종하면 마우스에서 관절염을 유발될지라도, 자연 감염에서는 비병원성이기 때문에 감별진단이 중요하다. *Mycoplasma collis*는 마우스의 생식기에서 분리되어 왔으나 자연질병은 일으키지 않는 것으로 알려져 왔다. *Mycoplasma neurolyticum*은 rolling disease의 원인균으로서 이 병은 *Mycoplasma neurolyticum exotoxin*을 정맥내 주사 후 몇 시간 이내에 일어나는 희귀한 증후군이다. 특징적인 임상증상은 두부의 간헐적인 고도신장과 한쪽 앞다리를 들어올리고 나서 몸의 장축으로 간헐적으로 구르는 동작이다. 횡전은 아주 일정하지만, 마우스는 때로는 뛰어오르거나 빨리 움직이기도 한다. 1~2시간

의 횡전 후, 동물은 혼수상태로 되며 4시간 내에 사망한다. Rolling disease에 대한 모든 출판된 보고서는 균체나 exotoxin을 실험적으로 접종하여 생긴 것들이다. 질병을 유발하는 데는 대량의 균체가 필요하며 자연조건에서 균체가 이러한 증상을 유발할 정도로 뇌에서 증식한다는 증거는 없다. 실험용동물에게 마우스 유래의 생물학적 물질들을 비경구적으로 접종하기 때문에 *M. neurolyticum*가 오염되어 있다면 비고의적으로 rolling disease를 유발시킬 수 있다. 진단은 전형적인 임상증상, 성상세포의 부종, 그리고 균체의 분리를 통해 이루어질 수 있다. 임상증상은 Pseudomonas에 의한 중이염과 관련된 rolling과 구별되어야 한다. *Mycoplasma pulmonis*가 마우스의 뇌로부터 분리되었으나 신경증상을 유발시키는 것 같지는 않다.

### (3) 랫드의 마이코플라스마 감염

랫드에서도 *M. pulmonis*가 자연감염에서 임상증상을 일으키는 유일한 마이코플라즈마이다. 신뢰성 있는 품질관리프로그램 덕택으로, 랫드에서 마이코플라즈마감염의 발생이 현저히 감소해 왔다. 그러나 미국에서는 사육집단의 혈청학적 조사를 해보면 양성반응이 50% 이상으로 나타난다. 양성 동물 중 일부는 *M. arthritidis*의 노출로 인한 교차반응 때문인 것으로 생각된다. *M. arthritidis*의 자연발생 감염례는 드물다. 그러나 이 균체는 호흡기도와 중이에서 분리된다. 실험적으로 *M. pulmonis*뿐만 아니라 *M. arthritidis*를 정맥 내로 접종한 마우스와 랫드에서 관절염이 나타나고 있으나, 이 균이 자연조건하에서 임상적 질병을 일으킨다는 증거는 없다.

육안적으로, 대엽성 폐렴으로 나타나는 농즙의 저류로 병소 표면의 요철이 심하게 된다(그

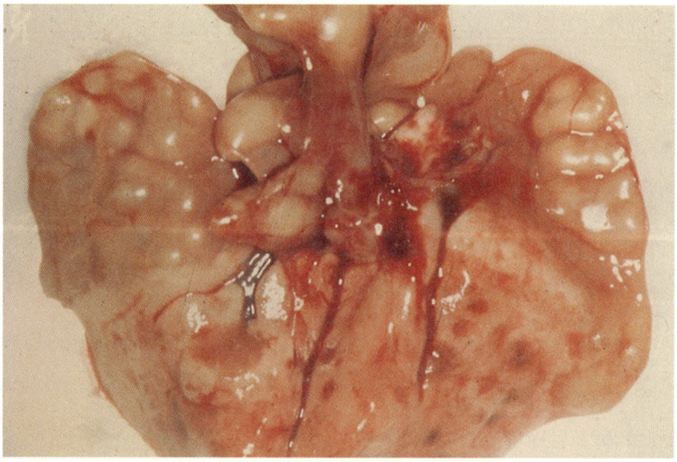

그림 33. *M. pulmonis*에 감염된 랫드의 폐 기관지 내에 농의 저류로 인하여 표면의 요철이 심하게 된다. (伊藤豊志雄博士 제공)

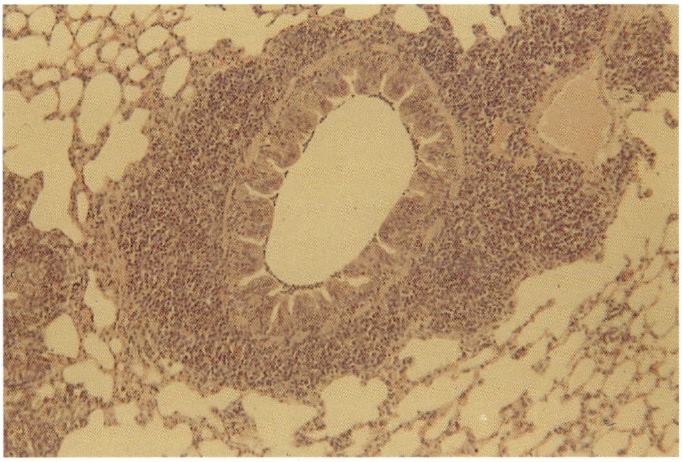

그림 34. *M. pulmonis*에 감염된 랫드의 폐 기관지 주변부에는 염증세포의 침윤이 보이지만 기관지 상피세포의 변성 탈락은 거의 보이지 않는다. (伊藤豊志雄 博士 제공)

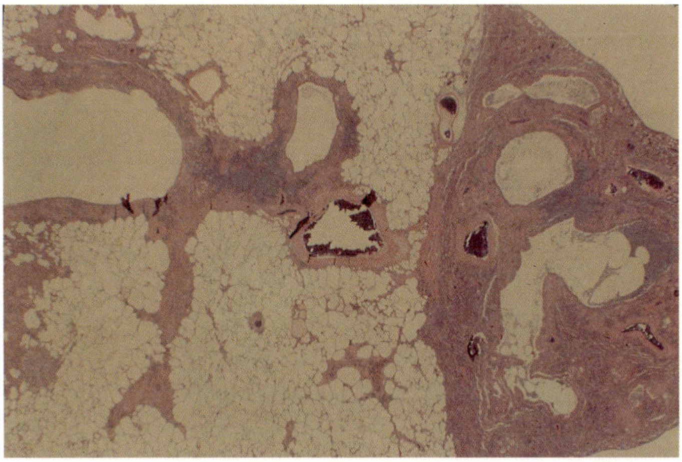

그림 35 *M. pulmonis*에 감염된 랫드의 폐 감염 후기에는 기관지가 확장되어 있고 주변부에 소수의 염증세포가 침윤되어 있으며 기관지 내에는 농의 저류가 관찰되지 않는다. (伊藤豊志雄 博士 제공)

림 33).

조직학적으로, 기관지 주변부에 림프구와 대식구의 침윤은 흔히 관찰되나 기관지 상피의 괴사성 변화는 보이지 않는다(그림 34).

만성의 경우 기관지는 확장되어 있으나 주변부에는 염증세포는 소수 침윤되어 있고 기관지 내강에 호중구는 보이지 않는다(그림 35).

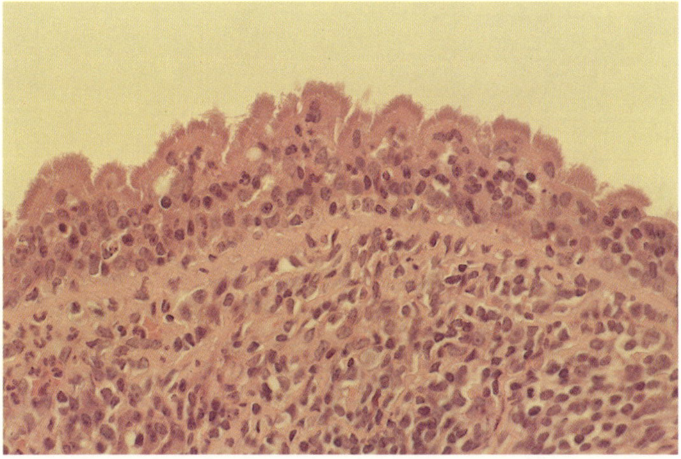

그림 36. CAR bacillus에 감염은 BALB/c 마우스 기관지 상피의 섬모 사이에 균이 증식하고 있어서 호염성이 증가한다 (H & E).

## 2) Cilia-Associated Respiratory(CAR) Bacillus 감염

### (1) 마우스의 CAR bacillus 감염

CAR bacillus는 긴 그람 음성 간균으로서 랫드에서 MRM과 유사한 임상증상과 병변을 일으킨다. 만성호흡기 질병이 실험감염에 의해서 마우스에서 나타나지만, 자연적인 질병은 드물다. 그러나 Sendai virus나 pneumonia virus of mice 혈청 양성인 마우스에서 자연 감염 예가 보고되어 왔다. 따라서 CAR bacillus는 주요 병원체라기보다는 기회감염병원체로서 간주되고 있다. 마우스에서 자연 감염이 일어날 수 있다고 생각하지만, CAR bacillus에 의해서만 만성 호흡기 질병이 유발되는지는 확실하지 않다. 감염에 대한 혈청학적인 검출방법으로서 ELISA 방법이 이용되어 왔고, PCR에 근거한 진단이 개발되었다. 감염을 조직학적으로 평가할 때 H&E 염색으로는 균체가 호염성을 띠지만 확실하게 관찰되지는 않는다(그림 36).

따라서 기관지 호흡 상피의 첨부세포막에 붙어 있는 호은성의 간균을 보기 위한 Warthin-Starry 또는 유사 염색법의 사용이 필요하다. 대체방법으로는 면역조직화학법이 균체를 검출하는 데 성공적으로 사용되고 있다. Sulfamerazine(500mg/liter)을 음수에 섞어서 주는 것이 감염을 억제하는 데 효과적일 수 있다고 보고되고 있으나 확실하지 않다. 예방법은 *Mycoplasma pulmonis*에서 서술된 바와 같다.

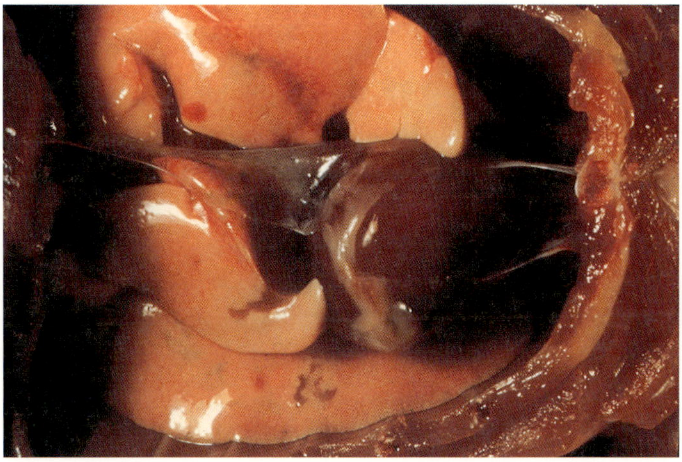

그림 37. CAR bacillus가 감염된 랫드의 폐 기관지 내에 점액이 저류하게 되어 흉강을 절개해도 공기가 유통하기 힘들어 폐가 수축되지 않는다. (伊藤豊志雄 博士 제공)

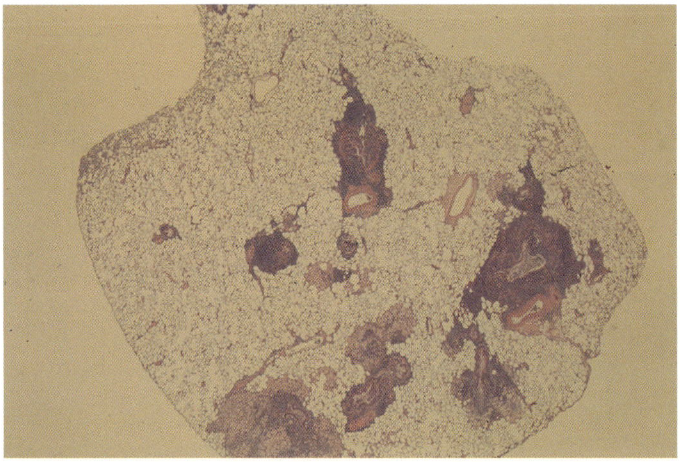

그림 38. CAR bacillus가 감염된 랫드의 폐 기관지폐렴 기관지 주변에는 염증세포가 침윤해 있고 기관지 내강에는 농대신 점액이 차 있다. (H & E, 伊藤豊志雄 博士 제공)

### (2) 랫드의 CAR bacillus 감염

랫드에서 처음 보고된 예는 만성 호흡기 질병과 관련이 있는 Sendai virus와 *M. pulmonis* 감염에 미리 노출되었던 동물에서 보고되었다. 그러나 마이코플라즈마가 동시에 감염되어 있지 않은 동물에서도 자연적으로 만성호흡기 질병이 발생하였고, 그 병변은 마이코플라즈마 감염에 의한 병변과 유사하였다. 또 CAR bacillus을 비강내 접종한 마이코플라즈마 부재 랫드에서

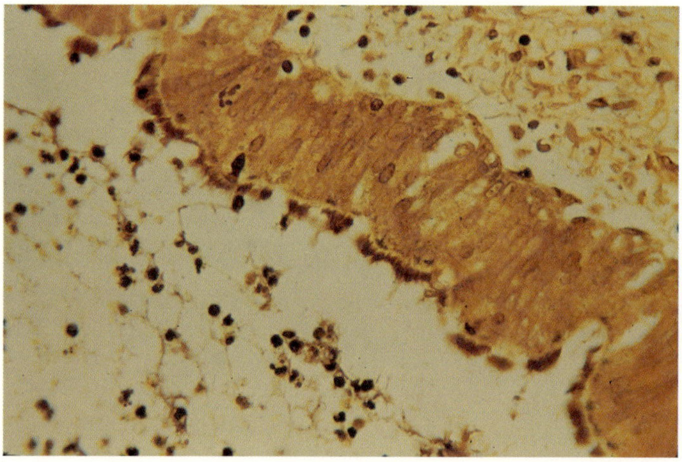

그림 39. CAR bacillus가 감염된 랫드의 폐, Warthin Starry 염색 기관지 상피의 섬모층이 암갈색으로 염색된다. (伊藤豊志雄 博士 제공)

마이코플라즈마증과 유사한 병변이 나타났다. 이 균은 랫드에서 1980년에 처음 보고되었지만, 조직표본을 소급하여 검사한 결과에 의하면, 지난 수십년간 랫드에서 발생한 호흡기 질병과 일부 관련이 있다는 증거가 있다.

조직학적으로 림프구와 형질세포의 세기관지주위성 침윤이 보이는 만성 화농성 기관지염이 전형적인 현미경적 소견으로서 기관내부에 점액이 저류되어 공기의 유통이 장애를 받아 개흉시 폐가 수축되지 않는다(그림 37).

기관지 상피세포층에는 점액산생세포가 증가하고 기관지 내강에는 농즙이 아닌 점액의 저류가 관찰된다(그림 38).

Warthin Starry 은염색(그림 39)이나 간접형광항체법을 통하여 진단한다(그림 40).

### 3) Tyzzer's Disease

#### (1) Mouse Tyzzer's Disease

**원인** Tyzzer 병은 Ernest Tyzzer에 의해서 명명되었는데, 일본의 Waltzing 마우스 집단에서 이것을 처음 기술하였다. 원인균은 *Clostridium piliforme*(전에는 *Bacillus piliformis*)으로, 길고 가는 그람 음성의 아포를 형성하는 세균으로서 시험관적인 증식을 위해서 살아 있는 세포를 필요로 한다. 세포가 없는 배지에서는 증식하지 않지만, 감수성이 있는 척수동물에 접종

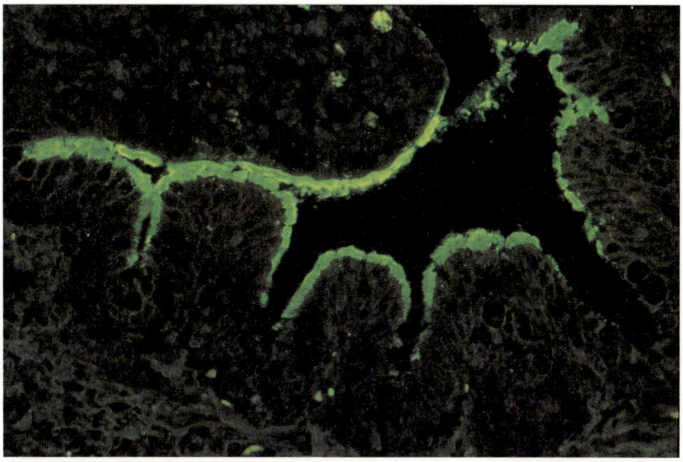

그림 40. CAR bacillus가 감염된 랫드의 폐 간법형광항체법으로 염색 기관지 상피의 섬모층에 균이 기생하는 부위가 형광으로 발색한다. (伊藤豊志雄 博士 제공)

하거나 수정란의 난황낭에 접종 또는 마우스의 배양된 간세포에 접종함으로써 증식될 수 있다.

**임상증상** 사망례가 갑자기 나타나며, 설사와 무기력이 전조증상일 수 있다. 발생은 폭발적으로 일어나고 사망률은 아주 높으며 이환율은 높거나 낮다. 또 *Clostridium piliforme*에 대한 항체의 생성 후 준임상 감염이 일어날 수 있다. 스트레스나 과밀사육, 고온, 고습, 습기가 많은 사료, 그리고 면역억제를 일으키는 처치가 Tyzzer 병을 일으키는 소인이 될 수 있다. 감수성 또는 저항성은 숙주의 유전형에 의해서 영향을 받는다. 예를 들면 C57BL/6 마우스는 DBA/2 마우스보다 더 저항성이 있다고 알려져 있다. 중증 감염에 대한 저항성은 주로 림파구의 기능 때문인 것으로 알려져 있다. 무흉선 누드마우스는 Tyzzer병에 대한 감수성이 증가되어 있다. 무흉선 누드마우스의 감수성이 다양하기 때문에 T 림프구의 역할은 불분명하다. 몇 가지의 interleukin이 감수성과 저항성을 조절하고 있다는 사실로부터 T 림프구가 관여하고 있다고 추론할 수 있다. 호중구와 자연 살해세포(NK cell)를 제거하면 감염에 대한 감수성이 증가한다.

**역학** 현재의 만연율, 감염보균상태 그리고 전파양식은 확실히 밝혀져 있지 않다. Tyzzer 병은 많은 실험용 동물 종뿐만 아니라, 가축에서도 일어날 수 있으며, 야생동물도 발병하지만 보균자는 불분명하다. 어떤 균주는 마우스와 랫드, 햄스터를 교차로 감염시킬 수 있는 반면, 다른 균주는 숙주영역이 아주 제한적이다. 따라서 교차감염에 대한 위험성은 원인균의 균주에 따라 다르다. Clostridium piliforme의 영양체는 불안정하지만, 포자는 적어도 1년 이상 실온에서 감염력을 유지하고 있어 전파의 중요한 수단으로서 간주되어야 한다. 자연 감염은 균체를 섭취해서 일어나는 것으로 생각되는데, 균체는 분변으로 계속해서 산포된다. 분변에 오염된 사료와 깔개는 환경적인 오염원으로서 가장 중요하게 생각되어야 한다. 산전감염이 임신 마우스의 혈관내 접종에 의해서 일어날 수 있지만, 감염의 자연적인 전파에 있어서 중요성은 파악되지 않았다.

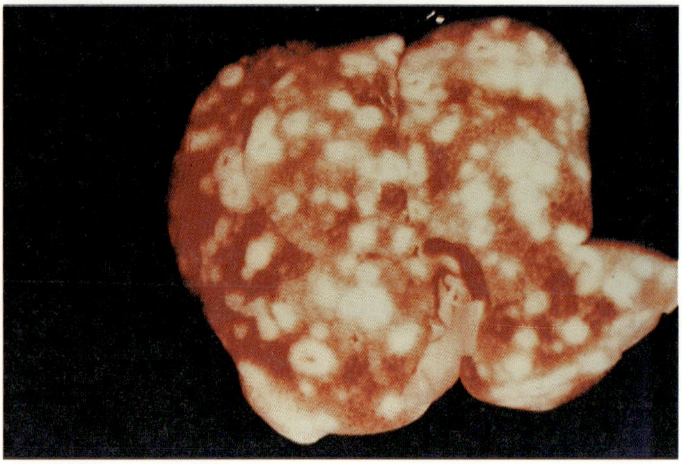

그림 41. Tyzzer 병에 이환된 마우스 간장에 다수의 백색괴사소가 산재해 있다. (Laboratory animal medicine and science, GL Van Hoosier, Jr, DVM)

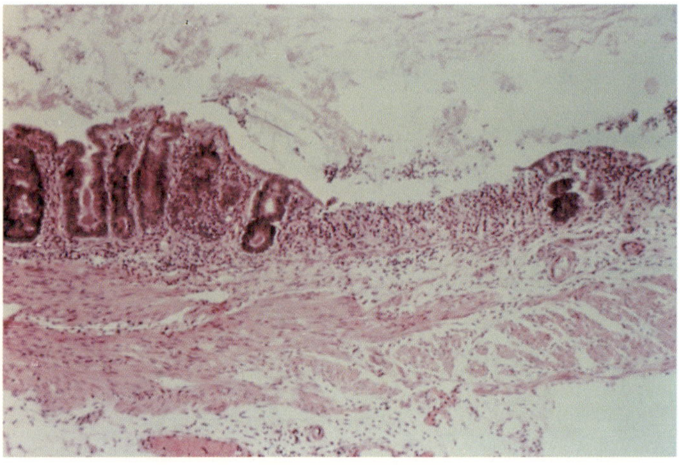

그림 42. Tyzzer 병에 이환된 마우스 결장에 궤양이 관찰된다. (Laboratory animal medicine and science, GL Van Hoosier, Jr, DVM)

**병리** 감염은 소화기계에서 시작해서 패혈증 상태로 간장이나 심장에까지 전파된다. 병변은 이러한 조직 및 장간막 림프절에서의 괴사가 특징이다. 육안적으로 맹장, 회장, 결장은 발적되고 수양성의 악취가 있는 내용물이 차서 확장되는데, 간장이나 장간막 림프절 그리고 심장은 회백색의 병소를 보인다(그림 41).

조직학적으로 장 병변은 점막상피세포의 괴사를 수반하며 급성 염증과 출혈이 동반된다(그림 42).

간장에는 응고괴사 병소가 일반적으로 문맥을 따라서 산재되어 있고, 이것은 장으로부터 세균 색전에 의한 감염과 일치하는 증거이다. 심급성 병변은 염증 소견이 없으며 병소에는 호중구와 림프구가 경도로 침윤된다. 자연 감염에서 심근괴사가 때때로 일어난다. 길고 가는 간상의 세균다발이 괴사소 주변의 변성세포 세포질에서 관찰되며, 특히 간장과 장에서 감염 초기단계에 쉽게 관찰된다.

균체는 hematoxylin-eosin염색에 의해서는 염색이 잘 되지 않는다. Warthin-Starry와 같은 은염색, Giemsa 염색, periodic acid-Schiff 염색이 필요하다.

**진단** Tyzzer 병은 간장과 장의 조직절편에서 특징적인 세포질내 균체를 관찰함으로써 진단한다. 보조적인 방법으로 cortisone을 투여한 마우스나 또는 수정란에 감염이 의심되는 물질을 투여하여 조직화학적 또는 면역조직화학법으로 균체를 확인하는 방법이 있다. 무증상의 감염은 ELISA로 검출될 수 있다.

**감별진단** Tyzzer 병에 있어서 균체의 조직학적인 검출은 mousepox, coronaviral hepatitis, reoviral hepatitis, helicobacteriosis, 그리고 salmonellosis같이 비슷한 증상과 병변을 일으키는 다른 감염성 질병과 구별하는 데 필수적이다. 세포질 외에서 기생하는 간상균을 *Clostridium piliforme*으로 오해하지 않는 것이 중요하다.

**예방과 대책** 사육환경 중에 아포가 축척되거나 또는 도입을 피하기 위한 위생적인 방법을 포함하는 격리사육과 관리법이 예방과 대책의 근간을 이룬다. 일단 감염이 일어나서 아포가 형성되면 항생제 처치에 의한 구제만으로는 박멸이 어렵다. 그러므로 엄격한 검역 후, 감염된 또는 노출된 동물들을 새로운 개체로 대체하는 방법을 고려해야 한다. 수정란 이식에 의한 재분만이나 제왕절개에 의한 재분만은 산전 감염전파의 가능성이 있으므로 신생자를 사육하고 도입하는데 감염의 가능성을 고려해야 한다. 산화적인 소독제로 주변환경을 소독하는 것을 구제 프로그램에 포함시켜야 한다. 그리고 품질이 보증된 공급자로부터 사료와 깔개를 구매하여야 하고 해충의 구제는 예방과 대책에 필수적이다. 사육기자재는 해충이 방제된 지역에 저장해야 하고, 사료와 깔개를 열로 멸균 처리하는 것을 고려해야 한다.

**연구와의 관련성** 임상증상과 질병의 이환으로부터 연구에 지장을 초래한다. 면역결핍 마우스는 질병이환의 위험성이 증가한다. 감염되면 선택적으로 cytokines의 상승이 유도된다고 보고되어 있다.

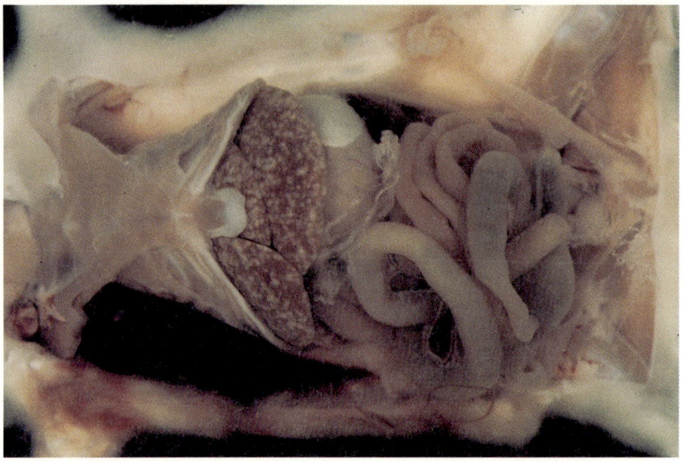

그림 43A. Tyzzer 병에 이환된 랫드 간에 백색의 괴사소가 산재해 있다. (伊藤豊志雄 博士 제공)

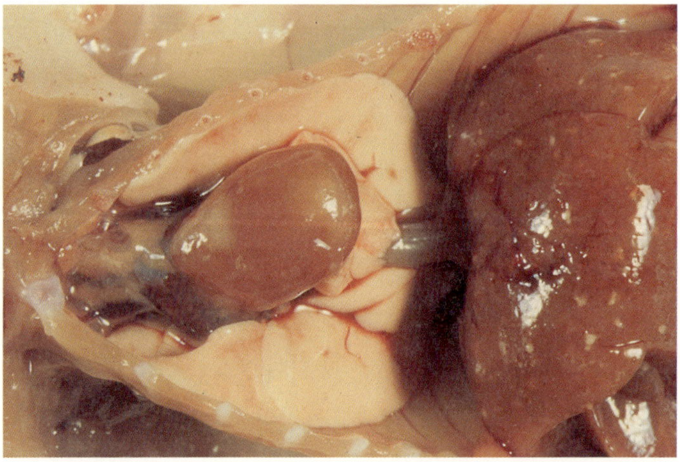

그림 43B. Tyzzer 병에 이환된 랫드 심장의 심첨부와 심실전부에 대형의 괴사소가 보인다. (伊藤豊志雄 博士 제공)

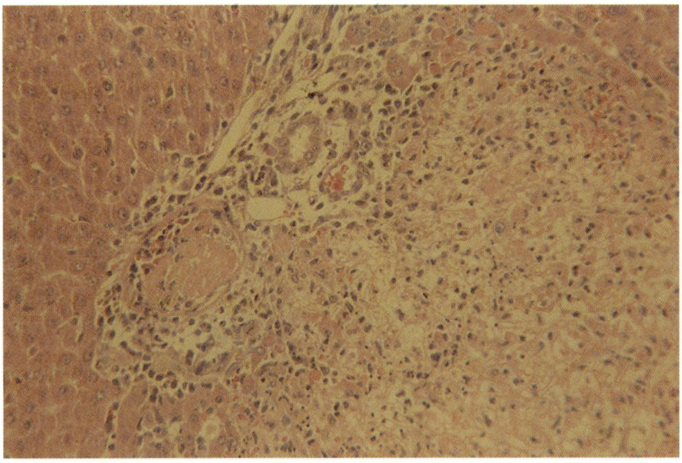

그림 44. Tyzzer 병에 이환된 랫드 간세포의 응고괴사가 관찰되는 소상괴사소에 소수의 염증세포가 침윤되어 있다. (伊藤豊志雄 博士 제공)

그림 45. Tyzzer 병에 이환된 랫드, Grocott 염색 괴사소 주변의 변성간세포에 간균이 관찰된다. (伊藤豊志雄 博士 제공)

### (2) 랫드의 Tyzzer 병

육안적으로 백색의 괴사소가 간장, 심장 등에서 다발성으로 관찰된다(그림 43A, 43B).

이환된 랫드는 말단 소장이 현저하게 확장된다. 유약한 회장은 정상 직경보다 4~5배까지 비후확장되고, 공장과 맹장도 병변이 보이게 된다. 장간막 림프절은 종창되고 부종이 보인다. 조직학적으로는 회장, 간장, 심근에 병변이 국한되어 있다. 장세포의 괴사와 탈락, 고유층과 점

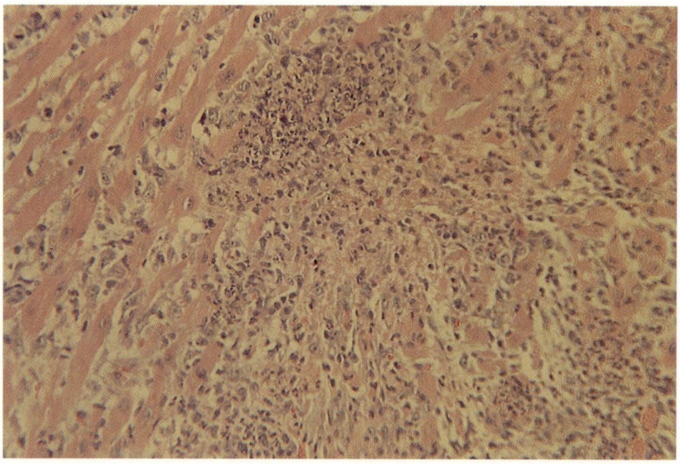

그림 46A. Tyzzer 병에 이환된 랫드 심장 심근염 심근의 괴사와 단핵구의 침윤이 관찰된다. (H & E, 伊藤豊志雄 博士 제공)

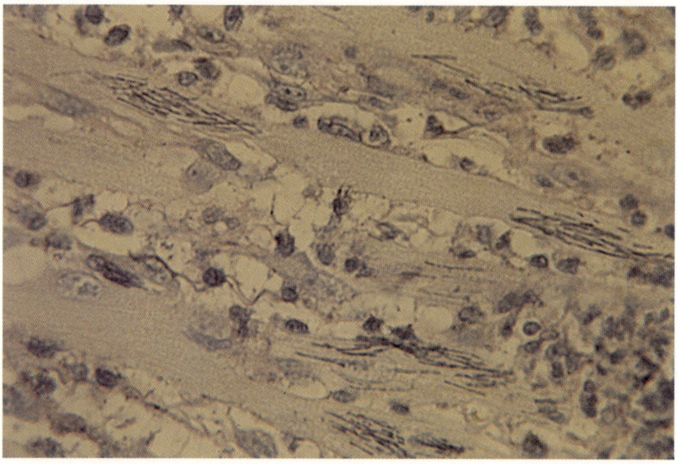

그림 46B. Tyzzer 병에 이환된 랫드 심장, Grocott 염색 심근 내에 간균이 관찰된다. (伊藤豊志雄 博士 제공)

막하층의 부종, 근층에 세포증생이 자주 관찰된다. 침윤한 염증세포는 주로 단핵세포이고 호중구도 소수 관찰된다. 간장의 조직학적 특징은 급성 응고괴사에서 국소성 간염까지 다양하며 다형핵세포와 단핵세포가 침윤한다(그림 44). 은염색을 하여 괴사조직 주변부의 변성된 간세포 내에서 균체를 확인할 수 있다(그림 45). 심장에서 심근염을 일으키며, 균체가 은염색으로 확인된다(그림 46A, B).

### 4) Transmissible Murine Colonic Hyperplasia(TMCH)

**원인** TMCH의 원인균은 *Citrobacter rodentium*(전에는 *Citrobacter freundii* strain 4280)으로서 비운동성 그람 음성 간균으로 락토스를 발효하지만, citrate를 이용하지는 않는다.

**임상증상** 임상증상을 보이는 감염에서는 성장지연, 입모, 연변 또는 설사, 직장 탈, 그리고 이유기 마우스나 나이든 수유기 마우스에서 중등도의 사망률이 나타난다.

**역학** *Citrobacter rodentium*는 정상 마우스의 위장관내 정상 세균총에서는 분리되지 않는다. 그것은 오염된 마우스나 사료, 깔개에 의해서 도입되는 것으로 생각되는데, 오염된 물질들과의 접촉이나 분변오염에 의해서 전파된다. 숙주의 유전형이 질병의 경과와 정도에 영향을 준다. 예를 들면 DBA, NIH swiss 그리고 C57BL 마우스는 저항성이 있는 반면 C3H/HeJ 마우스는 수유기 마우스나 성숙마우스에서 감수성이 있다. 식이도 또한 감염에 영향을 주지만 이러한 영향을 주는 특이 식이요소는 확인되지 않았다.

**병리** *Citrobacter rodentium*는 하행결장 점막에 부착하여 정상 세균총을 대체한다. 부착하면 쇄자연이 없어지고 족상의 구조를 형성하여 장상피에 부착한다. 집락을 형성하면 뚜렷한 점막 증생을 초래하는데 그 기전은 잘 알려져 있지 않다. 특징적인 육안소견으로는 중증의 하행 결장 비후가 보이는데, 횡행 결장까지 확장되고 살아 있는 마우스에서 2~3주간 지속된다(그림 47).

감염된 분절은 딱딱해지고 비어 있거나 반 고형의 분변을 가지고 있다. 조직학적으로, 세포분열상이 증가되어 점막이 증생되는데, 2차적인 염증이나 궤양이 수반되기도 한다(그림 48).

병변은 몇 주 후에 없어진다. 회복은 빠르고 성숙마우스에서는 완전하지만 수유기 마우스에서는 느리다.

**진단** 진단은 임상증상, 육안소견, 조직학적 병변 그리고 분변이나 장관으로부터 *Citrobacter rodentium*의 분리에 의존한다. 균은 감염 초기중 MacConkey' s agar에서 분리하기 쉬우며, 감염 후기에는 장에 호기성 세균이 없어질 수 있다. PCR과 같은 분자생물학적인 방법으로도 검출할 수 있다.

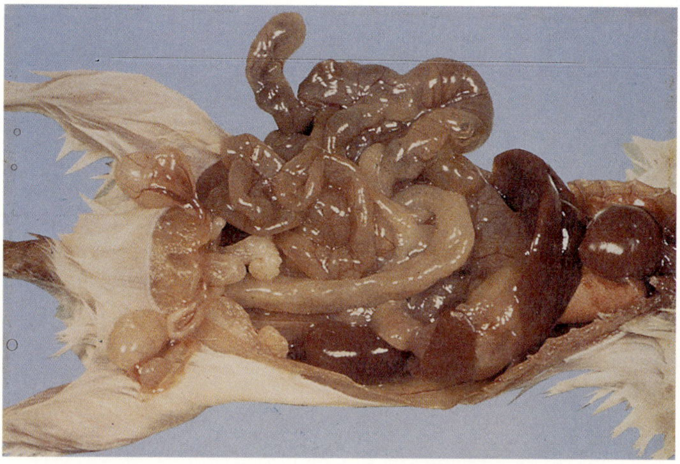

그림 47. TMCH에 이환된 마우스 4주령 이후의 마우스는 소장에서는 병변이 없고 맹장으로부터 항문까지 비후된 병변이 나타난다.

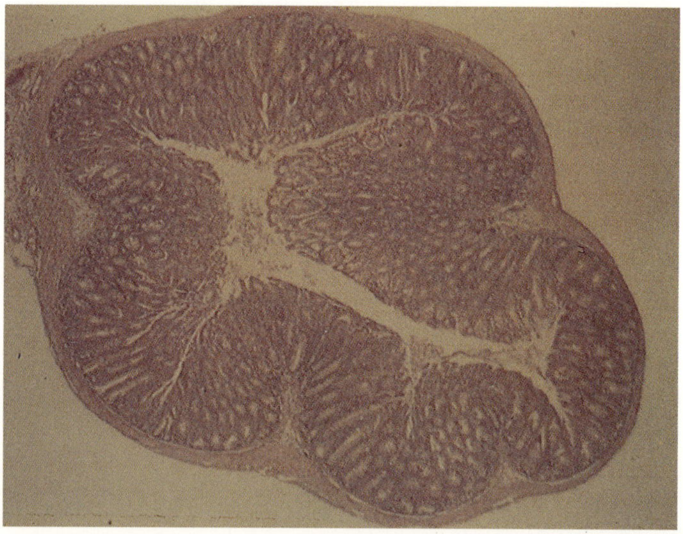

그림 48. TMCH에 이환된 마우스 결장 융모의 수가 증가하고 상피세포의 증생으로 점막이 현저하게 비후된다.

**감별진단** TMCH는 coronavirus, rotavirus, adenovirus, reovirus, Salmonella, *Clostridium piliforme* 그리고 *Helicobacter* spp. 와 같은 설사를 일으키는 병원체와 감별되어야 한다.

**예방과 대책** 음수에 항생제를 첨가함으로써 일부 유행성 질병을 성공적으로 근절시키는 방법이 알려져 있다. *Citrobacter rodentium*은 사료나 깔개, 음수를 오염시킬 수 있기 때문에 감수성 있는 동물에게 이런 것들을 사용하기 전에 적절하게 소독해야 한다. 또 검역과 미세 격리 케이지를 이용하여 전파를 감소시킬 수 있다. *Citrobacter rodentium*의 모니터링은 실험동물의 건강관리 프로그램에 포함되어야 한다.

**연구와 관련성** 결장증생이 심한 경우에 연구에 대하여 영향을 끼칠 수 있다. 결장증생은 화학적인 발암물질에 대한 결장 점막의 감수성을 증가시키며, 또 발암물질 투여 후 비정상적인 세포증식이 출현하는 잠복기를 감소시키는 것으로 보인다. 최근의 보고를 보면 T 림프구 receptor transgenic mice가 감염되면 면역결손이 유발되고, 생산성이 저하된다. 이 균은 또 림프구로부터 cytokine 생산을 저해하는 것으로 알려져 있다.

### 5) Pseudomoniasis

#### (1) Mouse Pseudomoniasis

**원인** *Pseudomonas aeruginosa*는 운동성이 있는 그람 음성 간균이다.

**임상증상** *Pseudomonas aeruginosa*의 감염은 거의 불현성이지만 면역학적으로 억압된 동물에서는 패혈증이 일어나기 쉽다. 예를 들면, Pseudomonas aeruginosa는 누드 마우스에서 치사성의 감염을 일으킬 수 있다. 이환된 마우스는 평형 감각의 소실, 결막염, 장액성의 비즙 그리고 두부의 부종, 체중감소, 피부 감염이 나타난다. 면역결핍 마우스에서는 위장관 궤양도 일어날 수 있다. 전신 감염은 심한 백혈구 감소증과 관련되어 있다. 신경 증상은 드물지만 중추신경의 감염 보고가 있다. 와우각과 전정기관에서 주위의 골조직의 와해와 동반하여 만성 조직성 염증이 일어나서 사경을 일으킬 수 있다.

**역학** *Pseudomonas aeruginosa*는 정상 세균총의 일부는 아니다. 그러나 물이나 피부와 같은 축축하고 따뜻한 환경에서 서식하는 기회 감염균이다. 일단 숙주에 정착이 되면 만성적으로 비후두, 구강인두, 위장관계에서 발견되며, 또 신체의 모든 부위에서 만성적으로 분리되어 사육환경중에 균체를 산포시키거나 또는 감수성 있는 마우스에 직접적인 전파를 할 수 있게 된다.

**병리** 병원성 감염은 면역결핍 마우스에서 가장 흔하다. 균체는 상부기도의 편평 상피와 원주상피의 이행부로 들어가며, 드물게 치주의 치은을 통해 침입한다. 패혈증 후 괴사와 농양이 간, 비장 그리고 기타 조직에 형성된다. 중이염이 일어나면, 고실에는 녹색의 화농성 삼출액이 차게 된다. 장은 액상물질로 차게 되고 위궤양이 보고된 경우도 있다.

**진단** 진단은 병력(예를 들면 면역결핍), 임상증상, 병변 그리고 Pseudomonas aeruginosa를 감염 마우스로부터 분리함으로써 이루어진다. 보균 마우스의 진단은 비강으로부터 균을 배양하거나 또는 멸균된 비산성, 비염소성 물을 병에 넣어 24~48시간 동안 케이지에 놓고 나서 빨대를 배양함으로써 이루어진다.

**감별진단** Pseudomoniasis는 면역 결손된 마우스에서 일어나는 다른 세균성 패혈증과 감별되어야 하는데 이런 것들은 제한된 것은 아니지만 예를 들어 Corynebacteriosis, Salmonellosis, Colibacillosis, Staphylococcosis 그리고 Tyzzer 병 등이 있다.

**예방과 대책** 감염은 음수의 산성화 또는 염소화로 예방할 수 있다. 그러나 이러한 과정은 정착된 감염을 제거하지는 못한다. 감염동물을 반입할 때 상업적으로 생산된 집단을 감시함으로써 제어할 수 있다. Pseudomonas가 없는 동물을 유지하고자 할 때는 보통 격리사육시설을 필요로 한다.

**연구와 관련성** Pseudomonas의 감염은 면역능력이 있는 마우스에 실질적으로 위협이 되지는 않지만, 실험연구에서 면역능력이 없는 마우스의 경우 치명적인 패혈증을 일으킴으로써 문제가 될 수 있다. Cytomegalovirus와 같이 숙주의 방어기능을 변형시킬 수 있는 바이러스에 감염되어 있을 경우 Pseudomoniasis에 감수성이 높아진다.

### (2) 랫드의 Pseudomonas aeruginosa 감염

급성 감염의 경우, 패혈증과 관련된 폐 부종, 거대비장, 장의 점상출혈이 나타날 수 있다. 아급성에서 만성기 중 사망한 랫드에서 농양소를 보이는 다소성 괴사가 폐, 비장, 그리고 신장과 같은 장기에서 보인다. 조직학적으로, 급성례의 병변은 급성 세균성 패혈증의 병변이며, 혈관염, 혈전증, 출혈, 그리고 다형핵 세포 침윤이 있다. 병소에는 그 변화가 급성 응고괴사에서 농양까지 다양하며, 정상구조가 사라진다. 병변은 대개 폐에서 가장 심하다. 출혈, 세균 집락 그리고 단백질성 삼출액이 빈번히 폐포에 존재한다. 괴사병변은 비장이나 신장과 같은 장기에 존재할 수 있다. 백혈구감소증을 초래하는 실험처치를 한 랫드와 마우스에서 사망을 초래한다.

### 6) *Pasteurella pneumotropica* 감염

#### (1) Mouse Pasteurella pneumotropica 감염

**원인** 단간균으로서 그람 음성이다.

**임상증상** *Pasteurella pneumotropica*의 병원성에 관련된 많은 초기의 관찰 보고들은 의문점이 많은데 그 이유는 그러한 관찰이 여러 종류의 바이러스나 세균으로 오염된 마우스 집단에서 수행되었기 때문이다. 감염은 보통 무증상적이다. 따라서 *Pasteurella pneumotropica*는 주로 기회감염 병원성 세균으로 간주되고 있다. *Pasteurella pneumotropica*의 실험감염에 관련된 연구에서 이 균은 *Mycoplasma pulmonis*나 Sendai virus 감염으로 발생되는 폐렴을 더욱 악화시키는 것으로 생각되고 있다. 또 면역능력이 없는 마우스나 다른 1차적인 소인이 있는 마우스에서 눈, 결막, 피부, 유선 등의 조직에서 삼출성 병변이나 화농성 병변을 일으키는 데에도 관여한다.

**역학** *Pasteurella pneumotropica*는 피부나 상부 호흡기계 또는 소화기계에 널리 상재하고 있다. 감염된 어미로부터 태어난 신생자들은 생후 첫 주에 감염될 수 있다.

**병리** 감염되면 화농성 염증이 유발될 수 있다. 피부염, 결막염, 누선염, 안염, 유방염 그리고 요도구선염이 *Pasteurella pneumotropica* 때문에 일어나는 것으로 보고되고 있다. 특히 무흉선 누드 마우스에서 귀두선염이나 안와 주변 농양이 일어난다. 자궁염에 대한 병원성은 불분명하지만 자궁으로부터 이 균을 분리할 수 있다. 그리고 유산이나 불임을 일으킨다는 증거도 있다. 피부병변은 전신 감염 없이 일어날 수 있는데 피부와 어깨, 체간부 피하조직에 화농성 병변이 보인다.

**진단** 기본적인 세균배양배지에서 균의 분리를 필요로 한다. 그러나 감염은 ELISA법으로 검출될 수 있다. PCR 방법도 유용하다.

**감별진단** *Staphylococcus*, Streptococcus, Corynebacterium, Klebsiella, Mycoplasma와 같은 다른 세균에 의한 화농성 병변과 감별되어야 한다.

**치료** 항생제 처치는 성공률이 높지 않다. Enrofloxacin(25.5~85mg/kg)을 2주 동안 음수에 투여를 하면 균을 제거하는 데 효과적이다.

**예방과 대책** Pasteurella pneumotropica는 기회 감염균이기 때문에 면역억제가 된 마우스나 번식집단으로부터 배제되어야 한다. 이러한 목적을 달성하기 위해서는 엄격한 미생물 모니터링에 의해서 유지되는 격리시설이 필요하다. 실험에 영향을 미치거나 또는 동물의 건강을 위협할 수 있는 상황이라면 감염을 제거하는데 무균적 재분만을 고려해야 한다. 또 예방적 차원에서 항생제 trimethoprim (50~60mg/kg)을 음수에 투여하면 면역결손된 마우스에서 효과적으로 감염을 예방한다고 보고되어 있다.

**연구와 관련성** 면역결핍 마우스에서 임상적으로 중증 감염을 일으켜 합병증을 유발시킨다.

### (2) 랫드의 Pasteurella pneumotropica 감염

P. pneumotropica는 장에서 장기간 집락을 형성할 수 있다. 균은 비인두, 결막, 하부 호흡기도, 자궁에 불현성 감염으로 존재한다. 증상이 없는 상태에서도 빈번히 균이 분리되고, 비강내 접종을 해도 상하부 호흡기도에 병변을 유발할 수 없다. 한편, 이것은 *Mycoplasma pulmonis*나 Sendai virus 감염 후 이차적으로 침입하는 중요한 세균이고 기회 감염을 일으킨다. 일차적으로 Sendai virus에 감염되고, 이차적으로 P. pneumotropica에 감염된 임신 랫드에서 간질성 폐렴과 다형핵 세포 침윤이 관찰된다. 감염된 임신랫드 중 약 30%에서는 태아사망과 흡수가 발생한다. 감염된 어미의 폐에서 P. pneumotropica를 쉽게 분리할 수 있다. F344랫드에서 만성 괴사성 유방염을 일으킨다.

### 7) Helicobacteriosis

#### (1) Mouse Helicobacteriosis

헬리코박터 감염증은 실험동물에서 아주 흔한 감염증이다. 그것은 임상적, 병리학적, 역학적인 의미가 다양한 여러 종류의 균에 의해서 일어난다. 헬리코박터 감염증의 연구와 인식이 비교적 새롭기 때문에 마우스에 미치는 영향에 대하여 아직 명확한 답이 나와 있지 않다. *Helicobacter hepaticus* 감염이 마우스에서 강조되는데, 그 이유는 그것이 마우스에서 Helicobacteriosis를 일으키는 가장 흔한 원인균 중의 하나이고 다른 설치류의 장 및 간 친화성 헬리코박터에 비해서 더 광범위하게 연구되었기 때문이다.

**원인** 헬리코박터는 그람 음성의 미세호기성(microaerophilic) 균으로서 구부러져 있거나 또는 나선형의 세균으로 사람과 마우스를 포함하는 많은 포유동물의 위장관 점막으로부터 분리된다. 현재까지 헬리코박터 속에 속하는 균은 공식적으로 20여 개로서, 생화학적 및 형태학적인 특징과 함께 16SrRNA 분석에 의해서 분류되어 있다. 그 균체는 항생제가 포함된 신선한 혈액한천배지나 또는 우태아 혈청이 들어 있는 액체배지에서 미세호기성 환경(5% $CO_2$. 90% $N_2$, 5% $H_2$) 하에서 증식될 수 있다.

8종의 Helicobacter가 실험용 설치류로부터 분리되었다. 마우스로부터 분리된 종은 Helicobacter hepaticus, Helicobacter bilis(랫드도 감염시킨다), *Helicobacter muridarum*, *Helicobacter rappini*가 있으며 *Helicobacter rodentium*, *Helicobacter typhlonius*가 최근에 분류되었다. 이러한 균체들은 보통 urease, catalase 그리고 oxidase에 대하여 양성이다. 그러나 Helicobacter rodentium, Helicobacter typhlonicus 그리고 다른 Helicobacter sp.는 urease 음성이다.

**임상증상** 헬리코박터 감염이 성숙 면역능력이 있는 마우스에서 일어나면 보통 무증상적이다. *Helicobacter hepaticus*에 감염된 A/J 마우스에서는 간장과 관련된 효소가 상승된다. 면역조절 능력이 없는 마우스에서 *Helicobacter hepaticus*가 감염되면 염증성 장 질환을 일으키는데, 직장탈과 설사가 대표적인 임상증상이다.

**역학**　　최근의 조사결과와 증거들을 보면 헬리코박터는 일반 사육시설뿐만 아니라 격리 유지된 마우스 집단에서도 아주 널리 감염되어 있다. 더군다나 *Helicobacter hepaticus*는 위장관에서 지속 감염을 하고 특히 맹장과 결장 및 분변에서 쉽게 검출된다. 이러한 결과는 전파가 분변경구감염을 통하여 주로 이루어진다는 것을 뜻하며 보균 마우스는 균을 전파하여 만성적으로 감염이 일어나는 집단적 풍토병을 일으키게 한다.

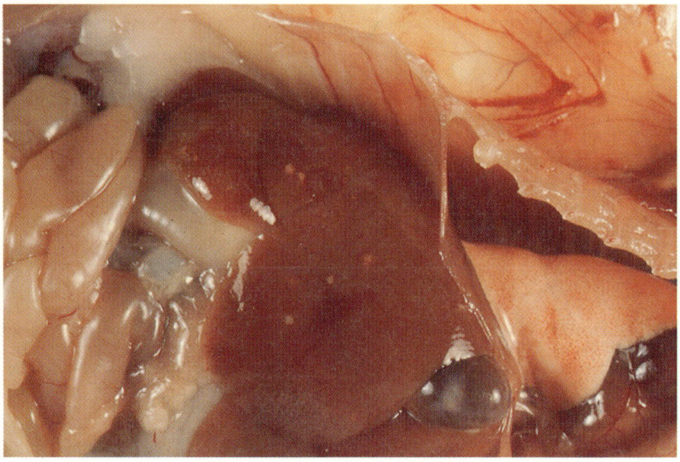

그림 49. *Helicobacter hepaticus*에 감염된 마우스의 간장 표면에 백색 괴사소가 산재 (伊藤豊志雄 博士 제공)

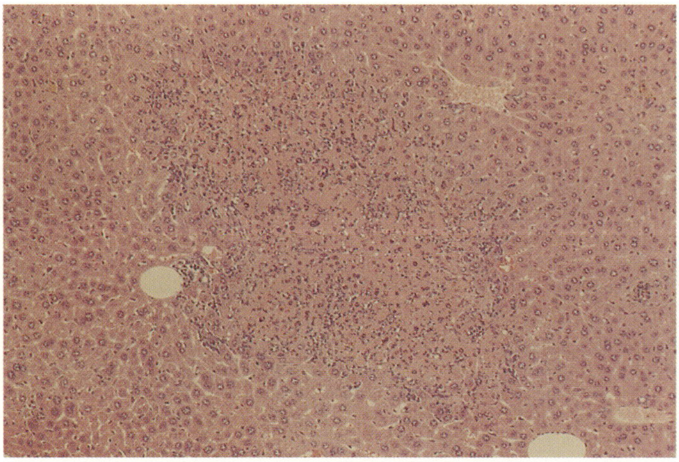

그림 50. *Helicobacter hepaticus*에 감염된 마우스 간장, 경도의 염증성 침윤을 동반한 괴사소 섬유화가 일어나지 않기 때문에 만성 활동성 간염이라고도 한다. (H & E, 伊藤豊志雄 博士 제공)

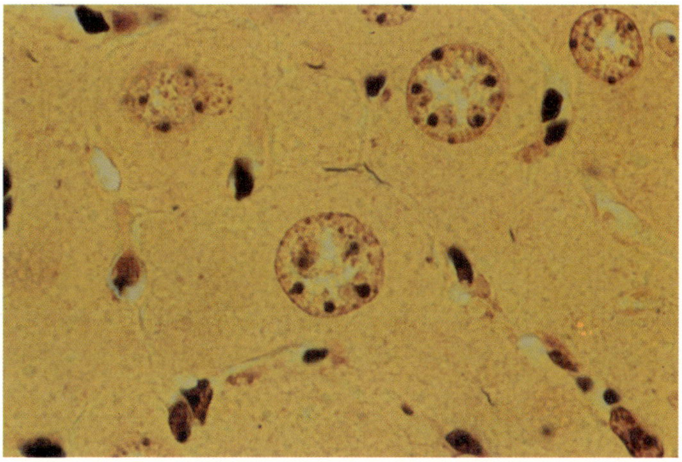

그림 51. *Helicobacter hepaticus*에 감염된 마우스 간장, Warthin Starry 염색 모세담관 내에 균체가 관찰된다. (伊藤豊志雄 博士 제공)

**병리** Helicobacter는 하부 장관 음와에서 집락을 형성하는데 숙주 유전형에 따라 균체는 병원성이거나 비병원성이다. 예를 들면 Helicobacter hepaticus는 위장관에서 염증을 유발시키는데, 면역결손된 마우스에서 염증성 장 질병(IBD)을 보이거나 A/J mice에서는 맹장염을 보이기도 한다. 맹장이나 대장이 비후되는 이유는 증식성 맹장염, 결장염 그리고 항문 직장염 때문이며 그런 병변은 간염이 동시에 일어나지 않으면서도 관찰된다. Helicobacter는 간에서도 병변을 일으킨다. 세균의 전이가 일어나서 간에 집락을 형성하고 진행성 간염이 일어난다(그림 49).

병변은 혈관 중심성의 비화농성 간염이 특징적으로 간세포의 괴사가 보인다. 염증은 문맥으로부터 시작되어 주변 간 실질로 퍼져나간다. 또한 간의 괴사는 소엽 내의 정맥주변까지 일어나며, 혈관에는 미소혈전이 보인다. 정맥염이 중심정맥에 일어날 수 있다(그림 50).

이러한 병변은 균체와 관련되어 있는데 은염색이나 전자현미경에 의해서 알 수 있다(그림 51).

연령 의존성 간세포의 증식이 헬리코박터에 감염된 간에서 일어나는데 그러한 반응은 암컷마우스보다 수컷마우스에서 뚜렷하다. 이러한 병변은 감염된 집단에서 성숙한 A/JC와 B6C3F1 마우스의 hepatomas와 hepatocellular carcinoma에 대한 감수성을 증가시킨다. Haemangiosarcomas의 발생도 *Helicobacter hepaticus*에 감염된 수컷 B6C3F1에서 증가되었다. 이러한 점으로 볼 때, A/JCr, C3H/HeNCr 그리고 SJL/NCr 마우스는 간염에 감수성이 높은 반면 C57BL 마우스는 저항성이 있다. *Helicobacter hepaticus*에 감염된 B6C3F1 마우스에서 간

종양이 유발되거나 또는 중증의 간염이 있다는 사실로 미루어 *Helicobacter hepaticus*에 의해 유발되는 종양에 대한 유전적인 감수성은 유전의 우성 형태를 취한다는 것을 알게 되었다. Recombinant inbred mice를 이용한 *Helicobacter hepaticus*와 관련된 최근의 연구결과 이러한 질병 감수성은 multigenetic 소인을 가지고 있다고 보고되어 있다.

**진단** 분변이나 조직에서 적절한 primer를 사용하여 Helicobacter 유전체 중 잘 유지된 16S rRNA 부분을 PCR 방법으로 검출함으로써 Helicobacter속에 대한 신속한 진단을 할 수 있다. 그러나 이러한 PCR법으로는 *Helicobacter hepaticus*, *Helicobacter bilis*, Helicobacter *typhlonicus*, *Helicobacter muridarum* 그리고 *Helicobacter rappini* 사이를 구별할 수 없다. 분자생물학적인 종의 분류는 PCR 산물에 대한 RFLP법에 의해 이루어진다. 이러한 과정은 적당한 기술이 필요하고, 기술적인 함정을 피할 수 있는 경험이 필요하기 때문에 기법이 확립된 실험실에서 수행되어야 한다. IgG ELISA법이 Helicobacter 바깥쪽 막단백질을 항원으로 사용한 혈청학적인 진단법으로 이용되고 있다. 상기한 바와 같이 헬리코박터는 항생제가 들어간 혈액배지에서 미세 호기성 조건에서 분리될 수 있고 그리고 생화학적 방법으로 종을 분류할 수 있다. *Helicobacter hepaticus*를 분변에서 분리하기 위해서는 현탁액을 고체 배지에 접종하기 전에 직경 0.45$\mu$m에 필터여과시켜야 한다. 큰 Helicobacter(*H. bilis*, *H. rappini*)에 의한 감염이 의심될 때는 0.65$\mu$m 필터여과가 선호된다. Helicobacter는 서서히 증식하고 배양시간이 장기간 요구되는데, 배양이 안 된다고 확실히 판정되기 전 약 3주간까지 배양하여야 한다. 직장탈과 같은 임상증상이나 숙주의 유전형에 따른 간염이나 맹장염과 같은 병변을 관찰하면 감염을 예측하게 할 수 있다. 특히 간에 대하여 조직화학적 검사로서 은염색을 하는데, 나선형 또는 구부러진 균체가 관찰된다.

**감별진단** 임상적 증상이 나타나는 Helicobacter의 감염증은 다른 바이러스나 세균에 의한 위 장관이나 간의 감염과 구별되어야 한다. Coronavirus 감염, *Clostridium piliforme* 그리고 *Salmonella* spp. 감염은 결장염과 간염을 일으킬 수 있다. *Citrobacter rodentium*도 증식성 결장염을 일으키는데 직장탈을 일으킬 수 있다.

### (2) 마우스에서 기타 Helicobacter에 의한 감염

*Helicobacter bilis*는 나이든 마우스의 간과 장에서 분리되어 왔고 실험적으로 *Helicobacter*

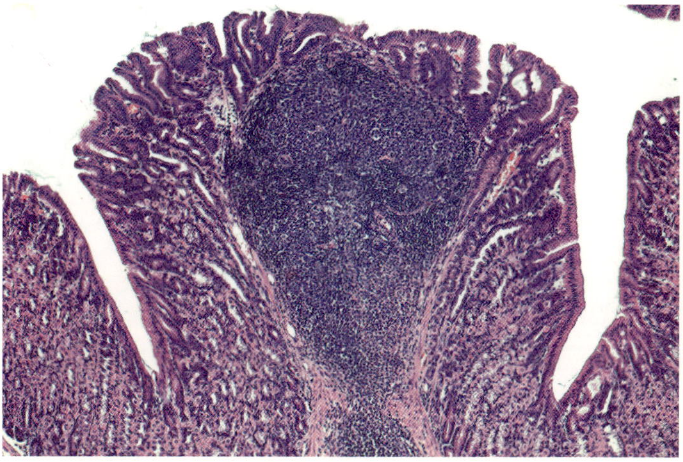

그림 52. 실험적으로 *helicobacter heilmannii*를 감염시킨 후 6개월 경과한 마우스 위 lymphoid follicle의 다발성 증생 및 점막상피의 증식성 변화가 관찰된다.

*hepaticus*처럼 SCID 마우스에서 염증성 장 질병을 일으킨다. *Helicobacter muridarum*은 회장, 맹장, 결장에서 집락을 형성한다. 마우스의 위에서 집락을 형성하고 어떤 조건에서는 위염을 일으키지만 비병원성으로 보인다. *Helicobacter rappini*는 임상증상 없이 마우스 분변에서 분리된다. *Helicobacter rodentium*은 소장에 집락을 형성하는데 정상 세균 총의 하나일 수 있다. 면역결손 마우스에서 *Helicobacter bilis*와 *Helicobacter rodentium*의 동시 감염에 의한 염증성장 질병(IBD)의 자연적인 발생이 있다고 알려져 있다. Urease 음성 helicobacter인 *Helicobacter typhlonius*는 IL10 Knockout 마우스와 SCID 마우스에서 IBD를 일으킨다. 실험적으로 *Helicobacter heilmannii*를 감염시키면 림프여포의 다발성 증생 및 점막상피의 증식성 변화를 초래한다(그림 52).

**예방과 대책** 격리시설에서 사육하는 마우스집단에서 감염을 근절하는 방법은 표준적인 재분만 방법이나 집중적인 항생제 치료로 이루어질 수 있다. 가장 좋은 결과는 amoxicillin, mertronidazole 그리고 bismuth를 2주 동안 투여함으로써 얻을 수 있다. 이러한 방법은 음수에 약제를 투여하기보다는 매일 위 내에 직접 투여 하는 것이 효과적이며 자연적으로 감염된 마우스에서 이러한 방법으로 *Helicobacter hepaticus*를 성공적으로 제거해 왔다. 대규모의 풍토병적인 헬리코박터 감염증 근절방법은 비용과 시간이 많이 들며 성공에 대한 보장도 없다. 주의 깊은 사육관리 시스템이 마우스 집단 내에서 감염을 제거시킬 수 있다. 따라서 마우스의 사용과 건강에 대한 풍토병적인 감염의 위험성에 대해서 심도 있는 전략이 이루어져야 한다. 유전자 조작 마우스로서 면역관련 유전자가 knockout 되었거나 또는 우연하게 면역저하된 유전자 조작 마우스를 포함하는 면역결손된 마우스는 특히 감염이 일어나지 않도록 해야 한다. 마지막으로 헬리코박터의 기회 감염에 대한 결과는 완전하게 이해되지 않고 있다. MHV와 *Helicobacter* spp.가 복합적으로 감염되거나 또는 현성화될 수 있는 둘 이상의 *Helicobacter* spp.가 동시에 감염되었을 때 아주 가치가 있는 동물은 항생제 처리나 재분만이 추천된다.

**연구와 관련성** 간과 위 장관의 만성 염증이 건강에 영향을 줄 수 있다. 또 T 림프구 수용체를 제거한 IBD 마우스 모델과 같은 비감염성 질병 모델의 평가나 개발을 방해할 수 있다. *Helicobacter hepaticus* 감염은 강한 Th1 proinflammatory 반응을 일으키며, 다른 면역학적인 반응을 방해한다. *Helicobacter hepaticus*는 A/JCr 또는 B6C3F1 mice에서 간 종양을 유도할 때 촉진자 또는 보조인자로 간주되어 왔다.

### (3) 랫드의 헬리코박터 감염

증식성 맹장염이 *Helicobacter colis*에 자연적으로 감염된 무흉선의 누드 랫드에서 관찰되었다. 또 다른 헬리코박터인 H. trogontum이 Wistar 랫드와 Holtzman 랫드에서 분리되었다. 이 병원체로 NIH 무균 마우스에 실험적으로 접종한 결과, 위장관 점막에 염증을 일으켰다.

## 8) Salmonellosis

### (1) Mouse Salmonellosis

**원인** 약 2,400여 종의 *Salmonella choleraesuis*의 혈청 형이 있다. 그리고 *Salmonella enteritidis*와 *Salmonella typhimurium*이 마우스에서 가장 흔히 분리되는 균주이다. *Salmonella enteritidis*는 운동성이 있는 그람 음성의 간균으로 lactose를 거의 발효시키지 않는다.

**임상증상** 급성 감염은 주로 어린 마우스에서 심각하다. 식욕부진, 체중감소, 무기력, 털의 윤택함 소실, 구부린 자세 그리고 때때로 결막염 등이 특징적으로 나타난다. 위 장관염이 흔한 증상이지만 분변은 형성되어 있다. 아급성 감염에서는 복부가 확장되어 보이는데 간과 비장이 종대되기 때문이다. 만성 질병에서는 식욕감퇴와 체중감소가 나타난다. 풍토병적인 살모

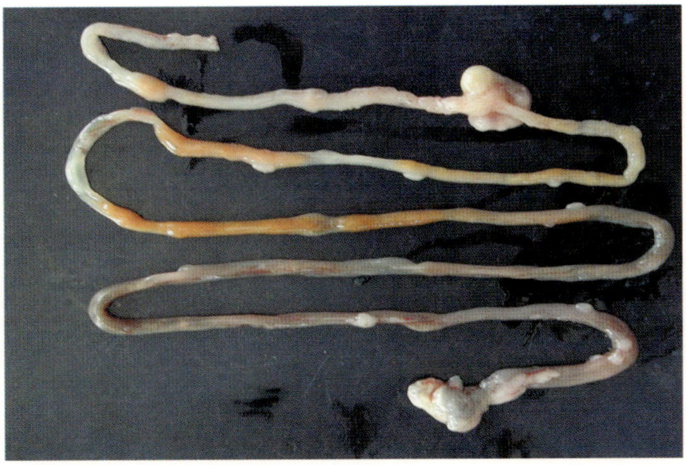

그림 53. *Salmonella typhimurium*에 감염된 마우스 장벽이 얇아져 있고 장에 연변이 관찰된다.

넬라 감염증이 번식집단에서 일어났을 때 높은 사망률과 다양한 종식기간을 보이면서 질병이 산발적으로 발생한다. 또 높은 사망률은 설사와 식욕부진, 체중감소, 거친 털 그리고 번식감소와 관련되어 나타난다(그림 53).

역학　　현대적인 마우스의 생산 및 사육시설에서 자연 감염원으로서의 Salmonella 중요성은 감소되었다. 그러나 이 균체는 자연계에 광범위하게 오염되어 있기 때문에 다른 동물 종과의 교차감염이나 또는 야생 마우스에서부터 교차감염 가능성은 항상 존재한다. Salmonella는 주로 장관내 미생물로서 사료와 물, 그리고 기타 장비 등을 오염시킬 수 있다. 감염은 섭취에 의해서 일어난다. 해충이나 새, 야생설치류 그리고 인간보균자가 감염원으로써 간주된다. 다른 흔한 실험 동물 종 예를 들면 비인간영장류, 개, 고양이도 보균자로서 작용할 수 있다. 설치류의 살모넬라는 인간에게 감염되어 인수공통전염병의 위험성을 보인다. 감염의 개시와 경과는 세균의 병원성이나 균체의 양에 의해서 영향을 받고 또 감염 경로, 숙주의 성과 유전적인 요인, 영양 및 병발질병에 따라 틀리다. 수유기와 이유기 마우스가 성숙마우스보다 질병에 더 감수성이 있다. 면역결핍, 중금속에 노출 그리고 비정상적인 환경온도와 같은 환경요인 때문에 질병이 중증화가 될 수 있다. 철영양소가 결핍되면 살모넬라 감염이 마우스에서 약화되는 것으로 알려져 있는 반면 철이 너무 많으면 박테리아 증식이 촉진되고, 또 병원성이 증가한다. 위장관 내의 정상세균총이 있으면 자연 감염에 대한 저항성이 증가된다. 또한 감염에 대한 저항성은 근교계 계통 중에서는 유전적인 소인에 따른다. 급성 감염으로부터 회복한 마우스가 무증상적인 보균자가 될 수 있으며 분변을 산포함으로써 만성 오염원으로써 될 수 있다

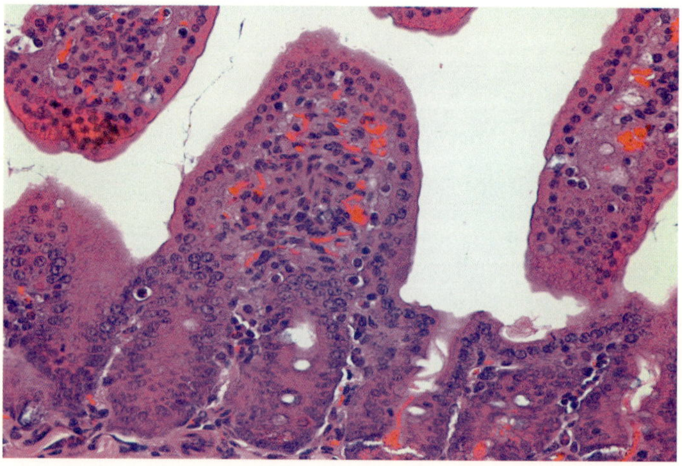

그림 54. *Salmonella typhimurium*에 감염된 마우스의 소장 점막 고유점막층에 염증세포의 침윤이 관찰된다. 융모는 위축되어 있다. (H & E)

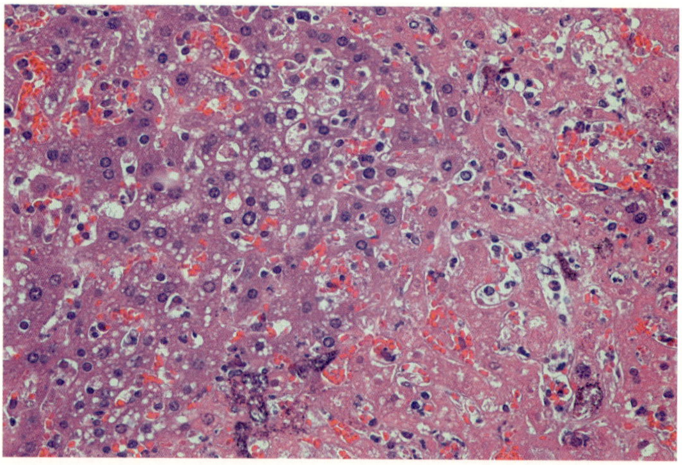

그림 55. *Salmonella typhimurium*에 감염된 마우스 간장에 소상괴사소가 관찰된다. (H & E)

는 것이 고려되어야 한다.

**병리** *Salmonella enteritidis*의 병원성은 균이 장벽에 침입한 뒤, 림프조직으로 들어가서 증식하고 산포되는 능력에 달려 있다. 접종 후 12시간 안에 Peyer' s patches에 균체가 도달하고 그 후 장간막 림프절로 급속하게 전파된다. 세균혈증으로 수일 이내에 세균은 다른 림프절, 비장 및 간장에 전파된다. 만성 감염에서는 균체는 비장과 림프절뿐만 아니라 간, 담낭에서도 지속적으로 증식하며 담낭으로부터 총담관을 통하여 장 내용물로 균이 계속 배출된다. 장에 도

달한 세균은 다시 점막을 뚫고 들어가 증식하며 분변을 통하여 수개월 동안 간헐적으로 나오게 된다. *Salmonella enteritidis* 감염은 만성 관절염과 관련이 있다. 육안 병변 없이 급성 폐사가 일어날 수 있지만 장의 출혈, 간의 퇴색 그리고 장의 점막성 염증이 흔하게 관찰되는 병변이다(그림 54).

마우스가 수주 동안 살아 있다면 장은 확장 · 발적되고 간장과 비장은 종창되며, 황백색의 괴사소가 산재한다. 감염된 림프절은 종창 · 발적되고 소상 괴사소가 보인다. 한국성의 염증이 많은 장기에서 보이는데 심근에서도 나타난다.

조직학적인 병변은 질병의 경과와 감염된 조직에서 박테리아의 수와 비례하여 나타난다. 급성 감염기 중 괴사소는 장, 장간막 림프절, 간, 비장에서 발견된다(그림 55).

호중구와 조직구가 림프조직에 침윤한다. 특히 간장에서는 패혈증성 정맥 색전으로부터 혈전이 일어난다. 육아종성 병변은 특히 간장에서 만성 살모넬라 감염증의 특징이다.

**진단** 상응하는 임상증상 및 병변의 관찰과 함께 살모넬라의 분리에 근거한다. 전신적인 질병을 보이는 마우스에서 세균은 간장과 비장에 수주간 존재한다. 급성감염기 중 세균은 혈액에서도 분리된다. 무증상적으로 감염된 동물은 선택배지를 사용하여 분변을 배양함으로써 검출될 수 있지만 장간막 림프절의 배양이 더 신뢰성이 높은데 그 이유는 분변에서는 세균이 간헐적으로 나오기 때문이다. 분리균은 상업적인 혈청형 구별 시약으로 분류될 수 있다. 다른 방법으로서 분리균은 신뢰할 만한 실험실로 보내서 확신하는 것이다. Salmonella에 대한 항체는 혈구 응집법에 의해서 감염된 마우스의 혈청으로부터 검출될 수 있다. 그러나 이 방법은 신뢰하기 힘든데 그 이유는 혈청학적인 교차반응이 다른 세균 속과 흔하게 일어나기 때문이다.

**감별진단** 살모넬라 감염증은 다른 세균성 질병 예를 들면 Tyzzer 병, Pseudomoniasis, Corynebacteriosis, 설치류 결장 증생증 그리고 Pasteurellosis와 구별되어야 한다. 장염과 간염을 일으키는 바이러스 감염이 고려되어야 하며 특히 coronavirus, ectromelia virus 그리고 reovirus에 의한 감염과 구별되어야 한다. 비감염성 질병 중에 장간막 림프절 병변이 마우스에서 연령과 관련된 병변으로서 일어나지만 만성 살모넬라 감염증에서는 나타나지 않는다.

**예방과 대책** 살모넬라 감염증은 올바른 사양관리와 위생을 유지함으로써 예방될 수 있다. 마우스와 잠재적인 보균자인 비인간영장류, 개, 고양이들과 접촉이 피해져야 한다. 사료는 정기적으로 배양을 해서 비고의적인 오염에 대한 검사를 해야 한다. 오염된 집단은 감염을 제거하기 위해서 대체되거나 인수공통전염병의 가능성 때문에 대체되어야 한다.

**연구와 관련성** 마우스에서 임상적인 증상과 별도로 살모넬라 감염증은 인수공통 전염병으로서도 중요한 관심사이다. 이것은 실험 동물종간의 전파를 포함하지만 특히 실험동물을 다루는 사람과 마우스 사이에 전파가 중요하다.

### (2) 랫드의 살모넬라 감염

실험실 랫드에서 질병을 유발할 수 있는 *Salmonella enteritidis*의 많은 혈청형 중에서, enteritidis와 typhimurium이 가장 흔하게 관련되어 있다. 임상증상으로는 침울, 주름진 피부, 굽은 자세, 체중 감소가 있으며, 분변의 성질이 연하거나 액상까지 다양하다. 임상증상을 보이는 동물에서는 눈과 코주변에 포피린함유 적색 삼출물이 나타날 수 있다. 증상이 있는 랫드에서 회장과 맹장은 혈흔이 있는 액상 내용물로 확장되고, 장벽의 비후가 나타난다. 맹장과 회장 점막에 국소성 궤양이 나타날 수 있다. 거대비장이 종종 관찰된다. 현미경 검사시, 회장과 맹장의 병변은 음와상피세포의 과형성, 고유층의 부종, 국소성 궤양이 있는 백혈구 침윤이 특징적이다. 장간막 림프절, 비장, 파이어판(Peyer' s patches)의 과형성이 나타나며, 국소 괴사와 백혈구 침윤이 동반된다. 급성의 경우, 다른 장기의 병변은 그람음성 세균성 패혈증과 일치한다. 비장에는 국소성 괴사와 출혈이 적비수에 나타난다. 동양모양혈관의 충혈과 국소 응고 괴사가 간장에서 자주 관찰된다. 국소성 전색증이 비장, 간장, 림프절 같은 조직에서 발생할 수 있다. 전색은 세균, 섬유소성 삼출물과 세포 부스러기로 구성되어 있다.

## 9) Streptobacillosis

### (1) Mouse Streptobacillosis

**원인** *Streptobacillosis moniliformis*는 비운동성 그람 음성, 다형성의 간균으로서 생체 내에서 비병원성의 L phase 변형이 존재할 수 있다. 그러나 그것은 병원성의 bacillus form으로 전환될 수 있다.

**임상증상** Streptobacillosis는 일반적으로 높은 사망률을 보이는 급성기가 나타나고, 아급성기가 뒤따르며 마지막 수개월 동안 지속되는 만성기로 간다. 급성기의 증상으로 동물이 둔해지고 털이 엉클어지며 결막염이 특징적으로 나타난다. 다양한 임상증상으로서 빈혈, 설사, 혈색소뇨, 청색증, 쇠약 등이 보인다. 피하의 피부 궤양이나 관절염, 그리고 괴저성 사지 절단이 만성 감염 중에 일어날 수 있다. 관절은 변형되고 또 뼈가 경직되는 결과가 초래된다. 척추 병변이 운동신경을 관장하는 부분까지 침범할 때 방광확장, 요실금, 척추 후만증, 지속 발기증과 함께 후지 마비가 일어날 수 있다. 번식 마우스는 유산 또는 사산을 하기도 한다.

**역학** Streptobacillosis는 마우스의 질병으로서 역사적으로 중요하지만, 현대적 사육관리 시스템이나 생산 또는 건강관리 시스템에서는 그 중요성이 급격하게 감소되어 왔다. 무증상으로 지속 감염된 랫드가 마우스의 감염원으로서 가장 유력하지만 마우스와 마우스 사이에서도 전파가 일어난다. 전파는 공기 노출을 통하거나, 교상, 오염된 장비나 사료, 깔개를 통해서 이루어진다. *Streptobacillus moniliformis*는 사람에게 병원성을 가지고 있어서 서교열(Haverhill fever)을 일으킨다.

**병리** 급성 질병기 동안 괴사 병변은 흉부와 복부 장기에 보이는데 특히 간, 비장, 림프절에 보인다. 조직학적인 병변은 괴사와 소혈관의 패혈증성 혈전, 급성 염증, 섬유소의 침착 그리고 화농이다. 균체는 관절에 친화성이 있기 때문에 만성적으로 감염된 마우스는 화농성의 다발성 관절염이 일어나게 된다.

**진단** 패혈증의 임상 및 병리학적인 증거 그리고 미생물의 분리로 진단한다. 미생물은 감염 후 26개월 동안 관절액으로부터 분리될 수 있다. 만성 병변으로부터 균을 분리할 때 혈청 첨가 배지가 필요하다.

**감별진단** 임상증상은 Mousepox, Tyzzer 병, Corynebacteriosis, Salmonellosis, Mycoplasmosis, Pseudomoniasis를 포함하는 패혈증과 창상성 병변으로부터 감별되어야 한다.

**예방과 대책** 야생 마우스나 잠재적으로 감염된 실험용 랫드 같은 보균 동물을 제거한다. bacterins이나 항생제 처치는 적절하지 않다. 교차 감염의 가능성 때문에 마우스와 랫드를 같은 방에서 사육하지 않는다.

**연구와 관련성** 감염된 마우스는 치사적이며 사람에게는 인수공통전염병의 위험성이 있다.

### (2) 랫드의 Streptobacillus moniliformis 감염

이 세균은 랫드의 비인두에 서식하는 공생균이다. 현대적인 시설에서 사육하는 랫드 집단에는 본 균의 감염은 없으나, 야생 랫드와 일부 실험용 랫드에 있어서 균이 분리된다. 기회감염이 호흡기에서 일어날 수 있으며 창상을 통한 감염도 일어날 수 있다. 만성호흡기질병이 있는 랫드의 세기관지확장성 농양에서 마이코플라스마나 CAR 간균과 함께 분리된다.

## 10) Corynebacteriosis

### (1) Mouse Corynebacteriosis

Corynebacteria는 단간균으로 그람 양성 균이다. *Corynebacterium kutsheri*는 마우스와 랫드에서 가성 결핵을 일으키는 균이다. *Corynebacterium bovis*는 특히 면역결손 마우스에서 각화 항진증을 일으킨다.

**임상증상** *Corynebacterium kutscheri*의 감염은 건강한 마우스에서는 무증상적이다. 임상증상은 면역 억압이나 환경요인에 의한 스트레스 등의 전제가 있을 때 나타나며, 높은 사망률이 나타나는 급성 질병을 보이거나 낮은 사망률이 보이는 만성 질병으로 진행한다. 임상증상은 식욕저하, 쇠약, 털이 거칠어지고 구부린 자세, 호흡수의 증가, 비강과 안구에서의 삼출물, 피부 궤양 그리고 관절염이 있다. Corynebacterium bovis에 감염되면 각화 항진을 동반하는 피부염이 보인다. 피부에는 비듬이 있고, 털이 있는 마우스에서는 탈모가 수반된다. 심한 감염은 전신적인 쇠약을 일으킬 수 있다. 각결막염이 성숙 C57BL/6 마우스에서 보고되어 있다.

**역학** Corynebacteria 감염증의 역학은 불분명하다. 무증상적으로 감염된 동물은 상부 소화기, 결장, 호흡기, 림프절에 균이 정착하고 있는 것으로 생각된다. 다른 부위로는 중이, 귀두선이다. 그러므로 경구-분변을 포함하는 다양한 경로를 통해 전파가 가능하다. 감염에 대한 저항성은 일부 마우스 계통의 유전적인 조절하에서 나타난다. 랫드는 *Corynebacterium*

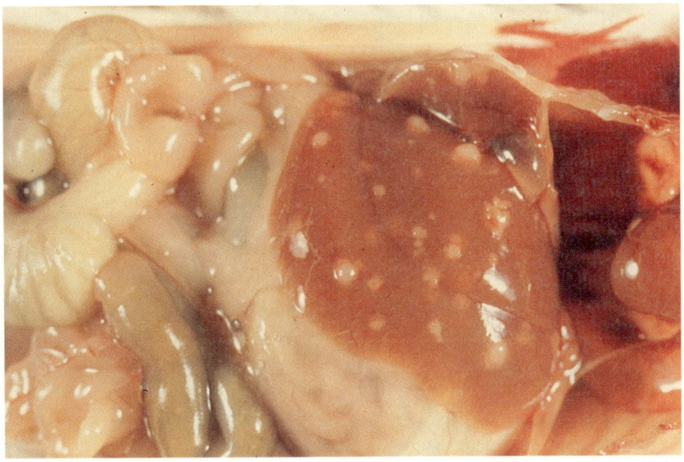

그림 56. *Corynebacterium kutscheri*에 감염된 마우스 간장 부신피질호르몬에의한 병변의 유발. 황백색 괴사소가 간표면에 산재해 있다. (伊藤豊志雄 博士 제공)

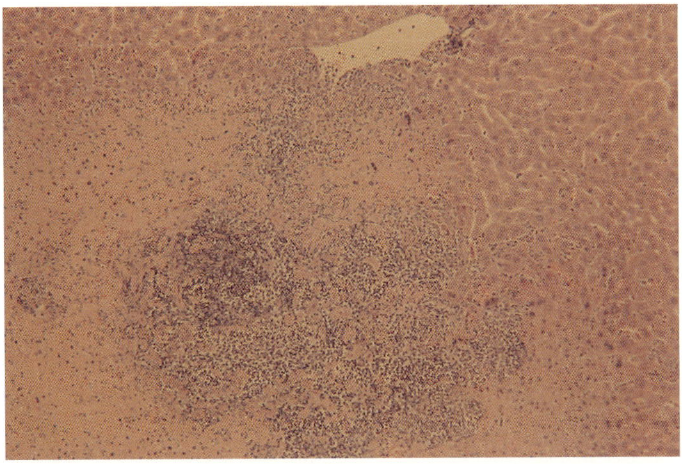

그림 57. *Corynebacterium kutscheri*에 감염된 마우스 간장 농양의 중심부에 균의 집락이 관찰된다. (伊藤豊志雄 博士 제공)

*kutscheri*에 감수성이 있어서, 마우스와 교차 감염이 일어날 수 있다. *Corynebacterium bovis*의 감염은 마우스 상호간의 접촉감염에 의해 일어날 수 있다.

**병리** *Corynebacterium kutscheri*에 의해 일어난 병변은 혈행성을 통하여 여러 내부장기로 전파가 되어 일어나는데, 신장, 간장, 폐 및 기타 장기에서 회백색 결절로서 관찰된다(그림 56).

경부 림프절증과 완골, 완전골, 부골, 부전골에 관절염이 일어날 수 있다. 패혈증성 괴사병변에는 종종 치즈양의 물질이나 액상의 농이 관찰된다. 조직학적 병변은 응고성 또는 치즈양 괴사가 특징이고 그 주변부에 호중구가 강하게 침윤된다(그림 57).

그람 양성 세균의 집락이 치즈양 병변에서 관찰된다. 완관절, 완전관절, 부관절, 부전관절에 화농성 관절염이 나타나는데, 관절의 괴사와 연골의 미란, 궤양, 다발성 관절염이 수반되는 활막에 세균성 집락이 보인다. *Corynebacterium kutscheri*는 1차적인 피부 병원균은 아니지만 진피층의 혈관에 세균성 색전증과 경색 그리고 그 후에 피부 궤양이나 농루관을 보이게 된다. 피하 농양도 보고되어 있다. *Corynebacterium bovis*에 의한 각화항진성 피부염에서는 육안적으로 피부에 비듬과 탈모가 특징적으로 관찰된다. 현미경적 피부 병변은 유극세포의 뚜렷한 증가와 중등도의 각화항진으로 이루어져 있으며, 미약한 비화농성 염증을 수반한다. 각화 항진증은 전형적으로 털이 있는 마우스보다 털이 없는 마우스에서 심하다. 세균은 그람 염색을 하면 각화항진 층에서 관찰된다.

**진단** 원인세균을 분리, 동정한다. 병변에서 그람 염색을 통해서 또한 *Corynebacterium kutscheri*균을 검출할 수 있다. 응집반응이 이용될 수 있고, 면역형광항체법, 면역확산법, ELISA가 개발되어 있다.

**감별진단** *Corynebacterium kutscheri*에 의해서 유도된 변병인 치즈양 병변은 마우스에서 다른 감염성 원인균에 의한 농양이나 괴사성 병변으로부터 감별하는 데 도움을 준다. Streptococcosis, 마이코플라즈마 그리고 치즈양 괴사가 일어나지 않는 다른 패혈증성 세균 감염과 *Corynebacterium kutscheri*가 감별될 수 있다. 마우스는 Mycobacterium avium에 자연적으로 감염되기 때문에 만약 결절성 염증병변이 폐에서 확출되었다면 항산성 간균의 조직학적인 검사와 Mycobacteria의 적절한 배양방법이 고려되어야 한다. *Corynebacterium bovis*에 의해서 일어나는 각화항진성 피부염은 털이 없는마우스에서 낮은 습도에 의해서 유발되는 비듬이 많은 피부병변과 구별되어야 한다.

**예방과 대책** 임상적 증상을 보이는 Corynebacteriosis는 드물게 일어나기 때문에 치료와 구제가 어렵다. 항생제 치료는 질병을 저지하거나 억제할 수 있지만, 치료 또는 예방에는 효과가 없다. 임상적 증상이 보이는 동물을 도태시키는 것이 일반 사육시설 집단에서 유용하지만, 면역결손된 마우스나 또는 실험도중에 심한 스트레스를 견뎌야 되는 마우스의 경우에는 도태법이 유용하지 않다. 격리 사육시설 환경에 있는 감염된 마우스를 재분만시키거나 교체시키는 것은 재감염을 예방하거나 제거하는 데 효과적이다.

**연구와 관련성** Corynebacteriosis는 면역결손 마우스에서 사망률과 이환율을 높일 수 있다. 수유기 마우스에서의 피부병변은 치명적이지만 이유기 마우스에서는 일시적이며 심하지 않다.

### (2) 랫드의 *Corynebacterium kutscheri* 감염

이 균은 증상이 없는 랫드에서 보통 구두, 인두, 경부, 악하 림프절에 불현성 감염으로 잠복한다. 임상증상이나 사망은 일반적으로 면역억제나 영양결핍시 일어난다. 염증 병변이 없는 구강과 주변 림프절에서 수주간 균이 지속될 수 있다. 임상증상이 보이는 경우, 혈행성 전파가 병변으로부터 일어나서, 흉강과 복강장기에 파급된다. 내장의 농양은 반흔을 남기며 치유되고 균이 분리되지는 않는다. 모든 연령의 랫드에서 감염될 수 있다. 전형적인 임상소견은 체중감소, 호흡곤란, 거친 피모 등이다. 부검시, 암적색의 각피가 눈과 외비공 주변에 나타나거나, 코 주변에 점액화농성 삼출물이 보인다. 폐에서 주변이 특징적으로 충혈된 다양한 크기(1cm에서 2cm까지)의 융기된 옅은 치즈양의 화농소가 관찰된다(그림 58).

병변은 종종 융합되어 있다. 병소는 여러 기관에서 나타나는데 특히, 간장과 신장에서 흔히 관찰된다. 섬유소성 삼출물이 흉막이나 심낭에 저류한다. 폐장에서 병변은 백혈구 침윤을 동반한 응고 내지 건락성 괴사소가 관찰되는데 초기에는 호중구가 현저하게 침윤한다(그림 59).

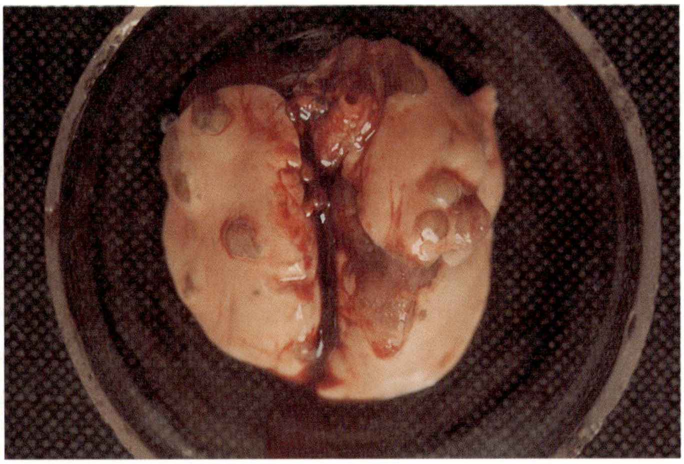

그림 58. *Corynebacterium kutscheri*에 감염된 랫드의 폐. 대형의 농양이 다발한다. (伊藤豊志雄 博士 제공)

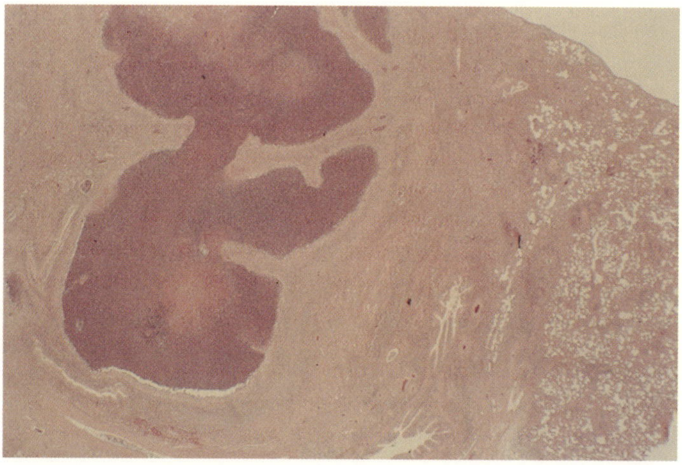

그림 59. *Corynebacterium kutscheri*에 감염된 랫드, 폐농양 균의 집괴가 중심부에 관찰된다. (伊藤豊志雄 博士 제공)

그 후에는 대식세포, 림프구 그리고 형질세포 등의 단핵구가 침윤한다. 병변은 일반적으로 기도와 무관하며 혈행성이라고 생각되고 있다. 폐포중격의 다세포성, 혈관주위 세포침윤, 그리고 폐 부종을 동반한 간질성 폐렴이 보인다. 병변부 인근의 기도에는 화농성 삼출물이 있을 수 있다. 국소 병변이 실질장기에 있다면 보통 치즈양의 화농이며, 수일 경과된 병변에는 주변에 단핵구 침윤과 섬유화가 관찰된다.

### 11) Staphylococcosis

#### (1) Mouse Staphylococcosis

**원인** Staphylococci는 그람 양성 구균으로서 마우스와 다른 동물에서 피부와 점막에 쉽게 감염된다. 병원성이 높은 Staphylococcosis aureus와 비병원성인 *Staphylococcosis epidermidis*가 가장 흔하게 분리된다. 아종은 phage typing과 생화학적 방법에 의해서 구별된다. 병원성 Staphylococci는 전형적으로 coagulase 양성이다.

**임상증상** 마우스에서 Staphylococcosis는 화농성 피부염을 일으킨다. Staphylococcosis가 1차적인 피부 감염을 일으킬 수 있다고 보고되었지만 기회감염세균이며 피부 상처 후 오염에 의한 병변일 것으로 생각된다. 습진성 피부염이 주로 안면과 귀, 목, 어깨 그리고 사지에서 생

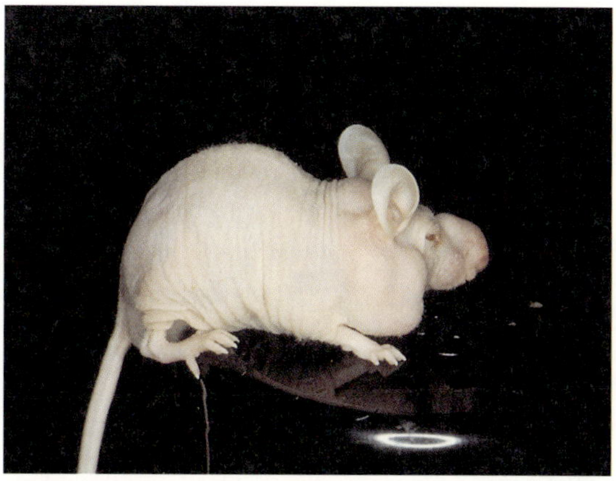

그림 60. Staphylococcosis에 감염된 누드마우스 안면피하농양 (伊藤豊志雄 博士 제공)

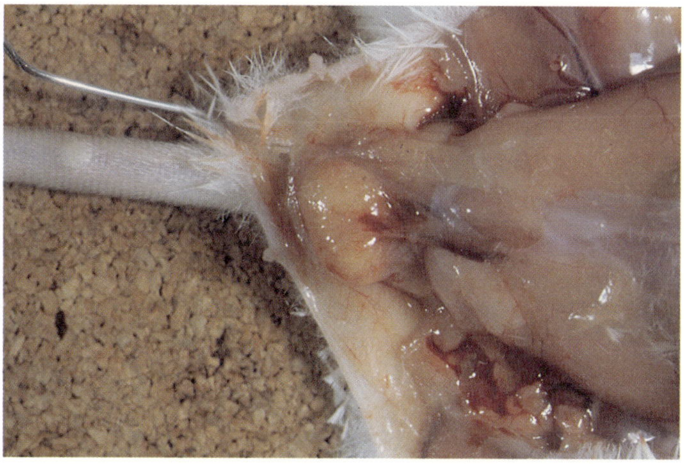

그림 61. Staphylococcosis에 감염된 마우스 귀두선에 농양이 관찰된다. (伊藤豊志雄 博士 제공)

길 수 있고 궤양성 피부염(botryomycotic 육아종 포함) 그리고 봉와직염을 일으킬 수 있다. 병변은 화농성이기 때문에 마우스가 긁어서 부가적인 상처가 나고 또 그 상처를 통해서 균이 재접종된다(그림 60).

수컷의 생식기 점막에 Staphylococcosis가 감염되면 딱딱한 화농성 귀두선 염이 일어난다(그림 61).

또 돌출된 결절이 서혜부나 음경 끝에서 관찰되는데, 이것이 파열되어 주위 조직에 감염을 전파시킬 수 있다. 수컷 마우스에서 패혈증성 귀두염이 일어나면, 음경부가 절단된다. 누드마우스에서는 Staphylococcosis aureus 감염에 의해 안구후부에 화농소가 흔히 관찰된다.

**역학** Staphylococcosis는 피부, 비후두, 소화기계에도 감염되기 쉽다. 케이지나 사육실 표면 그리고 사람으로부터도 분리, 배양될 수 있다. Staphylococcosis 피부염은 숙주의 유전자형, 동물의 전체적인 건강 상태, 그리고 균의 환경적인 오염 정도에 영향을 받는다. C57BL/6, C3H, DBA, 그리고 BALB/c mice가 가장 감수성 있다. 연령 또한 감수성에 영향을 주는데, 어린 마우스가 성숙마우스보다 더 감수성이 높다. 면역결손 마우스가 Staphylococcosis에 오염되면 농양이 형성되고, 절창병으로 진전한다. 이것은 상기한 바와 같이 몸을 긁거나, 털을 뽑는 등의 비정상 행동 때문이라고 여겨진다. 일단 병원성이 있는 Staphylococcosis에 의해 환경이 오염되면, Staphylococcosis가 소화기계에 집락을 형성하게 되며 보균자가 된다. Phage typing이 감염원을 결정하는 데 도움을 줄 수 있다. 사람의 Saphylococcosis page types은 마우스를 감염시킬 수 있지만 인수공통전염병으로서의 중요성은 확실하지 않다.

**병리** 육안 병변으로는 머리와 목 그리고 어깨와 사지까지 화농성 또는 궤양성 진피염이 관찰된다. 예를 들면 수컷의 외부 생식기 표면과 심부에 피부염과 함께, 혹은 별도로 농이 형성될 수 있다. 조직학적으로 급성 피부 감염은 진피와 피하조직에 호중구의 침윤과 궤양을 일으킨다. 국소적인 림프선염도 관찰된다. 만성 병변에는 림프구, 대식구 그리고 섬유아세포가 침윤된다. 심부의 감염은 융합성의 botryomycotic 화농성 육아종으로서 관찰되는데, 중심부에 괴사소와 세균 집락이 있다.

**진단** 육안 그리고 조직학적인 병변을 확인하여 진단한다. 의심스러운 조직의 그람 염색, 그람 양성 균 분리주 확인, 그 외 분리균의 coagulase 양성 반응으로 진단이 가능하다.

**감별진단** Staphylococcosis는 Pasteurellosis, Streptococcosis, Corynebacteriosis 그리고 Pseudomoniasis 등 다른 마우스의 화농성 감염과 구별되어야 한다. 외부 기생충, 마우스 상호간의 투쟁에 의한 상처, 자절과도 감별되어야 한다.

**예방, 대책, 치료** 감염된 동물의 제거, 사료와 깔개의 소독 그리고 깔개를 자주 교환하면 전파를 억제할 수 있다. 감염된 동물은 발톱을 깎아줌으로써 자해에 의한 상처를 감소시키는 데 도움을 줄 수 있다. 공격적이고 자절행동을 촉진하는 환경은 개선되어야 한다.

**연구와의 관련성** Staphylococcosis는 임상증상을 일으킬 수 있고, 마우스의 외관적 형태를 변형시킬 수 있다. 면역결손 마우스의 경우, 이와 같은 변화가 더욱 현저하게 나타날 수 있다.

### (2) 랫드의 포도상구균 감염: 괴사성 피부염

괴사성 피부병변은 Sprague-Dawley를 비롯한 여러 계통의 랫드에서 관찰된다. 비교적 소수의 동물이 감염된다. 랫드에서는 괴사성 피부염이 1~2%에서 20% 이상까지 다양하게 발생할 수 있다. 병변은 수컷에서 가장 흔하다. Coagulase 양성 *S. aureus*가 임상적으로 정상인 동물의 피부나 일부 감염 동물의 분변과 구두, 인두에서도 분리된다. *S. aureus*를 피하접종하면 25~40%가 병변을 나타내는데 보통 접종부위와 관계없는 곳에서 나타난다. 육안적으로 불규칙하고 경계지워진 적색 괴사성 피부병변이 어깨와 늑골위, 악하부위, 경부, 귀, 두부에서 관찰되며 그 부위는 탈모되어 있다(그림 62).

급성의 경우에, 괴사성 피부염이 관찰되는데, 진피까지 파급되어 있다. 인접부위에는 표피가 과형성되고, 백혈구가 진피까지 침윤된다. 치유된 병변에는 진피층에 치밀한 교원조직이 나타나며 모낭과 부속기가 소실된다.

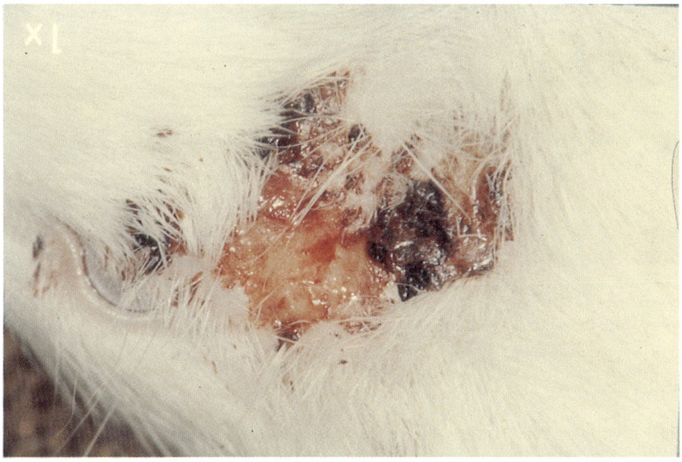

**그림 62. *S. aureus*에 감염된 랫드의 피부** 가피형성을 동반한 피부염이 보인다. (伊藤豊志雄 博士 제공)

## 12) Streptococcosis

### (1) Mouse Streptococcosis

**원인** Streptococci는 자연계에 상재하는 그람 양성 균이다. 실험용 마우스의 Streptococci의 감염은 Lancefield' s group C에 속한 $\beta$-용혈성 세균에 의해서 일어나는데, group A와 group D Streptococci에 의한 전염병도 일어나며 group G 균체가 때때로 분리된다. $\alpha$-hemolytic Streptococcus는 중증복합 면역결핍 마우스에서 전신 질병을 일으킬 수 있고, group B Streptococcus 감염은 무흉선 누드 마우스에서 뇌수막염을 일으키는 것으로 보고되어 있다. 또한 *Streptococcus equisimilis*는 면역능력이 있는 마우스의 내장 농양으로부터 분리되었다.

**임상증상과 병리** 피부 감염시 궤양성 피부염이 체간부 전역에서 일어날 수 있다. 병변부위에서는 괴저가 일어날 수 있다. 반면, 전신 감염시에는 결막염, 털이 거칠어짐, 충혈, 졸림, 쇠약 등의 임상증상이 나타날 수 있다. 전신적 병변은 혈행성으로 균이 산포되었기 때문이며 농양, 심내막염, 비종 그리고 림프선염이 수반된다. 경림프선염은 궤양성 피부염과 복합적으로 경부으로부터 농이 배출되는 증상이 보인다. $\alpha$-hemolytic Streptococci에 감염이 되면 신장과 심장에 염증병변이 생긴다.

**역학** Streptococci는 마우스의 상부호흡기에 임상증상을 유발시키지 않고 상재한다. 치사적인 전염병이 일어날 수 있지만, 임상증상을 유도하는 소인은 불분명하다. 일부의 감염은 상처의 오염을 통한 2차 감염일 수 있다.

**진단** 감염된 조직으로부터의 균체를 분리하고, 병리조직학적인 방법이 병용되어야 한다.

**연구와 관련성** 면역결손 마우스는 Streptococci 감염이 일어날 위험성이 크다.

### (2) 랫드의 연쇄상구균 감염

i. 폐렴구균 감염

*S. pneumoniae*는 정상 랫드의 비갑개와 고실에 주로 감염되어 있다. 랫드에서 분리된 혈청형

의 일부는 사람의 혈청형과 동일하며, 사람 보균자가 감염원이 될 수 있다. *S. pneumoniae*는 치명적인 일차적 급성 질병을 유발할 수 있지만, 호흡기 감염에서는 중요한 2차 감염원이다. 임상 소견으로 장액성의 비루, 비염, 부비동염, 결막염, 중이의 감염에 일치하는 전정기관 소견이 있다. 이 균에 감염된 무증상 동물에서는 혼합 감염이나 환경변화와 같은 유발 인자가 발병을 촉진시킬 수 있다. 부검시 장액성 또는 점액화농성 삼출물이 비도와 고실에서 관찰된다. 급성 전신형의 경우, 흉막염, 복막염, 심막염, 고환주위염, 그리고 뇌수막염 등 다양한 형태의 섬유소성 화농성 다발성 장막염이 나타난다. 섬유소성화농성 병변은 일부 연쇄상구균에 의한 치사적 감염의 경우 뇌막에 국한될 수 있다. 한 개 이상의 폐엽이 암적색에서 탁한 황갈색을 띠며 견고해지고 탄력성이 없게 된다. 현미경적 소견에서는, 급성형에 있어서 섬유소성 화농성 흉막염과 심막염이 전형적 소견이다. 폐 변화는 국소성 화농성 기관지폐렴에서 급성 섬유소성 화농성 기관지폐렴까지 다양하며 영향을 받은 폐엽에서 정상 구조가 사라진다. 섬유소성 화농성 흉막염, 간피막염, 그리고 뇌수막염이 종종 나타나는 소견이다. 화농성 비염, 중이염도 나타날 수 있다. 전색성 화농성 병변이 간장, 비장, 신장과 같은 기관에서 관찰된다. *S. pneumoniae*는, 특히, 어린 랫드에서 질병과 사망의 중요한 원인일 수 있다. 감염된 동물은 불현성 감염으로 상부 호흡기도에 균을 보유할 수 있다. *S. pneumoniae*는 인수공통감염증을 일으킬 수 있다는 점이 고려되어야 한다.

ii. 장구균 감염

장구균 감염에 의한 장질환은 높은 이환율과 치사율을 보이며 수유기 랫드에서 관찰된다. 원인균은 *Enterococcus faecium-durans*-2로 밝혀졌다. 연쇄상구균을 순수 배양해 수유기 랫드에 접종하면 발병한다. 감염된 동물은 발육부전과 복부팽만을 나타내고, 회음부 주변이 분변으로 오염된다. 위는 일반적으로 젖으로 확장되어 있고, 소장이 팽창되어 있다. 현미경 검사시, 조직학적으로 정상적인 소장 융모의 표면에 그람양성 구균이 다수 출현할 수 있으며 염증반응은 미약하거나 없다.

### 13) Mouse Colibacillosis

대장균은 작은 그람 음성 간균으로서 정상 마우스 장내 세균총의 한 종류이다. 감염은 면역능력이 있는 마우스에서는 병원성이 없는 것으로 생각된다. 그러나 락토스를 발효하지 않는 대장균에 감염된 중증복합 면역결핍 마우스에서 전염성 설치류 결장 증생증과 유사한 증생성 맹장염이 보고되었다. 감염된 마우스는 분변이 오염되어 있으며, 천천히 움직인다. 분변에는 혈흔이 나타나고, 결장과 맹장이 분절성을 띠면서 비후되어 있다. 조직학적으로, 감염된 점막은 증생성이며, 염증성이나 미란이 보인다. 진단은 병변을 확인하고 발효능이 없는 대장균을 분리함으로써 Colibacillosis를 진단할 수 있다. 이러한 병변은 특히 면역결손된 마우스에서 *Citrobacter rodentium*이나 다른 장 친화성 바이러스 또는 세균의 마우스 감염에 의해서 일어나는 증식성 또는 염증성 장질환과 구분되어야 한다. Colibacillosis를 면역학적 능력이 없는 마우스에 감염시켰을 때, 독력이 없는 균이 질병을 이환시킬 수 있다는 사실이 알려졌다.

## 14) Klebsiellosis

### (1) Mouse Klebsiellosis

*Klebsiella pneumoniae*는 자연계에 상재하는 그람 음성의 균으로서 마우스 장 내의 정상 세균총이다. 실험적 감염에 의해 호흡기와 비뇨기에 병원성을 보이지만, 자연적으로 일어나는 질병의 중요한 원인체는 아니다. 많은 세균들과 함께 *Klebsiella oxytoca*가 화농성 자궁 내막염, 난소염, 난관염을 보이는 마우스에서 분리되었지만 이러한 질병은 실험감염으로 유발되지 않았다.

### (2) 랫드의 *Klebsiella pneumoniae* 감염

*K. pneumoniae*는 정상동물의 분변에서도 분리되므로 랫드에서 기회감염균일 것이다. 그러나, 이 균은 경부, 서혜부, 장간막 림프절, 신장의 농양과 관련이 있다. 이 균은 다른 병원체가 없는 랫드에서 경도의 화농성 비염을 일으킬 수 있다.

## 15) Mouse Clostridium 감염

Clostridia는 대형의 간상 그람 양성 혐기성 세균이다. 자연적인 감염은 드물다. 2~3주된 수유기 마우스에서 고도의 사망률을 보이는 전염성 *Clostridium perfringens* type D 감염의 발생이 격리시설에서 보고되었다. 임상증상은 지저분한 털, 후지의 마비, 변비와 설사 등이다. 그러나 이러한 질병은 Clostridia 분리균주를 실험감염을 통해서 재현하려고 했지만 성공하지 못했다. Clostridium perfringens는 괴사성 장염을 보이는 이유직후의 마우스에서 가끔 분리되어 왔다.

### 16) Mouse Mycobacteriosis

두 가지 Mycobacteria가 실험용 마우스에서 병원성을 가지는 것으로 알려져 있다. Mycobacterium avium-intracellulare와 Mycobacterium lepraemurium으로서 둘 다 그람 양성의 항산성 세포질내 기생세균이다. Mycobacterium avium-intracellulare의 감염은 매우 드물다. C57BL/6 번식집단에서 한 번의 보고가 있었고 감염원은 음수로 추정된다. 임상증상은 없지만 일부 마우스에서는 랑게르한스 거대 세포가 침윤하는 육아종성 폐렴이 간장과 림프절에 미소 육아종과 함께 보이기도 했다. 항산성 세균이 일부 병변에서 관찰된다. Mycobacteria는 물과 흙에 상재한다. 실험용 동물에서 분리된다면 사육실의 봉쇄가 파괴되어 있음을 보여주는 지표일 수 있다. Mycobacterium lepraemurium는 건강한 실험용 마우스에서 분리되어 왔고 잠복 감염으로 지속된다. 이것은 인간 나병의 모델로서 잘 알려져 있다 현대의 사육시설과 잘 관리되는 마우스 집단에는 이 질병이 매우 드물다. 임상적으로 현성인 감염이 일어난다면 만성 육아종성 질병으로 나타난다. 임상증상으로 탈모, 피부의 비후화, 피하조직의 부종 그리고 피부의 궤양이 보인다. 감염된 동물은 사망하거나 임상증상이 회복되는 과정을 거친다. 육안 병변은 피하조직, 세망내피계조직과 여러 장기(폐. 비장, 골수, 흉선, 림프절)에서의 결절이 특징적이다. 병변은 폐와 골격근, 심근, 신장, 심장, 부신에서도 일어날 수 있다. 조직학적인 특징은 혈관주위의 육아종성 염증인데, 큰 포말성의 유상피 대식구(lepra cell)가 침윤되어 있고, 그 속에는 항산성 간균이 관찰된다.

### 17) Proteus 감염

#### (1) Mouse Proteus

*Proteus mirabilis*는 자연계에 상재하는 그람 음성균으로서 호흡기나 장관에 잠복 감염될 수 있

다. 임상적인 질병이 스트레스나 또는 면역억압에 의해 일어날 수 있다. 면역저하된 마우스는 병원성 감염에 감수성이 높아진다. Proteus는 면역억압된 마우스 장관의 궤양성 병변과 관련이 있다. 감염된 마우스는 체중감소와 설사를 보이며, 수주 이내에 사망한다. 패혈증이 일어날 경우, 패혈증성 혈전을 포함하는 화농성 또는 괴사성 병변이 많은 장기에서 일어나며 특히 신장에 흔히 발생한다.

*Proteus*에 의한 화농성 신염은 신장에서 농양과 반흔조직이 특징으로 나타난다. 오줌이 정

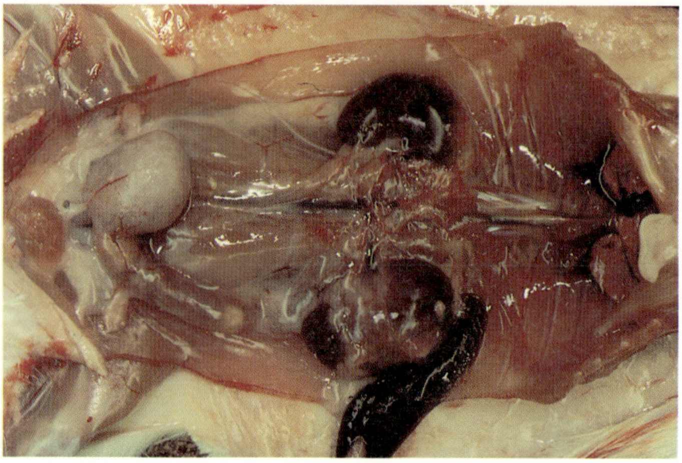

그림 63. Proteus에 감염된 랫드 신장은 종대되고 백색반점이 보인다. 뇨관은 확장되고 내부에는 결석이 관찰된다. 방관에는 오줌이 저류하고 방광벽은 비후되며 내강에는 결석이 보인다. (伊藤豊志雄 博士 제공)

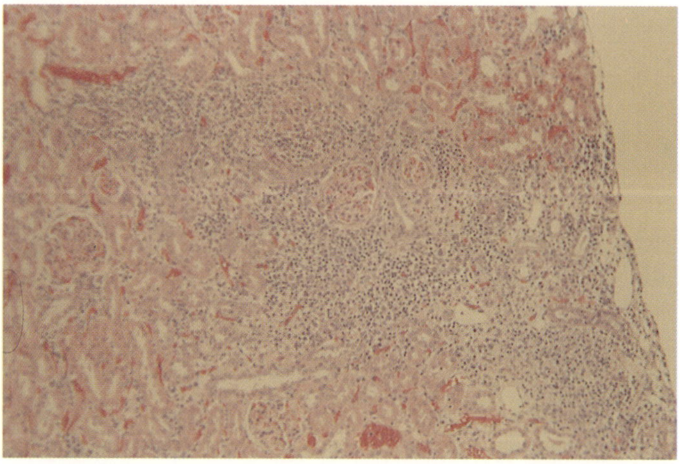

그림 64. Proteus에 감염된 랫드 신장에는 화농성 신염이 관찰된다. (H & E, 伊藤豊志雄 博士 제공)

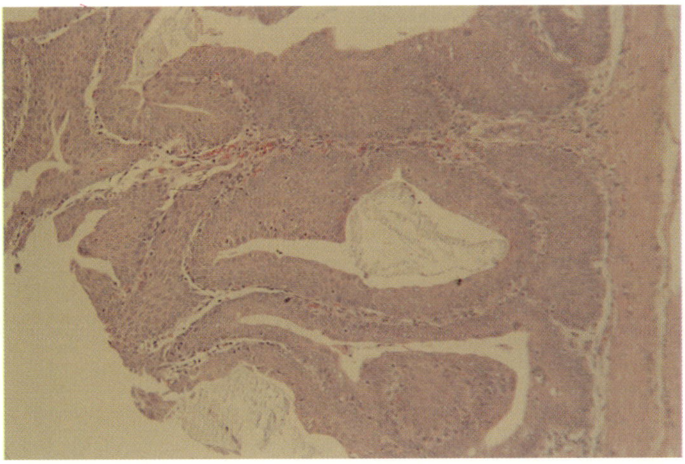

그림 65. Proteus에 감염된 랫드 방광에는 점막상피세포의 과형성이 관찰된다. (H & E, 伊藤豊志雄 博士 제공)

체 후, 상향성 병변이 일어날 수도 있다. 그러나 혈행성 전파도 배제될 수는 없다. *Proteus mirabilis*와 *Pseudomonas aeruginosa*가 화농성 신염에서 동시에 분리되어 왔다. 면역억압 마우스에서의 감염은 비종이 특징적이며, 소상 괴사성 간염도 나타난다. 폐 병변에는 부종과 대식구의 활성이 특징이다. 패혈증성 혈전이 많은 조직에서 보인다.

### (2) Rat Proteus 감염

기회감염균으로 암컷에서 산발적으로 발생하는 요로의 화농성 질환을 유발하며 요로결석을 수반하게 된다. 감염경로는 상행성으로 나타난다. 발병개체는 발육이 불량해진다(그림63, 64, 65).

## 18) Leptospirosis

### (1) Mouse Leptospirosis

Leptospirosis는 실험용 마우스에서는 매우 드물다. *Leptospira interrogans serovar ballum* 감염이 몇 예가 보고되었다. 그람 음성균으로서 패혈증 후 세뇨관에 지속적인 감염을 일으키며 오줌으로 균을 배출한다. 감염되어도 무증상적이고, 중요 병변을 일으키지 않는다. 따라서 신장으로부터의 균을 분리하므로서 진단할 수 있는데 신생기 감염은 혈청 반전 없이 지속감염을 일으킬 수 있기 때문에 혈청학적 진단방법은 많은 주의가 필요하다. 신장을 은염색하여 조직학적인 검사를 할 수도 있다. 설치류에서 지속 감염으로 Leptospirosis가 활성적으로 전파되기 때문에, 인수공통 전염병의 위험이 있다. 따라서 감염된 마우스는 폐기되어야 하고, 귀중한 마우스는 재분만을 통해 감염을 제거해야 한다.

### (2) Rat leptospirosis

마우스에서처럼 렙토스피라는 무증상 감염을 일으키며 병변은 미약하거나 없다. 랫드에서 가장 일반적인 렙토스피라는 *L. icterohemorrhagiae*이나, 다른 종도 랫드를 감염시킬 수 있다. 사람이 감염된 랫드에 노출되어 감염될 수 있다.

## 19) 기타 랫드의 세균성 질병

### (1) 랫드의 Campylobacter/ Lawsonia 감염

캄필로박터는 경도의 설사나 연변을 보이는 어린 랫드에서 분리되고, 그 빈도는 실험실 랫드군에서 조사해 보면 예상보다 높을 것이다. 세포내 캄필로박터 유사 병원체가 Wistar 랫드에서 발생한 장 선암종의 상피에서 관찰되었다. 형태학적으로 그 병원체는 Lawsonia intracellularis 로 진단되었다.

### (2) 랫드의 Bordetella bronchiseptica 감염

이것은 기니픽에서 중요한 병원체로 알려져 있으며 토끼 호흡기에도 감염된다. 이 균은 호흡기 상피세포의 선단에 군집하는 경향이 있으며 섬모 상피세포의 배출작용을 방해한다. 화농성 비염, 다형핵 세포와 림프구가 침윤하는 다소성 기관지폐렴, 그리고 기관지주위성 림프조직 과형성이 특징적으로 관찰된다. 감염 후 2주 이상된 동물에서 섬유아세포 증식과 단핵세포 침윤이 관찰된다.

### (3) 랫드의 Haemophilus 감염

지금까지 알려지지 않았던 헤모필루스의 한 종이 비강, 기관, 폐장, 암컷 생식기에서 분리되어 왔다. 시판용 랫드에서, 이 균이 상당한 비율로 분리되고, Haemophilus sp.에 대한 항체도 높게 검출된다. 현미경검사시, 경도의 염증세포 침윤이 하부 호흡기도에 나타난다.

#### (4) 랫드의 Erysipelas 감염

자연발생 Erysipelas 감염이 스칸디나비아의 실험용 랫드에서 발생한 보고가 있다. 병변으로 만성섬유소성화농성다발성관절염, 심근염, 그리고 장염이 관찰되었다. 감염된 관절에서 *Erysipelothrix rhusiopathiae*가 분리되었다.

#### (5) 랫드의 화농성 신우신염/신염(Suppurative pyelonephritis/Nephritis)

화농성 신장병변은 수컷 랫드에 더 흔하며 방광염이나 전립선염과 같은 복합적인 질병과 관련이 있을 수 있다. 병변이 보이는 신장에서 대장균, 클렙시엘라속, 슈도모나스속, 프로테우스속 등과 같은 다양한 세균이 검출되는데, 신우신염의 경우 하부 비뇨기계가 가장 유력한 침입경로로 간주되고 있다. 그러나 하행성 감염도 일어날 수 있다.

## 3. 리케치아와 클라미디아 질병

### 1) Mouse Rickettsia 감염

**원인** 두 종류의 Rickettsia인 *Eperythrozoon coccoides*와 Hemobartonella muris가 마우스를 감염시키는 것으로 알려져 있다. Eperythrozoon coccoides는 마우스에 주로 감염되는 세균인 반면, Hemobatonella muris는 마우스를 감염시키지만 주로 랫드와 관련되어 있다. Eperythrozoon은 반지모양의 구형, 또는 간상의 병원체로서 혈액에서 적혈구에 부착하거나 혈청 중에 자유롭게 존재한다. 단일 한계막에 의해 둘러싸여 있지만 세포벽과 핵이 없고, 다른 막 관련 소기관도 없다.

**임상증상** *Eperythrozoon coccoides*에 감염된 마우스는 임상적으로 정상이거나 열, 용혈성 빈혈, 비종이 일어나기도 한다. 병변을 보이는 경우에는 치명적이다. 간세포의 변성과 다발성 괴사가 급성감염에서 보고되었다. Rickettsia 감염은 장기간 계속되며, 임상적으로 두 가지

방법 중의 하나로 표현된다. 급성 열성 빈혈과 잠복성 또는 무증상 감염인데, 무증상 감염의 경우에는 비장의 절제에 의해 활성화될 수 있다. 보균상태는 일생 동안 지속될 수 있다.

**역학** *Eperythrozoon coccoides*의 1차적인 자연 매개자는 마우스의 이인 *Polypax serrata*이다. 그러므로 현대적인 시설에서는 더 이상 일어나지 않지만, 감염은 1차적으로 사육 및 관리에 관련되어 있다. 감염의 위험은 실질적으로 현대적인 동물 실험시설에서는 감소되었지만 이식종양이나 혈장과 같은, 오염된 생물학적인 산물로부터 마우스에 전파될 수 있다.

**진단** 비장절제술이나 의심스러운 물질을 비장이 절제된 마우스에 투여하는 것이 *Eperythrozoon coccoides* 감염을 검출하는 가장 민감한 방법이다. 이러한 과정으로 Rickettsia 혈증이 2~4일 안에 일어나게 된다. Rickettsia 혈증은 일시적일 수 있기 때문에 Rickettsia 혈증이 간과되지 않도록 검사동물의 비장절제 후 또는 비장절제된 마우스에 시험물질을 접종한 후 48시간부터 시작하여 매 6시간마다 혈액 도말 염색을 준비해서 로마노프스키 염색이나 간접 형광현미경 방법으로 진단해야 한다.

**예방과 대책** *Eperythrozoon coccoides* 감염의 치료는 실용적이지 못하다. 대책은 이의 제거에 기반을 두거나 감염된 마우스 집단을 재분만시키는 것이다. 동물을 대체하는 것이 쉽다면, 안락사가 가장 확실한 방법이다. 동물접종을 위해서 준비된, 감염이 의심스러운 생물학적인 물질은 비장이 적출된 마우스에 접종함으로써 Rickettsia 오염을 체크해야 한다.

**연구와의 관련성** 무증상감염이 방사선 조사 또는 면역억압 처치에 의해서 활성화될 수 있다. 마우스에서 *Eperythrozoon coccoides*가 감염이 되어 있다면 다른 바이러스 감염이 동시에 일어나기 쉽다. 이러한 동시감염은 마우스 코로나 바이러스에서 확실히 밝혀져 있으며 LCMV와 LDV도 관련되어 있다. 활성화된 감염은 인터페론 생산을 억압할 수 있다.

### 2) 랫드의 Hemobartonella 감염

적혈구의 세포외 기생충으로 시험관내 배양이 안 된다(그림 66).

이(*Polyplax spinulosa*)에 의해 주로 전파되나, 실험실 랫드에서 거의 관찰되지 않는다. 자궁을 통해서도 전파되나 제왕절개술로 근절에 성공하고 있다. 감염된 설치류의 생물학적 산물은 오염원이 되고 랫드와 마우스 모두 감염된다. 경도의 일시적인 기생충혈증, 거비증, 망상적혈구의 증가가 보인다. 세망내피계, 특히 비장이 기생충혈증을 정화하는 데 중요하다. 보균 랫드를 비장절제하면 용혈성 빈혈을 일으켜 혈색소뇨를 보이며 사망할 수 있다. 비장절제는 감염이 의심스러운 랫드의 집단에서 진단용으로 사용되어 왔다. 부신피질호르몬으로 면역억제를 시켜도 준임상 감염을 활성화하는데 유효하지 못하다. 진단은 간접형광항체법으로 할 수

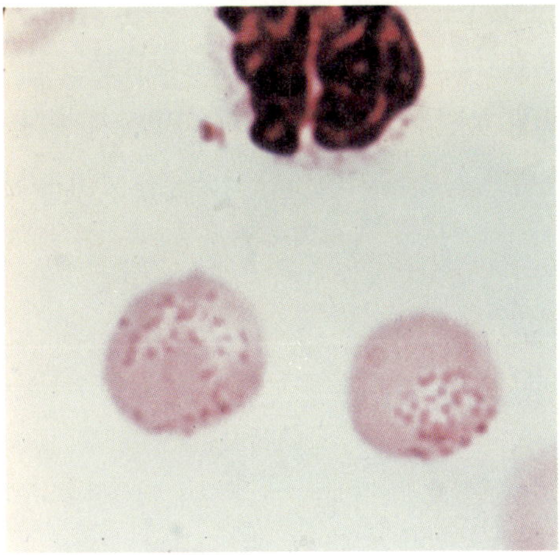

그림 66. Hemobartonella에 감염된 랫드 정상적이라면 세망내피계세포에 의하여 제거되지만 비장을 적출한 랫드에서는 적혈구의 표면에 Hemobartonella가 부착되어 보인다.

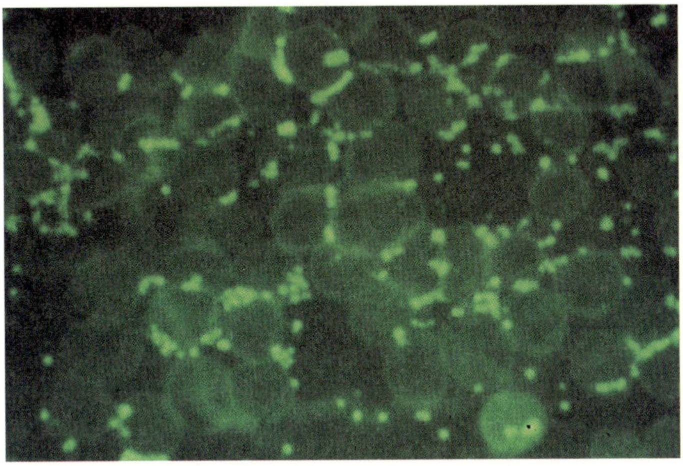

그림 67. Hemobartonella에 감염된 랫드 적혈구표면에 양성형광반응이 관찰된다.

있다(그림 67).

### 3) Mouse Chlamydia 감염

*Chlamydia trachomatis*는 세포내 기생체로서 글리코겐 양성 세포내봉입체를 생산한다. *C. trachomatis*는 사람에서 눈과 생식기의 질병을 일으킨다. 마우스에서 소위 Nigg agent라 불리는 적어도 한 계통의 Chlamydia가 주목할 만한 감염체로서 생각되고 있다. 자연 감염은 전형적으로 무증상이지만 지속 감염으로 진전한다. 중증 급성감염은 털이 서고, 등이 굽고, 노력성 호흡 (간질성 폐렴 때문에)을 하면서 24시간 이내에 사망하게 된다. 비교적 천천히 사망하는 마우스는 점진적으로 쇠약해지고, 귀와 꼬리에서 청색증을 보이게 된다.

## 4. 곰팡이성 질병

### 1) Pneumocystis carinii 감염증

#### (1) Mouse Pneumocystis carinii 감염증

Pneumocystis carinii는 실험용 마우스나 다른 포유동물의 흔한 기회감염병원체이다. 이것은 분자생물학적인 그리고 단백질 분석결과 진균으로 분류되고 있다.

**임상증상** 면역능력이 있는 마우스에서는 무증상 감염이 보이지만, 기능적 T 림프구의 적절한 보충이 감염을 억압하는데 필요하기 때문에 면역능력이 없는 마우스에서는 중증으로 진전한다. 감염은 서서히 진행하지만, 면역 저하된 마우스에서는 폐렴의 임상증상이 나타난다. 주요증상은 호흡곤란과 등을 구부리는 것인데 만성소모성 질환으로서 피부에 비듬이 보인다. 중증복합 면역결핍 마우스에서처럼 진행성 질병인 경우에는 치사적이다(그림 68).

**역학** Pneumocystis carinii는 마우스에 종종 잠복감염으로서 존재하는 자연계에 상재하는

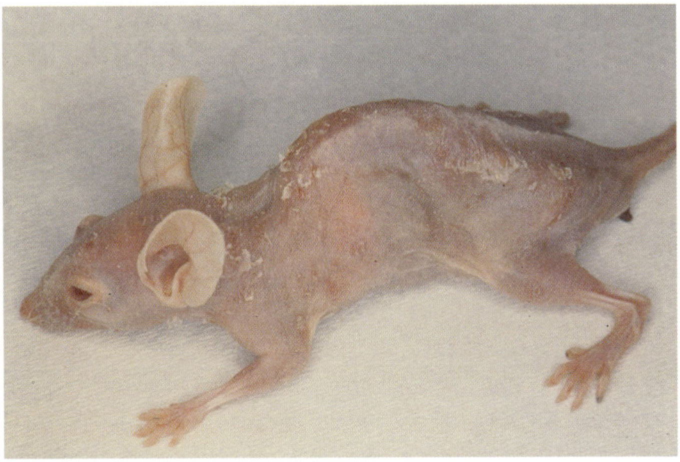

그림 68. *Pneumocystis carinii*에 감염된 누드마우스 만성소모성질병상태를 보인다. (伊藤豊志雄 博士 제공)

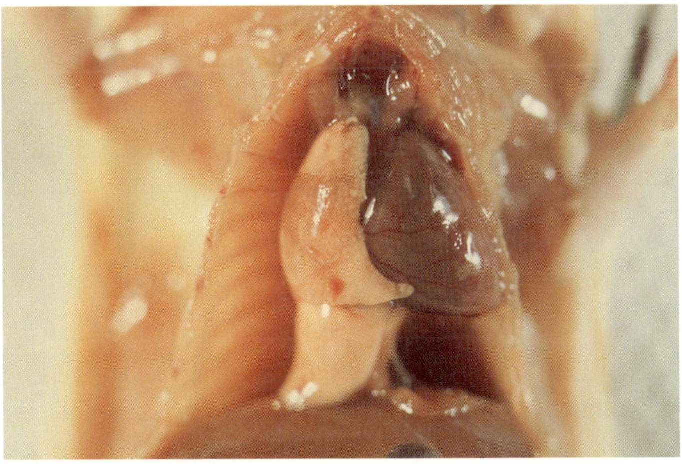

그림 69. *Pneumocystis carinii*에 감염된 누드마우스 경계가 명료한 무기폐의 병소가 보인다. (伊藤豊志雄 博士 제공)

병원체이다. 검출방법이 적용하기에 간단하지 않기 때문에 확실한 만연율에 대한 데이터는 없지만, 광범위한 조사를 통하여 확인되지 않는 이상, 마우스집단에서 감염은 존재한다고 가정해야 한다. 서로 다른 종(예, 마우스와 랫드)에서 분리한 *P. carinii*은 항원적으로 다르지만, 종간 전염은 일어날 수 있다. *P. carinii* 사람에서도 감염되지만 설치류와 사람 사이의 전파는 보고되지 않았다. *P. carinii*는 공기전파가 되고, 지속 감염을 하며, 면역능력이 있는 마우스의 폐에서 잠복 감염을 하게 된다. 산전 감염은 보고되지 않았다.

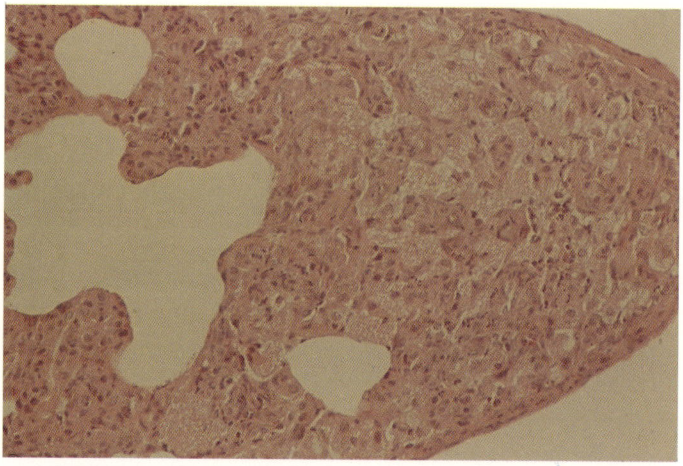

그림 70. *Pneumocystis carinii*에 감염된 누드마우스 폐포 내에는 공포성의 호산성 물질과 대식구가 침윤한다.
(H & E, 伊藤豊志雄 博士 제공)

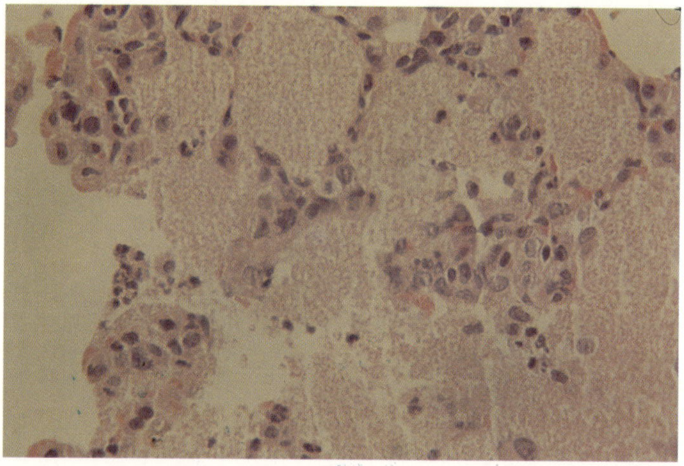

그림 71. *Pneumocystis carinii*에 감염된 누드마우스의 폐 폐포 내에 포말성의 물질이 충만해 있다. 대식구 이외의 염증세포는 거의 관찰되지 않는다. (H & E, 伊藤豊志雄 博士 제공)

**병리** *P. carinii*는 정상적으로 비병원성이지만, 면역억제에 의해서 활성화될 수 있다. 활성화되면 폐에 영양형과 낭성형이 관찰된다. 폐가 종종 고무모양으로서 확장할 수 없게 되는 것이 육안소견의 특징이다(그림 69).

조직병리학적인 변화로서, 간질성 폐포염이 특징인데, 폐포벽이 단백질성 삼출물과 단핵구로 침윤되어 비후되며 폐포 내에는 공포성의 호산성 물질이나 대식구가 침윤한다(그림 70, 71).

*P. carinii*를 관찰하는데 특수 염색이 필요하다. 은염색을 하면 구형 또는 평편한 3~5mm의

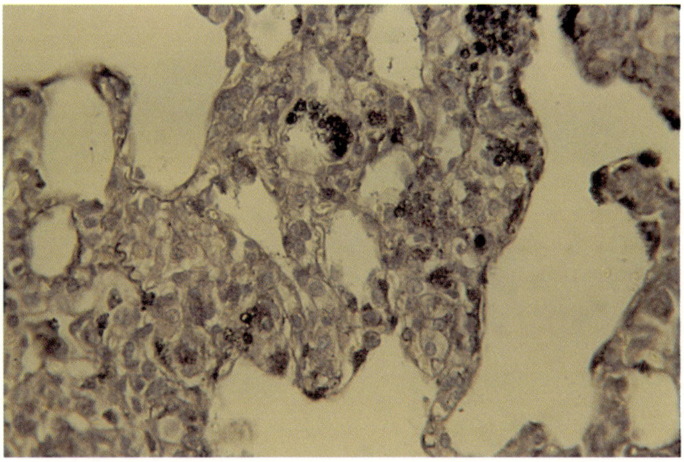

그림 72. *Pneumocystis carinii*에 감염된 SCID마우스의 폐, Grocott염색 포말성 물질 중에 흑색으로 염색된 구형의 시스트가 관찰된다. (伊藤豊志雄 博士 제공)

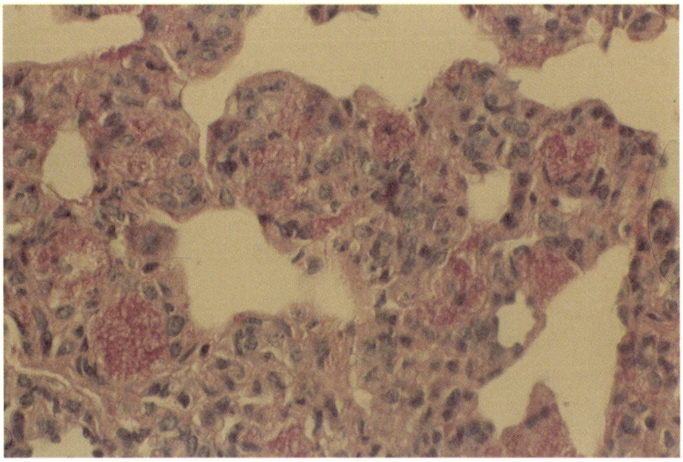

그림 73. *Pneumocystis carinii*에 감염된 SCID마우스의 폐, PAS 염색 포말성 물질 중에 분홍색으로 염색된 구형의 시스트가 관찰된다. (伊藤豊志雄 博士 제공)

포낭을 감염된 실질조직에서 관찰할 수 있다(그림 72). Periodic Acid Schift 염색을 하면 분홍색으로 관찰된다(그림 73). 심한 경우에 폐포는 포낭으로 채워지게 되지만, 심하지 않은 경우에는 산재되어 있다.

**진단** 면역저하된 마우스에서 호흡의 억압이 있을 때 *P. carinii*감염을 의심해야 한다. 가정적 임상검사를 확신하기 위해서는 Methenamine silver 염색을 포함한 폐의 병리학적인 검사가 필수불가결하다. 면역능력이 있는 마우스에서 감염 경력은 ELISA로 검출할 수 있다. PCR이 활성적인 감염을 검출하는 데 이용될 수 있으며, 특히 면역결핍마우스에서 *P. carinii*를 검출하는 데 이용된다.

**감별진단** Pneumocytosis는 마우스의 다른 바이러스성 폐렴과 감별되어야 한다. Pneumonia virus of mice가 중증복합 면역결핍 마우스에서 pneumocytosis 증상을 더 가속화시킨다.

**예방대책** *P. carinii* 감염은 면역결핍 마우스를 위협하는 심각한 질병이다. 그것은 자연계에 상재하고 있기 때문에 감수성 있는 마우스는 격리시설의 사육체계하에서 사육되어야 한다. 사육과정은 사료 물, 사육 장비를 올바르게 소독해야 하고, HEPA 필터를 사용해야 한다. 감염이 자궁을 통해서는 일어나지 않기 때문에 감염집단은 수정난이식이나 제왕절개방법으로 재분만되어야 한다.

**연구와 관련성** 면역결핍 마우스에서 폐렴이 *P. carinii* 감염의 주요증상이다.

### (2) 랫드의 *Pneumocystis carinii* 감염

이 질병은 수컷 랫드에서 보다 스테로이드를 처치한 암컷 랫드에서 더 빨리 발생할 수 있다. 자연 감염은 무흉선 랫드에서 보인다. 임상소견으로는 체중감소, 청색증 그리고 호흡곤란 등이 있다. 폐에서는 미만성 내지 국소성으로 불투명한 짙은 분홍색 병소를 보인다. 조직학적으로 폐포 내에는 포말성의 호산성 물질로 가득 차 있다. 무흉선 랫드에 있어서 폐 병변은 폐포대식세포가 산재하는 경미한 간질성 폐렴에서부터 폐포가 전형적인 포말성 물질로 확장되어 있으며 심한 간질성 폐렴까지 관찰되기도 한다. 중증의 경우에 있어서는 II형 폐포세포의 현저한 증식과 간질성 섬유화가 나타난다. 면역억제 또는 식이결핍과 같은 인자들에 의해 영향을 받은 랫드에서만 발생한다.

## 2) Dermatomycosis (ring worm)

### (1) Mouse Dermatomycosis

*Trichophyton mentagrophytes*는 마우스에서 가장 흔한 진균성 병원체이다. 그러나 감염되어도 임상증상을 거의 일으키지 않는다. 임상증상이 있을 때는 털이 듬성듬성하게 되거나 잘 경계 지어진 가피성 병변 그리고 머리부위의 백색표면, 꼬리, 다리부위의 백색병소가(favus, ring worm) 보이게 된다.

피부병변은 탈락된 조직 삼출물, 균사, 분절포자로 이루어져 있는데, 그 기저부에는 진피염이 보인다. 일반적으로 모낭축까지는 침입하지 않는다.

**진단** 진단은 효과적인 시료채취에 의존한다. 털은 병변의 주변부로부터 채취되어야 한다. 그리고 털이 없는 피부는 정확한 진단을 위해서 깊게 채취되어야 한다. Trichophyton은 UV빛에서 형광을 거의 띠지 않는다. 균사(hyphae)는 깔개 속의 섬유소와 사료 속의 입자 그리고 표피 잔류물과 구별되어야 한다. 조직학적인 절편은 은염색이나 PAS로 염색해서 균체를 볼 수 있다. Trichophyton는 Sabaroad' s agar에서 배양될 수 있다. 배지는 실온에서 배양되고 (22~30°C) 5~10일의 성장 후 관찰된다(그림 74).

*T. mentagrophytes*는 실험용 마우스에서 쉽게 근절되지 않는다. 마우스를 치료하기 위해서

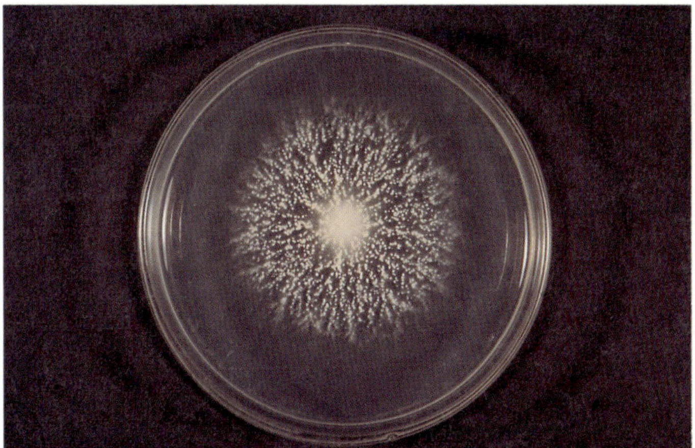

그림 74. Sabaroad' s agar 상에서 증식한 *T. mentagrophytes* 집락 (伊藤豊志雄 博士 제공)

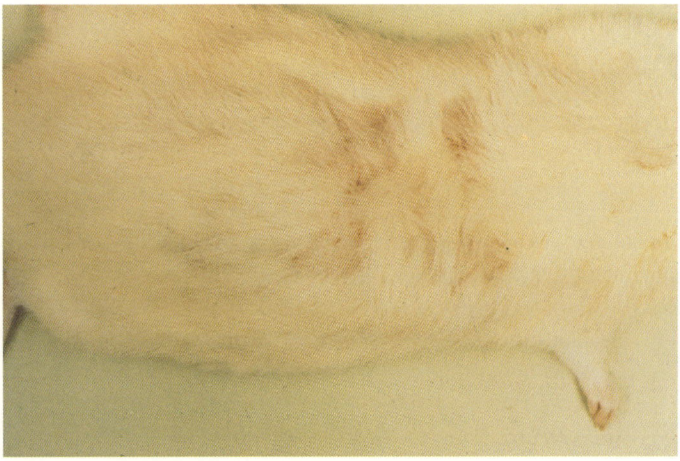

그림 75. *T. mentagrophytes*에 감염된 랫드의 등쪽 피부 탈모와 발적이 관찰된다. 가피는 형성되어 있지 않다.
(伊藤豊志雄 博士 제공)

항진균제를 사용하는 것은 비경제적이고 효과도 다양하게 나타난다. 재분만이 더 확실한 방법이다. 케이지와 장비는 다시 사용하기 전에 소독을 해야 한다. 외부기생충과 공감염이 일어나는 것을 근절단계 중 고려해야 한다. Candida albicans과 또 다른 전신성 진균 감염은 마우스에서 중요하지 않은 병원체이지만, 면역결핍마우스에서는 기회감염 인자이다.

### (2) 랫드의 Dermatophyte 감염

병변이 나타날 경우, 목, 등, 그리고 꼬리의 기저부에서 흔히 관찰된다. 외관상으로는 부분적인 탈모, 피부융기, 홍반, 농포 등이 보인다(그림 75).

모낭염이 있는 부위의 진피에서는 과각화증, 표피 과형성, 그리고 백혈구 침윤이 전형적인 조직학적 소견이다.

### (3) 랫드의 Aspergillus 감염

실험실 랫드에 있어서 *Aspergillus fumigatus* 또는 *Aspergillus niger* 때문에 발생한 상부 호흡기 감염에 대한 보고가 있었다. 현미경 검사에 의하면 상피의 과형성에서 편평상피 화생에 이르기까지 다양한 병변을 보이는 만성 비염이 관찰된다.

## 5. 기생충성 질병

### 1) 원충성 질병

#### (1) Giardiasis

**원인** Giardia muris는 배모양의 납작한 형태로서 전부에 흡입판을 가지고 있다. 어린 마우스, 랫드, 햄스터의 십이지장에서 기생한다(그림 76).

**임상증상** 감염이 되어도 종종 증상이 없는데 균체가 고도로 증식하고 있을 때는 체중감소나 털이 거칠어지고 움직임이 느려지며 보통 설사가 없이 복부 팽만이 나타난다. 또한 면역저하 마우스가 심하게 감염되어 있으면 사망하기도 한다.

**역학** 최근에 마우스 집단의 감염 발생 보고가 없지만, 미국에서 1980년의 보고에서는 50% 이상의 비율로 발견되었다. 전파는 분변 경구 경로를 통한다. 균체를 실험적으로 접종한 후에 마우스와 햄스터 사이에 공감염이 보고되었다. 반면 랫드는 마우스나 햄스터들로부터 분리된 균주에 저항성이 있다. C3H/He 마우스는 특히 감수성이 있는 반면 BALB/c와 C57BL/10 마우스는 저항성이 더 강하다. 또한 암컷 마우스는 수컷 마우스에 비해 저항성이 있는 것 같다. 예를 들면 C57BL/6 암컷 마우스는 수컷 마우스보다 더 적은 수의 영양체를 가지고 있고, 더 짧은 기간 동안 감염되어 있다. 암컷 마우스는 수컷 마우스보다 더 나중에 포낭을 산

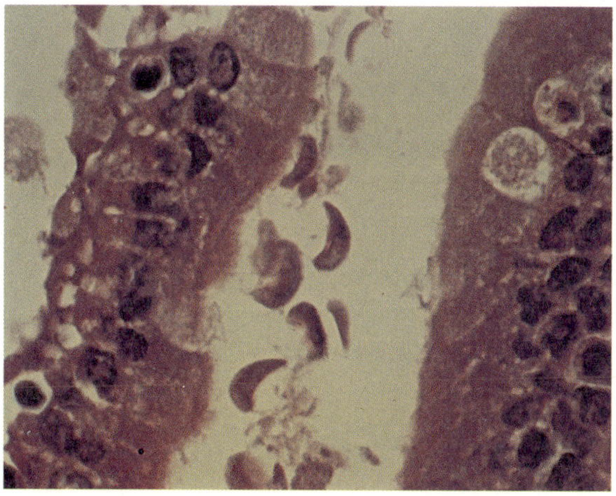

그림 76. 마우스 십이지장의 융모 사이에서 관찰되는 Giardia muris (H & E)

포한다. 이러한 차이는 암컷 마우스에서 Giardia 감염에 대한 체액성 면역반응이 더 강력하기 때문으로 생각된다.

**병리** 육안소견은 소장에 국한되어 있는데 소장에는 황색 또는 백색의 수양성 물질이 들어 있다. 조직학적으로 관찰하면, 장관 내에 보이는 균체는 장상피 세포의 미세융모에 부착이 되어 있거나 또는 점액이나 점막 사이의 갈라진 틈 속에 기생한다. 음와와 융모 비율이 감소될 수 있고, 고유 점막 층에는 염증세포의 수가 증가되어 있다.

**진단** 소장에서 영양체 검출을 하거나 또는 분변의 도말을 통하여 진단할 수 있다. 균체는 도말 표본에서 그들의 특징적인 구르고(rolling) 튀는(tumbling) 운동으로 특징지어질 수 있다. 타원형의 포낭은 4개의 핵을 가지고 있고 분변에서 검출된다. 감염은 혈청학적 방법이나 PCR도 진단법으로 가능하다.

**치료, 예방, 대책** 설치류 Giardia는 0.1% dimetridazole을 음수에 14일간 투여함으로써 치료될 수 있다. 예방과 대책은 적당한 위생과 사양관리에 의존하는데, 오염된 방의 적절한 소독도 필요하다.

**연구와의 관련성** 음와세포의 괴사와 재생이 증가되고 양적혈구에 대한 면역억압이 감염된 마우스에서 관찰되었다. 면역저하 마우스에서 중증 또는 치사성 감염이 가능하다고 보

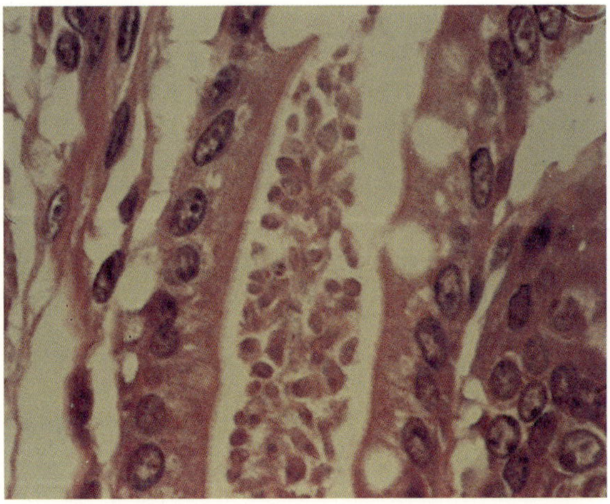

그림 77. 마우스 십이지장의 융모사이에서 관찰되는 Spironucleus muris (H & E)

고되어 있다.

### (2) Spironucleosis

**원인** 길쭉한 서양배 모양으로 양측 대칭성의 편모를 가지고 있는 원충이다. 십이지장에서 흔히 기생하는데 보통 Lieberkuhn의 음와에 기생한다. Giardia muris보다 작고, 전부의 흡반을 가지고 있지 않다(그림 77).

**임상증상** 정상 성숙마우스에서는 Spironucleus muris 감염에 의한 증상이 없다. 그러나 어리거나 스트레스를 받고 면역저하된 마우스에서는 병원성을 보인다. 또한 임상적인 증상은 본 원충과는 무관한 다른 병원체의 일차적인 감염하에서 나타날 수 있다. 임상적으로, 감염된 마우스는 털이 빠지고, 행동이 느리고 체중이 감소한다. 3~6주령 마우스는 임상적인 질병으로 이환되기 쉽다. 탈수, 등 구부림, 복부팽만, 설사가 보이게 된다. 중증 감염으로 사망할 수 있다.

**역학** 전파는 분변 경구를 통해 일어날 수 있고 마우스 사이에서 전파되며 햄스터와 마우스 사이에서도 일어날 수 있다. 마우스와 랫드 사이의 전파는 안 된다. 미국에서 1980년대에 사육집단 중에 만연율은 60%를 넘었다. 또한 회복비율과 감염에 대한 감수성이 근교계 계통에 따라 다르다는 증거들이 있다.

**병리** 감염과 관련된 육안 소견으로서 수양성의 적갈색 가스가 찬 장 내용물이 관찰된다. 그러나 Spironucleosis에 대한 병변으로 진단하기 전에 다른 원인균에 의한 공감염이나 1차적인 감염을 배제할 필요가 있다. 급성 질병에 대한 현미경학적 소견으로는, 음와의 확장, 서양배 모양의 영양체로 인한 융모 사이의 간격확장 그리고 고유 점막의 염증성 부종이 특징이다. 균체는 PAS 염색으로 쉽게 관찰될 수 있는데, 고유 점막 내에 그리고 장상피 사이에 균의 침입을 보여준다. 만성 감염에서는 림프구와 형질세포 침윤이 고유점막 층에 관찰되며, 그리고 음와 내에 염증세포가 관찰된다.

**진단** 영양체를 장관 내에서 관찰한다. Giadia muris나 Tritrichomonas muris와 구별될 수 있는데, 크기가 작고, 수평의 지그재그 운동, 흡반이 없거나, 파동성 막이 없다는 것이 특징이다. PCR에 근거한 검사도 이용될 수 있다. 십이지장염이 Spironucleus muris의 일차적인 병리학적 영향인지 또는 일차적인 세균성 또는 바이러스성 장염에 대한 이차적인 기회 감염 때문인지는 불분명하다. 그래서 소인이 되는 감염을 찾는 것이 필요하다.

**치료, 예방 및 대책** 0.1% dimetridazole을 14일 동안 음수에 첨가한다. 예방관리와 대책은 좋은 위생과 사육관리를 필요로 한다.

**연구와 관련성** Giardiasis와 마찬가지로 감염이 일어나면 소장에서 장상피의 괴사와 재생을 가속화시킨다. 감염 마우스는 비특이적으로 종양세포를 죽이는 활성화된 대식구가 나타나며 용해성 또는 입자성 항원에 대한 반응이 감소한다는 증거가 있다. 또한 감염 마우스는 방사선 조사에 대한 감수성이 증가한다. 그러나 그러한 영향은 재발성 바이러스 감염을 배제하면서 주의 깊게 해석되어야 한다.

### (3) 랫드의 Giardia muris와 Spironucleus muris 감염증

지아디아속 충체는 장점막을 따라 기생하며 둥글거나 초생달 형태로 보인다. Spironucleus는 장선에서 크기가 약 8×2.5μm 크기인 서양배 형태의 충체로 보인다. 만일 면역억제 등의 소인이 없다면, 정상조건하의 랫드에서 병원성이 없다. 카타르성 장염과 체중소실이 전형적인 소견이다.

### (4) Mouse Tritrichomoniasis

*Tritrichomonas muris*는 비병원성 원충으로서 마우스, 랫드, 햄스터의 맹장, 결장, 소장에서 기생한다. 포낭은 형성되지 않고, 전파는 분변을 통한 영양체의 섭취에 의한다. PCR 또는 현미경에 의해서 검출될 수 있다.

### (5) Mouse Coccidiosis

Eimeria falciformis는 병원성 Coccidian으로서 마우스의 대장 상피세포에서 기생한다. 중증감염은 설사와 카타르성 장염을 일으킨다.

*Klossiella muris*는 신장 coccidium으로서 야생 마우스에서 신장 coccidioisis를 일으키는데, 실험용 마우스에서는 거의 없다. 마우스는 sporulated sporocysts를 섭취함으로써 감염된다.

Sporocysts로부터 방출된 Sporozoite는 혈행을 따라서 들어가고 사구체의 혈관과 신동맥에 따라 있는 내피세포를 감염시키는데, 거기서 schizogony가 일어난다. 성숙 schizonts는 터져서 보우만 주머니로 들어가고 merozoite를 세뇨관 내강으로 방출한다. Merozoite는 곡세뇨관 상피세포에 들어가는데 거기서 생식기가 완성된다. Sporocysts는 신장 상피세포에서 형성되고, 결국 숙주세포를 파열시켜 오줌 속으로 배출되지만, oocysts는 형성되지 않는다. 감염되어도 보통 병원성을 보이지 않으며 무증상이다. 중증으로 감염된 신장에서 회색 반점이 보이는데 괴사, 육아종성 염증 그리고 소상의 증생 결과이다. 세뇨관 상피세포의 파괴로 인한 신장의 생리학적 변화는 보이지 않는다. 진단은 조직에서 균체를 검출하는 것이다. 예방과 대책은 적당한 위생과 관리기술을 필요로 한다. 효과적인 치료방법이 없다.

### (6) Mouse Cryptosporidiosis

*Cryptosporidium muris*는 sporozoan으로서 위 점막에 부착한다(그림 78).

실험용 동물에서는 흔하지 않는데, 경도의 병원성을 보인다. *Cryptosporidium parvum*은 소장에서 기생하는데, 면역능력이 있는 마우스나, 무흉선 마우스에서는 비병원성이다. 무흉선 누드마우스의 담관계에 균체가 기생하면 담관염이나 간염을 일으킬 수 있다.

### (7) 랫드의 Cryptosporidia 감염

설사와 높은 치사율이 고혈압 발생 계통의 어린 랫드에서 보고되었다. 살아남은 랫드는 발육

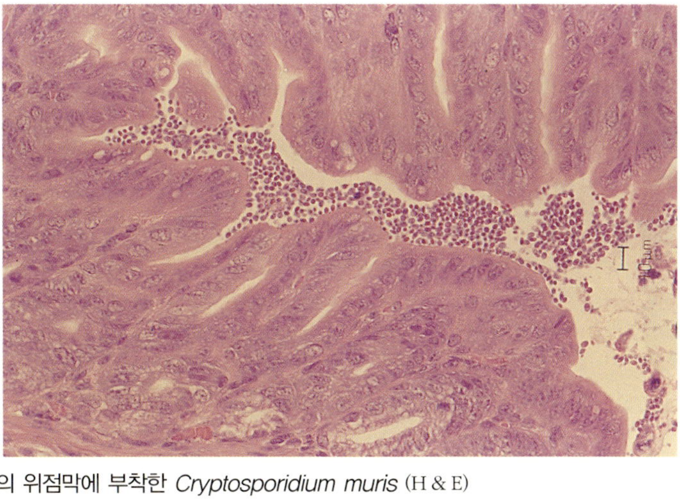

그림 78. 마우스의 위점막에 부착한 *Cryptosporidium muris* (H & E)

이 불량해지고, 피모는 변으로 오염된다. 회복기의 랫드에서 병변은 소장 점막, 특히, 공장에 국한된다. 점막은 과형성을 보이고 융모는 위축되며 융합이 일어나는데, 크립토스포리듐이 융모 끝쪽으로 장세포의 솔가장자리에 붙어 있다. 크립토스포리디아증은 랫드에서 실험적으로 유도된다. 그러나 랫드가 면역이 억제되거나 무흉선이 아니라면 증상은 일시적이고 경미하다.

### (8) Mouse Entamoebiasis

*Entamoeba muris*는 전세계적으로 마우스 랫드, 햄스터의 결장과 맹장에서 발견된다. 균체는 내강에서 기생하는데 사료나 세균의 입자를 양분으로 한다. 비병원성으로 생각된다.

### (9) Mouse Encephalitozoonosis

*Encephalitozoon cuniculi*는 그람 양성의 미포자충으로서 토끼, 랫드, 마우스, 기니픽, 개, 비인간영장류, 사람 그리고 다른 포유동물을 감염시킨다. 감염은 실험용 마우스에서는 드물다. 이 균체의 생활사는 직접적이며, 육식을 할 때 아포를 섭취함으로써 감염된다. 아포는 혈액에 산포되어 뇌나 다른 조직으로 이행한다. 감염은 1년 이상 지속된다. 그리고 아포는 오줌으로 산포되어 감염원이 된다. 수직 감염은 마우스에서 확인되지 않았다. *Encephalitozoon cuniculi*는 세포질내 기생충으로서 보통 임상증상을 일으키지 않는다. 균체는 무성 이분법으로 복강내 대식구에서 증식한다. 캡슐을 가지고 있는데 Giemsa와 Goodpasture 염색에 염색이 되지만, Hematoxylin & Eosin에는 염색이 잘 안 된다. 중증 감염시 뇌막염 일으키며, 소상 육아종성 염증을 일으킨다. 토끼의 Encephalitozoonosis와는 대조적으로 감염된 마우스는 간질성 신염을 보이지 않는다. 감염은 복수를 도말하여 세포학적으로 관찰함으로써 진단할 수 있고, 또 Goodpasture 염색으로 뇌조직을 염색함으로써 또는 ELISA법으로 진단할 수 있다. 어떠한 효과적인 치료방법도 보고되어 있지 않다. 예방과 대책은 확실한 진단과 감염집단 및 감염 세포주를 제거하는 것이다.

### (10) 마우스 톡소플라즈마 감염증

*Toxoplasma gondii*는 그람 음성 구균으로서 많은 동물에 기생하고 있으며, 마우스는 중요한 중간 숙주로서 작용한다. 자연 감염의 경우는 거의 없는데 그 이유는 실험용 마우스가 더 이상

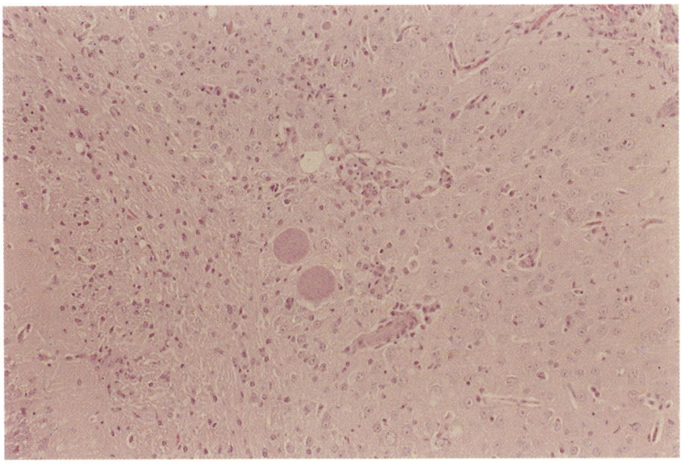

그림 79. 실험적으로 Toxoplasma에 감염된 마우스의 대뇌 시스트가 관찰되고 혈관주변부에 림파구의 침윤이 보인다.

중요한 교차 감염원인 고양이로부터 산포되는 포자 충란들과 접촉할 기회가 없기 때문이다. 톡소플라즈마에 감염되면 괴사와 육아종성 염증이 장, 장간막 림파절, 눈, 심장, 부신, 비장, 뇌, 폐, 간, 태반, 근육에서 관찰된다(그림 79).

진단은 ELISA와 같은 혈청학적 방법이나 조직학적인 방법에 의한다. 대책과 예방은 주로 고양이 분변으로 오염된 물질 또는 고양이 분변에 마우스를 접근시키는 것을 차단함으로써 이루어진다. 충란들은 온도, 건조, 소독제에 저항성을 가지고 있어 감염된 지역은 완전히 소독해야 한다.

### 2) Mouse Cestodiasis

#### (1) 왜소조충 감염

**원인** *Hymenolepis nana*는 왜소조충으로, 마우스, 랫드, 사람을 감염시킨다. 성숙체는 아주 작고 (25~40 mm) 알과 함께 뚜렷한 극사를 가지고 있으며, rostellar hook을 가지고 있다.

**임상증상** 어린 마우스는 쉽게 감염된다. 임상증상과 병변은 체중감소와 소상의 장염 등이며, 감염이 심하지 않을 때는 임상증상을 거의 볼 수 없다.

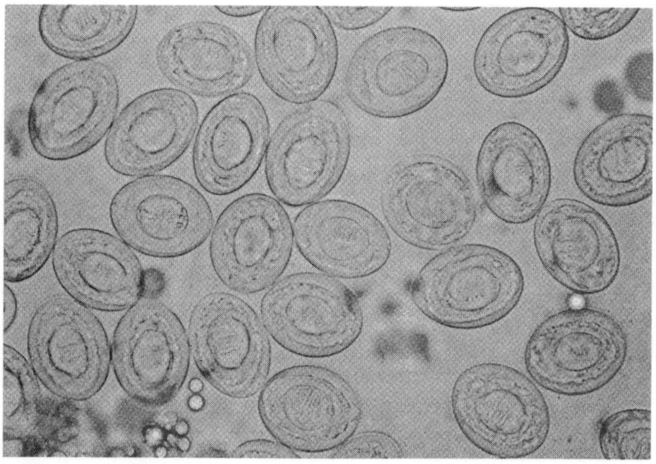

그림 80. *Hymenolepis nana*의 충란

**역학** 생활사는 직접적 또는 간접적으로 이루어지며, *Hymenolepis nana*는 중간 숙주를 필요로 하지 않는 유일한 조충으로 알려져 있다. 간접적인 생활사의 경우 중간 숙주로서 절족 동물을 필요로 한다. 방출된 oncospheres는 장융모를 침입하여 뚫고 들어가 낭미충으로 되는데, 그 이후에 장 내강에 10~12일 후에 다시 나오게 된다. 두절은 장점막에 부착하여 2주 이내에 성충으로 자라게 된다. 기생충의 섭취로부터 배출까지 20~30일 걸린다.

**병리** Cysticerci는 소장의 고유 점막층에서 관찰되며 때때로 장간막 림프절에서도 관찰된다. 장 내강에서 관찰되는 성체는 톱니 모양이며, 감염시 염증이 관찰되지 않는다.

**진단** 충란을 분변 부유법으로 관찰하거나, 성체검출이 촉진되도록 온수가 들어 있는 Petri dish에서 장 내용물을 담아 관찰한다(그림 80).

*Hymenolepis nana*는 다른 설치류 조충인 *Hymenolepis diminuta*와 구별이 되는데, *Hymenolepis nana*는 rostellar hook이 있고 충란에는 극사를 가지고 있는 점이 다르다. 그러나 *Hymenolepis diminuta*는 중간 숙주인 절족 동물을 필요로 하기 때문에 현대적인 마우스 사육 시설에서는 거의 발견되지 않는다.

**치료 및 예방, 대책** Praziquantel (식이에 0.05%가 되도록 섞어서 5일 동안 투여), albendazole, mebendazole 그리고 thiabendazole 등 치료와 제거에 추천되는 약제이다. Benzimidazole이 랫드에서 조충과 선충에 탁월한 효과를 보이고 있지만, 마우스에서는 광범위하게 연구되지 않았다. 충란이 숙주 밖에서 생존하기 힘들고 위생적 시설로 철저히 관리된 마우스에서는 감염률이 낮아 치료 성공률이 높다. 또 *Hymenolepis nana*는 사람을 직접적으로 감염시키기 때문에 설치류를 다루는 동안 경구 감염을 피하기 위해 적당한 주의가 필요하다.

*Hymenolepis microstoma*는 설치류의 담관에서 발견되고 또 *Hymenolepis nana*와 혼동될 수 있다. 그러나 성체가 기생하는 위치와 더불어 *Hymenolepis nana*의 충란에 비하여 *Hymenolepis microstoma*의 충란이 큰 점이 구별에 도움을 준다.

### (2) Taenia taeniaformis 감염

마우스와 랫드는 조충 *Taenia taeniaformis*의 중간 숙주이다. 종 숙주는 고양이다. 이러한 기생충은 고양이로부터 멀리 떨어진 사육시설에서 사육된 실험용 마우스에서는 발견되지 않는다. 간장에 낭포를 형성하는데 내부에는 기생충이 관찰된다(그림 81, 82).

그림 81. *Taenia taeniaformis*에 감염된 랫드의 간장 표면에 백색의 낭포가 관찰된다.

그림 82. *Taenia taeniaformis*에 감염된 랫드의 간장 낭포를 절개했을 때 Taenia taeniaformis의 충체가 관찰된다.

### (3) 랫드의 Hymenolepis 감염

*H. nana*와 *H. diminuta*는 마우스 이외에도 랫드, 햄스터, 사람, 그리고 영장류 등의 소장에서 기생할 수 있다. 부검시 소장에서 작고 평편한 흰색의 충체가 보이며 현미경 검사에 의해 왜소조충으로 확인될 수 있다. 소장의 도말표본이나 조직표본에서 두절 또는 의낭미충이 확인될 수 있다. 확진을 위해서는 알을 분변에서 확인해야 한다.

## 3) Mouse Nematodiasis

### (1) *Syphacia obvelata* 감염

**원인** 마우스 요충으로서 실험용 마우스나 야생마우스에 아주 흔한 기생충이다. 랫드, 햄스터, 저빌이 종종 감염된다. 암컷은 길이가 3.4~5.8mm이고, 수컷은 암컷보다 작다(1.1~1.5mm). 충란은 한쪽으로 평편하며 끝이 뾰족하다(그림 83).

핵이 껍데기를 채우고 있으며 그리고 종종 충란에서 나올 때 유충단계가 된다. 감염되어도 무증상적이지만 중증 감염된 마우스에서는 때때로 장 병변이 보이며 직장 탈, 장염, 장 중첩 그리고 장에 분변의 저류가 관찰된다.

**역학** 요충 감염은 실험용 마우스에서 봉착되는 가장 흔한 문제 중 하나이다. 최근 미국의 조사에서 격리시설에서는 30% 이상, 그리고 일반 사육시설 집단의 70%가 감염되었다고 보고되고 있다. 요충의 충란은 공기전파가 된다는 점에서 역학적인 영향을 고려해야 되며 충란은

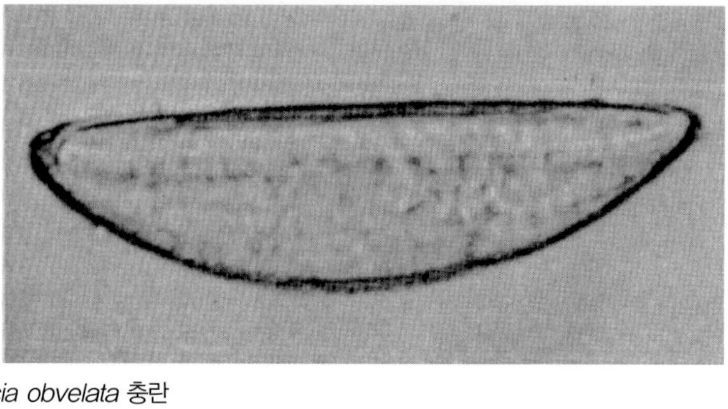

그림 83. *Syphacia obvelata* 충란

건조한 환경에서도 감염성을 가지고 있다. 생활사는 직접적이며 11~15일 이내에 이루어진다. 암컷은 알을 항문 주변부의 피부나 털에 낳는다. 섭취된 충란은 소장에서 유충으로 머물며 24시간 이내에 맹장으로 이동한다. 기생충은 10~11일 동안 맹장에서 머무르게 되는데, 그곳에서 성숙하고 교미를 한다. 암컷은 다시 대장으로 가서 숙주를 떠나면서 알을 낳는다. 유충이 직장으로 다시 들어가는지 확실하지 않다. 감염은 어린 마우스에서 시작되며, 재발할 수 있는데 성숙마우스는 저항성이 있다. *S. obvelata* 감염은 종종 *Aspicularis tetraptera*와 공감염이 일어난다. 생활사는 *Aspicularis tetraptera*보다 짧기 때문에 감수성 있는 마우스의 수가 증가한다. 감염에 대한 저항성은 마우스 계통 특이적이라는 증거가 있다.

**병리** 장 내강에 성숙 성체의 발견 이외에는 육안 병변은 분명하지 않다.

**진단** 신장 모양의 충란을 항문 주변부에서 관찰하거나, 맹장이나 대장에서 성숙 성체를 관찰하므로서 감염을 진단한다. 성숙마우스보다 4~5주령의 마우스에서 감염률이 높아 검사대상으로 된다. 대부분의 충란은 위장관 바깥쪽에 산란되기 때문에 분변검사는 신뢰성이 없다. 충란은 보통 셀로판 테이프를 항문 주변부에 부착시켜 검출하여 슬라이드 글라스에 붙여서 현미경 검사를 한다. *Aspicularis tetraptera* 충란은 보통 테이프 검사법에 의해서 검출되지 않아 *S. obvelata* 충란으로부터 쉽게 구별될 수 있다. *Aspicularis tetraptera* 성숙체는 맹장과 결장 그리고 장 내용물을 따뜻한 물이 들어 있는 Petri dish에 희석함으로써 관찰할 수 있다. 그들은 육안적으로나 실체 현미경으로 쉽게 구별이 된다. 또 ELISA법이 혈청항체를 검출하는 데 이용되어 왔다. *S. obvelata* 체절 항원을 검출하기 위해 항체를 이용한다.

**치료, 예방, 대책** 요충 감염은 수많은 방법에 의해서 효과적으로 치료될 수 있다. 항 기생충제로서 piperazine, ivermectin 그리고 benzimidazole compound를 단독으로 또는 병용해서 사용한다. 일부의 추천된 치료방법은 독성이 강하기 때문에 치료 중에는 임상증상을 관찰하면서 마우스를 유지하는 것이 필요하다. 재감염을 예방하는데 엄격한 격리가 필요한데, Syphacia 충란들은 부화 후 6시간 만에 감염력이 있기 때문이다. 그리고 그들은 건조한 상태에서 수주간 생존한다. 엄격한 위생관리, 사료와 깔개의 멸균, 정기적인 항구충 치료가 감염을 예방하는 데 필요하다. 미세 격리 케이지의 사용이 감염력이 있는 충란의 전파를 감소시킬 수 있는 방법으로 이용된다.

**연구와 관련성** 성장장애나 숙주면역 반응의 교란 등이 요충 감염의 주 합병증이다.

### (2) *Aspicularis Tetraptera* 감염

**원인** *Aspicularis tetraptera*은 마우스의 또 다른 중요한 요충으로서 *S. obvelata*에 감염된 마우스를 공감염시킬 수 있다. 암컷은 길이2.6~4.7mm이고, 수컷은 조금 작다. 충란은 타원형이다(그림 84).

**임상증상** 섭취된 알은 부화하여 유충이 결장 중간부에 도착한 다음 음와로 들어가서 4~5일 동안 머문다. 그들은 숙주에 감염된 후 약 3주 후에 근위부 결장으로 이동한다. 생활사는 *S. obvelata*보다 10~12일 정도 더 길기 때문에 감염은 어느 정도 나이든 마우스에서 일어난다. 중증감염은 보통 5~6주령에서 관찰된다. 감염은 보통 무증상적이지만 중증으로 감염된 경우에는 *S. obvelata*에서 기술한 것과 유사한 증상이 나타난다. 경도 또는 중등도의 감염이 있으면 임상증상이 나타나지 않는다.

**역학** *S. obvelata*처럼 Aspicularis 감염은 아주 만연되어 있고, 또 실험용 마우스 사이에서 전염력이 강하다. 생활사는 직접적이며 대개 23~25일 걸린다. 성숙 암컷은 대장에서 서식하는데 거기에서 45~50일 동안 생존하고, 알을 낳는다. 알은 밤에 낳으며 점막층에 분비되고 분변층에 의해서 덮인다. 충란이 감염력이 있기까지는 섭씨 24도에서 6~7일이 필요하고 숙주 밖에

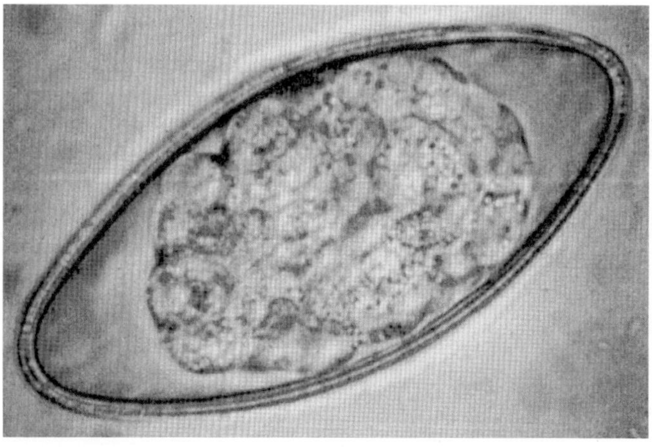

그림 84. *Aspicularis tetraptera* 충란

서 수주 동안 살 수 있다.

**병리** *S. obvelata*를 참조할 것

**진단** *Aspicularis tetraptera* 충란은 분변에서 검출될 수 있고 성숙체는 대장에서 발견된다. 충란은 항문주변에서는 검출되지 않는다. 따라서 셀로판 테이프 검사법은 유용성이 없다.

**치료, 예방 대책** 치료방법이나 예방, 대책은 *S. obvelata*에서 설명한 바와 유사하다. *S. obvelata*는 성숙하는데 오래 걸리고 충란은 숙주의 체표에 낳는 것이 아니고 분변 속에 쌓이기 때문에 케이지를 빈번히 교환하면 성숙기생충을 제거하기 쉽다. *Aspicularis tetraptera*의 감염에 있어서 재감염에 대한 저항성과 기생충에 대한 면역학적인 저항이 주요 특징으로 나타난다.

**연구와 관련성** *S. obvelata*를 참조할 것

### (3) 랫드의 요충증

*Syphacia obvelata*, *S. muris*, 그리고 *Aspicularis tetraptera*는 랫드에서 감염성이 있는 것으로 보인다. 감염된 랫드의 맹장과 공장에서 관찰된다. 감염된 동물은 흔히 증상이 없으나 심하게 감염된 어린 동물은 설사, 체중정체, 직장탈, 장중첩과 같은 매우 다양한 증상을 나타낸다. *Aspicularis tetraptera*는 랫드에서 흔히 관찰된다. 어린 랫드의 심각한 감염 이외에는 감염동물에서 임상증상은 일반적으로 거의 없다. 그러나 면역반응에 영향을 미칠 가능성도 있다. 예를 들어, *S. obvelata*에 감염된 랫드는 감염되지 않은 동물보다 면역보강제 유발 관절염(adjuvant-induced arthritis)이 덜 유발된다.

### (4) 랫드의 *Trichosomoides crassicauda* 감염

야생 랫드의 방광에서 기생하지만, 실험용 랫드에서는 거의 관찰되지 않는다. 감염된 동물은 일반적으로 증상이 없고 실모양의 성체는 부검시에 방광과 신우의 내강 및 점막에서 발견된다. 현미경학적 검사에 따르면, 이행단계의 유충과 미성숙 충체가 다양한 조직, 특히 폐에서 나타날 수 있다. 암컷 성체는 신우와 방광의 상피에서 만성 염증반응을 일으키면서 기생한다. 수컷은 암컷보다 훨씬 작으며 요도의 내강에 또는 암컷의 자궁에서 기생한다. 알은 오줌으로

배출되고, 케이지내 전파는 쉽게 일어난다. 요결석이나 방광종양이 이 기생충감염과 관련이 있으나, 지금까지 명확한 관계는 확인되지 않았다.

### 4) Mouse Acariasis(진드기 감염)

수 종의 진드기가 실험용 마우스를 감염시킨다. *Myobia musculi*, *Radfordia affinis*, *Myocoptes musculinus*와 흔하지 않은 *Psorergates simplex*가 그것들이다.

**임상증상**　　진드기는 신체의 배전부에 주로 기생하는데, 특히 두부의 두정부, 목, 견갑골 사이의 융기부분(몸치장을 하기가 힘든 부분)에 잘 기생한다. 그러나 피부의 모든 부분이 감염되기도 한다(그림 85).

Acariasis의 피부병변은 소양증과 비듬, 부분적인 탈모 그리고 심한 경우에는 궤양과 농진이 보이며 이것은 자절성 상해로 시작되거나 또는 복합적으로 일어난다.

**역학**　　진드기 감염증은 주요 외부 기생충 감염증이다. 미국의 1997년 조사에서 진드기 감염이 격리 사육집단에서 15%, 일반 사육집단에서 40%로 보고되어 있다. 진드기는 그들의 전 생애를 숙주 내에서 산다. 진드기의 증식은 자정 또는 상호 정화작용, 털의 유무, 과민성 피부염이 유발되기 쉬운 면역학적인 반응 등 여러 가지 요소에 의해서 제한받는다. 유전적인 저항

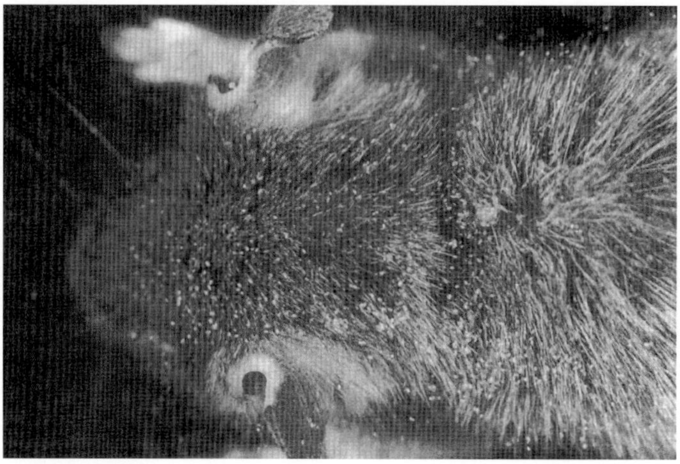

그림 85. 마우스의 진드기 감염증

성과 감수성도 진드기 감염에 대한 임상증상에 영향을 준다. 따라서 비슷한 환경하에서 사육되는 마우스 사이에서도 진드기의 증식은 마우스의 계통에 따라서 틀리다.

**병리** 육안 병변은 비듬, 국소성 탈모, 미란, 괴양 등이다. 조직학적으로 각화항진증, 유극세포의 증생 그리고 만성 피부염이 관찰된다. 장기간 지속감염은 만성염증, 섬유화 그리고 육아조직의 증가를 유발한다. 진드기와 관련된 궤양성 피부염은 알레르기성으로 일어나지만 종종 2차 세균 감염을 초래한다. 병변은 다른 동물종에서의 과민성 진드기 감염증과 유사하며 비만세포의 침윤이 관찰된다.

**진단** 죽거나 마취된 마우스의 털과 피부를 직접적으로 검사하는 것이 간단하고 빠른 방법이다. 털을 핀이나 스틱으로 분리하여 실체 현미경으로 검사한다. 면역평형이 이루지기 전에 어린 마우스를 검사하는 것이 더 효과적일 것이다. 대안으로 안락사를 시킨 직후 마우스를 검은 종이에 올려 놓고 양면 셀로판 테이프를 마우스 주위에 붙여 기생충을 부착시키는 데 사용될 수 있다. 사체가 차가워짐에 따라 기생충은 털로부터 나와서 종이로 기어들어 간다. 봉입된 petri dish도 사용될 수 있다. 셀로판 테이프를 바로 안락사시킨 마우스의 피부에 붙었다가 떼어 현미경학적으로 관찰할 수 있다. 칼날로 피부를 긁어서 10% KOH/glycerin 또는 부유 오일에 분쇄하여 현미경으로 관찰한다. 이러한 방법은 아주 운동성이 좋은 진드기 종을 놓칠 약점이 있고 그리고 천천히 움직이는 적은 수의 미성숙 진드기를 놓칠 수 있다. 진드기 감염은 혼합적으로 일어날 수 있으며 한 종을 확인했다 해서 다른 종의 존재를 배제할 수는 없다.

육안적, 해부학적인 특징으로 진드기를 구별할 수 있다. Myocoptes는 난원형의 모양으로 키틴질이 몸을 두껍게 덮고 있으며, 세 번째와 네 번째 다리에 색소 침착이 되어 있고, tarsal sucker를 가지고 있다(그림 86).

Myobia와 Radfordia는 비슷한 장방형을 하고 있고, 다리 사이가 부풀어 있다. Myobia는 하나의 tarsal claw을 두 번째 다리 쌍에서 가지고 있다(그림 87).

반면 Radfordia는 두 번째 다리 쌍의 마지막 tarsal 구조 위에 동일하지 않은 두 개의 발톱을 가지고 있다(그림 88).

피부의 조직학적인 검사에서 *Psorergates simplex*의 감염시 keratotic cysts와 같은 독특한 병변이 보여 진단에 도움을 준다.

**치료, 예방과 대책** Ivermectin이나 유사 제제로 기생충을 제거하는 것은 부작용이 있을

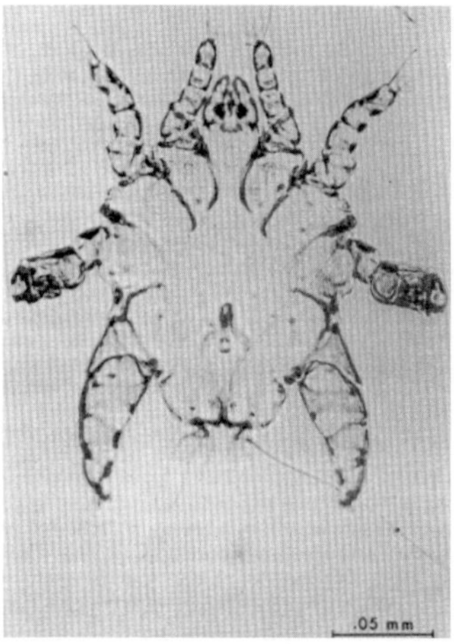

그림 86. Myocoptes musculinus 수컷

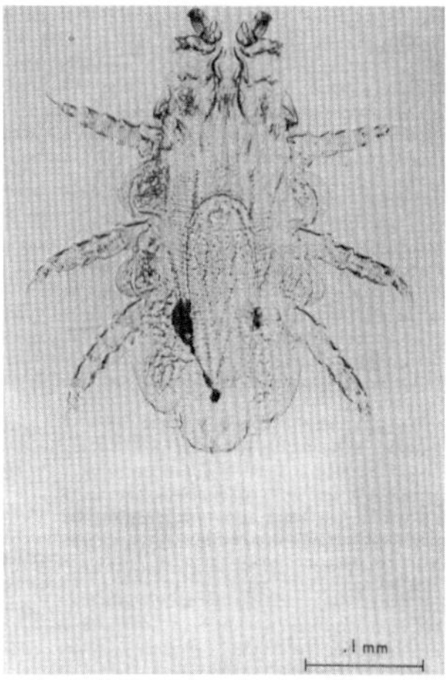

그림 87. Myobia musculi 암컷

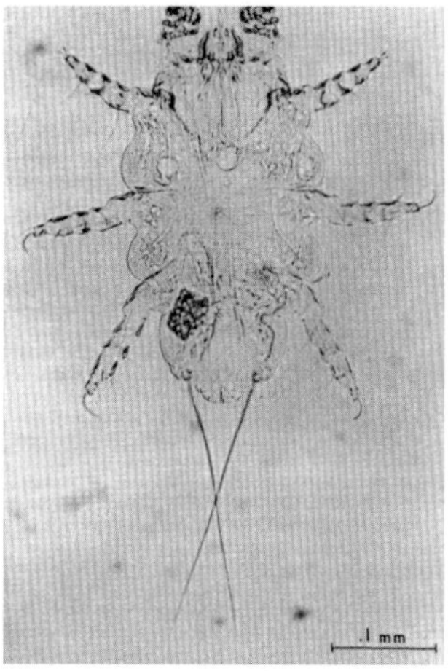

그림 88. Radfordia affinis 암컷

수 있으며 완벽하게 제거하긴 힘들다. 따라서 이러한 방법은 조심스럽게 사용되어야 한다. 현재 이용 가능한 치료방법의 제한 때문에 무균 재분만에 의해서 감염을 제거하는 것이 선호된다. 대책과 예방 프로그램은 집단 수준으로 수행되어야 하는데, 충란을 제거하기 위하여 사육공간의 청결과 장비 등의 소독을 철저히 한다.

**연구와 관련성** 과민성 피부염이 특히 피부를 포함하는 면역학적인 연구에서 혼돈을 줄 수 있으며 혈청 IgE가 상승된다고 보고되었다. 종종 진드기 감염은 심한 피부병변을 일으킬 수 있고 체중감소, 불임, 미성숙 개체의 사망 등이 관련되어 있다. 만성 진드기 감염증은 장기간의 피부염 때문에 2차적인 아밀로이드증을 일으킬 수 있다.

**마우스 진드기 감염증의 다른 특징** Myocoptes musculinus는 실험용 마우스에서 가장 흔한 외부 기생충이지만 주로 Myobia musculi와 같이 감염된다. 생활사는 알, 충란, protonymph, tridonymph 그리고 성숙단계로서 알은 5일 만에 부화하고 모축의 2/3부분에 부착을 한다. 생활사는 8~14일 정도이다. 전파는 직접 접촉으로 케이지 철망으로 분리된 마우스는 감염된 동물로부터 감염되지 않는다. 깔개는 매개물로서 작용하지 않는 것 같다. 신생자는 출생 4~5일 이내에 감염된다. 그리고 기생충은 사체에서 8~9일 동안 살 수 있다. Myocoptes는 Myobia보다 신체의 더 넓은 지역에서 서식하는데 중증 감염 동안에는 myobia보다 더 많이 증식할 수 있다. 감염 부위는 서혜부의 피부가 선호되고 복부의 피부, 등의 피부도 선호되지만 두부와 경부도 감염시킬 수 있다. 그것은 최외층 표피에서 먹고 사는 표피서식 진드기이다. 감염 후 털이 부분적으로 가늘어지거나, 탈모, 홍반 등이 일어난다. 소양성이 보이지만 궤양은 보고되지 않았다. 만성감염은 표피층의 증생과 비화농성 피부염을 일으킨다.

*Myobia musculi*는 실험용 마우스에서 흔하다. Myobia의 생활사는 23일 안에 끝나는데, 여기에는 충란단계 그리고 1차 및 2차 유충단계, protonymph, deutonymph 그리고 성숙단계를 포함한다. 충란은 모축의 기저부에 붙어서 7~8일 만에 부화한다. 유충은 10일까지 지속을 하고 11일에 nymphal form로 변하고, 15일에 성체가 되어 24시간 이내에 알을 낳는다. Myobia는 간질액과 피부 분비물을 먹고 살지만 혈액을 섭취하지는 않는다. 그들은 주로 직접 접촉에 의해서 전파된다. 진드기 집락은 새로운 감염기 중 증가되고 8~10주에 평형상태로 감소한다. 평형상태에서 집락은 장기간 (약 1년) 동안 마우스집단에서 유지될 수 있다. 그러한 집락의 변동은 알의 부화율의 변화와 관련을 가지고 있다. 진드기는 온도에 안정적이기 때문에 죽은 사체의 모축의 끝까지 기어 나와서 거기서 4일까지 살 수 있다. 감염이 일어나면 과민성 피부염으로 되는데, C57BL 마우스가 가장 감수성이 높다.

임상증상은 털이 헝클어지거나 탈모, 소양성, 궤양성의 피부염까지 아주 다양하다. 병변은 자해에 의해서 더 악화될 수 있다.

*Radfordia affinis*는 실험용 마우스에서 흔한 것으로 생각되지만 myobia와 아주 유사하고 또 혼합 감염으로서 일어난다. 따라서 그것의 만연에 대한 보고는 추측일 뿐이다. 또 생활사는 확실하게 기술되지 않았다. 임상적인 질환을 일으키지 않는 것 같다.

잘 관리된 집단에서 *Psorergates simplex*의 자연적 감염이 일어났다는 보고는 수십 년간 없다. 그러나 모축에 서식한다는 것이 독특하다. 생활사는 알려져 있지 않지만 알로부터 성숙체까지 발달단계가 단일 진피결절 안에서 관찰된다. 전파는 직접 접촉성이다. 모낭에 침입하면 유충과 유사한 결절을 형성하는데 육안적으로는 작은 백색 결절이 피하에서 관찰된다. 조직학적으로 결절은 편평상피의 내반된 내강으로 분비물질과 각화 물질들이 들어있다. 보통 염증반응은 없지만 치료는 육아종성 염증반응으로 이루어진다. 진단은 피부의 각피하 표면을 육안적으로 검사하거나 조직학적으로 검사해서 이루어진다. 내강 내용물도 칼날로 압박해서 관찰할 수 있으며 긁어서 현미경학적으로 검사할 수 있다.

### 5) 랫드의 외부기생충 감염

외부기생충은 야생 랫드에서는 흔하지만 실험용 랫드에서 거의 관찰되지 않는다. 두 종류의 이, *Polyplax spinulosa*(spined rat louse)와 Hoplopleura pacifica(tropical rat louse)가 있는데, 그 중에서 *Polyplax spinulosa*만이 실험용 랫드에서 보고되어 왔다. Polyplax는 랫드 사이에서 Hemobartonella muris의 중요한 매개체이다. 쥐벼룩속(Xenopsylla), 렙토실라속(Leptopsylla), 노소실루스속(Nosopsyllus)을 포함하는 몇 속의 벼룩은 야생 랫드를 감염시키지만, 실험실 랫드에서는 드물다. 몇 종의 진드기가 랫드를 감염할 수 있으나 실험실 랫드에서는 역시 드물다. 그러나 예외로 *Radfordia ensifera*는 일부 랫드집단에서 흔할 수 있다. 소양증, 피모 소실, 건강 상태저하가 심한 감염시 관찰된다. 진드기는 체모나 피부의 조직 절편에서도 관찰된다. Ornithonyssus bacoti(열대지방 랫드 진드기)는 숙주의 범위가 비선택적이고, 때때로 랫드를 감염시킨다. 이 진드기는 먹이를 섭취하는 동안에만 랫드에 기생하고 그 다음에 주위환경에서 피난처를 찾는다. 물린 곳은 가렵고, 빈혈, 무기력, 그리고 생식불능이 야기될 수 있다. 랫드의 피부나 털에서 기생하는 다른 진드기들에는 *Demodex* spp.와 *Notoedres muris*가 있다. *Demodex* spp.는 우연히 모낭에서 발견되고, *Notoedres muris*는 귀의 각화상피와 털이 없는 피부에 기생한다. 흔히 귀의 개선진드기(ear mange mite)라고 불리어진다. *Notoedres muris*는 유럽 애완용 랫드 가운데 보편화되어 있다.

# 제2장 대사성 및 영양성 질병

## 1. 아밀로이드 침착증

아밀로이드 침착증은 불용성의 중합 단백질이 축적되어 발생하는데 1차 또는 2차적인 형태로 일어난다. 1차적인 아밀로이드 침착증은 마우스에서 자연적으로 일어나는데 주로 면역글로블린 경쇄로 구성된 아밀로이드 단백질의 침착과 관련되어 있다. 2차적인 아밀로이드 침착증은 만성염증과 관련이 되어 있으며 간에서 아밀로이드 합성을 자극하는 다양한 사이토카인의 방출을 포함하는 복잡한 일련의 반응에 대한 결과로부터 일어난다. 1차 아밀로이드 침착증은 주로 나이든 마우스에서 흔하나 A나 SJL 같은 감수성이 높은 계통은 어린 마우스에서도 일어나며 C57BL에서는 노령에서 일어난다. BALB/c나 C3H와 같은 마우스는 아밀로이드 침착증에 저항성이 높다. 2차 아밀로이드 침착증은 지속적인 진드기감염증 유발 피부염 같은 만성 염증 병변과 관련이 있다. 한편, 카제인을 실험적으로 접종하므로 일어날 수 있고 다른 질병 없이 난소의 황체에서 또는 종양과 관련되어 국소적으로 일어날 수 있다. 아밀로이드 침착증은 마우스의 생명을 단축시킬 수 있고 간헐적인 질병으로부터 유래하는 스트레스에 의하여 촉진된다. 아밀로이드 침착증은 조직을 HE염색할 때 간질에 축적된 약호산성의 무세포성 물질로 관찰된다. 콩고레드로 염색한 후에 편광 현미경으로 관찰시 복굴절되어 관찰된다. 축적양상은 마우스 계통과 아밀로이드 타입에 따라 다르다. 실질적으로 모든 조직이 영향을 받을 수 있지만 간문맥 부위, 비장의 중심동맥 주변 림프조직, 신사구체 및 간질조직(유두체의 괴사를 유발할 수 있다), 장의 고유점막, 심근(심장의 혈전과 관련되어), 비점막하, 폐포벽, 성선, 내분비조직, 큰 혈관 같은 부위에 흔하다.

## 2. 연부조직의 광물질 침착

자연적으로 발생하는 심근과 심외막 및 다른 연부조직의 광물질 침착은 일부의 근교계 마우스의 부검시 흔하게 관찰된다. BALB/c나 C3H에서 발생되고 DBA마우스에서 특히 흔하다. 왼쪽 심실의 심근에서 관찰되고, 심실내강에서, 그리고 골격근, 신장, 동맥, 폐에서도 침착되며, 섬유화 및 단핵구 침윤성 염증반응이 수반된다. DBA마우스는 혀와 각막에 광물질 침착이 일어나기도 한다. 식이성, 환경성, 질병관련성, 내분비관련 요소가 이러한 병변의 만연에 영향을 주는 것으로 생각된다. 이러한 상황은 부검시에 우연히 보이는 소견이지만 병변이 심하면 심근 기능저하도 배제할 수 없다.

## 3. 라이스유사증후군

라이스유사증후군은 BALB/cByJ에서 발견된다. 원인은 불명이나 바이러스 감염이 전제조건이 될 수 있다. 감염된 마우스는 갑자기 무기력하게 되며 혼수상태에 빠진다. 또한 과호흡증을 보이기도 한다. 고율의 사망이 6~18시간 이내에 뒤 따르지만 일부의 마우스는 회복하기도 한다. 육안적으로 간 그리고 신장이 부종 때문에 창백하게 관찰된다. 조직 병리학적인 소견은 간세포의 수종성변성과 지방침윤, 중추신경조직에서 성상세포의 핵종대가 보인다. 라이증후군에서의 변화와 비슷한 간 병변은 MAdV-1에 감염된 SCID마우스에서 보고되었다.

## 4. 비타민, 미네랄, 필수 지방산 결핍

비타민 결핍이 마우스에서 완전히 이해되지는 않았다. 불행하게도 그러한 많은 정보는 지금으로부터 30~50년 전에 보고된 것들이다. 그래서 일부의 증후군에 대한 특이성이나 신뢰성이 의심스러운 것도 있다. 비타민 A의 결핍은 진전, 설사, 거친 털, 각화, 성장지연, 농, 출혈, 불임, 유산 등을 일으킨다. 비타민 E의 결핍은 경련, 심장 기능 부전, 근이영양증 그리고 근육의 초자양변성을 일으킨다. 비타민 B 복합체 결핍에서는 탈모, 사료섭취 감소, 성장지연, 번식 및 비유장애, 다양한 신경학적인 비정상을 일으키게 된다. 콜린 결핍에 의해서는 지방간, 결절성 간증생을 일으키며 심근 병변, 수태율 저하, 신생자의 사망률을 증가시킨다. 폴릭액시드 결핍 식이는 적혈구, 백혈구의 뚜렷한 감소를 일으키고 비장에서 거핵구를 감소시킨다. 판토테익산 결핍에서는 비특이적 증상이 특징인데 체중감소, 탈색모, 탈모, 후지마비뿐만 아니라 신경학적 비정상을 일으킨다. 티아민 결핍은 신경증상과 관련이 있는데 격렬한 경련, 선회 운동, 사료섭취 감소 등이 나타난다. 마우스에서는 아스코빅산에 대한 식이성 요구가 없기 때문에 일반적으로 아스코빅산을 마우스사료에 넣지 않는다. 미네랄 결핍은 일부만 기술되었는데, 결핍 결과는 다른 동물 종에서 관찰된 경우와 비슷하다. 예를 들면 요오드 결핍은 갑상선 종대를 일으키며 마그네슘 결핍은 치사성 경련을 일으키며 망간의 결핍은 내이의 비정상적인 발달 때문에 선천성 운동 결핍증을 일으킨다. 아연의 결핍은 경부와 견부의 탈모를 일으키며 쇠약, 그리고 간과 신장의 산화효소 활동의 저하 및 면역저하를 일으킨다. 필수 지방산의 만성 결핍에서는 탈모가 발생하며 피부에 반흔화를 동반하는 피부염, 설사가 뒤따른다. 불임이 이러한 증후군과 관련되어 왔다. 리놀레익산과, 아라키도닉산은 마우스 사료 중에 절대적으로 필요하다.

## 5. 흑색마우스에서 탈모와 만성 궤양성 피부염

흑색마우스는 탈모와 만성궤양성 피부염이 특징인 피부질환에 걸리기 쉽다. 그 병변은 C57BL/6, C57BL/10에서 흔히 관찰되는데, 이들이 흔히 연구에 이용되는 마우스이기 때문이다. 초기증상은 탈모와 구진성 피부염으로서 주로 배측 체간부에서 일어난다(그림 89).

심한 경우에 피부궤양이 뒤따르게 되어 안락사를 실시하게 되기도 한다. 한편, 원인 불명이지만 반흔조직이나 비정상적인 형상이 살아남은 마우스에서 관찰된다. 탈모 부위에서 여러 가지 세균에 대해서 미생물학적인 평가가 수행되었는데, 이는 2차적인 기회감염인자로 생각되며 진드기도 1차적인 원인으로 간주되지 않는다. 질병 발생에서 계절적인 변동이 보인다는 점으로부터 환경적인 요인이 역할을 한다고 생각한다. 특히 온도와 습도의 뚜렷한 변화가 있는 초겨울과 초봄에 증가한다. 사료와 관련되었다는 증거가 있는데 제한 식이를 하는 동물보다 자유 급이를 하는 동물에서 더 감수성이 높다고 한다. 그러나 특이한 식이 요소는 발견되지 않았다.

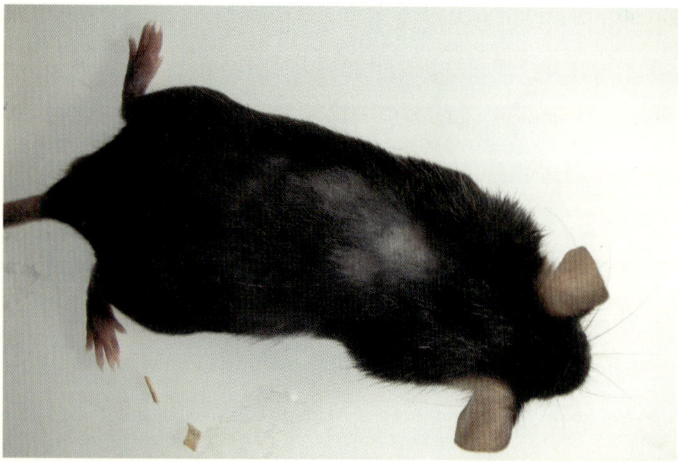

그림 89. C57BL/6 마우스의 탈모

## 6. 분만 후 장폐색

고도의 사망률을 보이는 장폐색이 비유 제2주쯤의 초산 암컷 마우스에서 때때로 일어난다. 원인 불명이다.

# 제3장 환경, 행동, 창상성 상해

환경요인들은 실험중에서 마우스의 반응에 영향을 준다. 암모니아 수준의 상승으로 인한 호흡기 상피의 생리나 기능의 변화, 대사에 미치는 습도나 온도의 영향, 망막 기능이나 눈 병변에 미치는 빛의 영향, 그리고 신경 생리에 미치는 소음의 영향은 사용되는 마우스 계통과 동물에 미치는 영향에 따라 일어날 수 있는 복잡한 합병증의 예들이다.

## 1. 온도관련 비정상

마우스는 온도의 급격하고 갑작스런 변화에 쉽게 적응하지 못한다. 따라서 저체온증이나 고체온증에 감수성이 높다. 마우스는 탈수에도 감수성이 높다. 제대로 제작되지 못한 물병이 엎질러진 경우 저체온증을 일으키고 물 꼭지가 막혀서 탈수가 일어나는 것은 이러한 환경적인 요인에 중요한 원인일 수 있다.

## 2. 링테일

링테일은 낮은 상대습도 때문에 일어나는 것으로 임상증상은 꼬리와 때때로 다리나 발가락에

환상의 압박부가 보인다. 그래서 국소적으로 부종이 일어나고 결과적으로 괴저가 일어난다. 그것은 털이 없는 마우스가 낮은 온도에 노출되어 일어나는 건조성 또는 괴저 병변이나 기타 환경요인, 영양적 불균형 등에 유래한 병변과 구별되어야 한다. 수유기 마우스에서 일어나는 다리와 발, 발가락의 괴사는 면섬유와 같은 둥우리를 만드는 물질에 의해 감겨서 혈액순환장애 때문에 일어난다.

## 3. 각막의 백탁

급성 또는 만성 각막염의 결과로서 각막의 백탁이 일어날 수 있다. 또 마우스 케이지 내의 암모니아 축적이 이러한 병변을 일으킬 수 있다는 증거가 있다. 케이지 청소 빈도의 증가로 이러한 것들이 감소될 수 있다.

## 4. 부정교합

부정교합은 제대로 교합되지 않은 절치 때문에 생기는 유전적인 요인으로부터 발생하는데 특히 아래쪽 절치의 과도한 증식 때문에 일어난다. 이러한 동물들은 입술과 구강내강에 농양과 괴사가 일어날 수 있는데 증식된 절치는 부정교합을 일으키고 어금니에 충치가 일어날 수 있다.

## 5. 피부창상

피부병변은 투쟁 또는 꼬리의 교상, 수염의 저작 등으로 일어날 수 있다. 투쟁은 수컷에 제한되어 있지는 않지만 그들이 더 공격적일 수 있다. 교상은 주로 두부, 경부, 어깨, 복부, 미부에 제한적으로 발생한다. 한 케이지 내의 한 마리의 동물은 보통 병변이 없는데 이 동물이 공격자 또는 우세자로 생각된다. 상처가 없는 수컷을 제거하면 싸움이 끝나고 상처를 받은 동물은 회복된다. 그러나 공격적인 수컷이 제거될 때 다른 동물이 제1인자가 될 수가 있는데 이때 싸움이 재개된다. 싸움은 일부 계통에서 잘 일어나며 특히 BALB/c 수컷에서 빈번하지만 교상에 의한 꼬리 병변은 다른 계통에서도 일어난다. 털을 씹거나 수염을 씹는 행위는(바버링) 사회적인 우세의 표현이다. 우세한 동물은 수염을 가지고 있는데 다른 동물들은 수염이 깎인 얼굴을 하고 있다. 만성적인 털의 저작으로 비정상적인 조직병변을 보이는 경우 제대로 털이 형성이 안 되었거나 또는 색소침착이 안 된 곤봉모양의 털을 가지게 된다. 일단 저작이 금지되면 대부분의 마우스는 탈모되었던 털이 몇 주내에 다시 나게 된다. 양성 모두 이러한 양상을 보이나 수컷보다 암컷에서 더 우세하다. 국부적인 탈모 특히 콧등 주변의 탈모는 케이지 표면에 대한 마모를 통해서 일어날 수 있다. 또는 부정확하게 희석된 소독제도 탈모를 일으킨다. 동물구별을 위한 금속성 표식판이 소양증 및 자절성의 상처를 일으킬 수 있다. 실험용 시약을 피부에 투여하기 전에 면도를 하면 소양증성 반응을 일으키고 실험결과에 혼동을 주는 증폭된 병변을 일으킬 수 있다. 진균, 그리고 외부기생충, 그 외 비특이적인 탈모 등이 콧등 또는 신체의 탈모에 대한 감별진단에서 고려되어야 한다.

## 제4장 선천성, 연령관련성 그외 기타 장애

### 1. 심맥관계

심방 혈전증은 계통관련성을 보이며 RFM마우스에서 아주 높게 만연되어 있다. 그것은 또한 나이든 마우스에서 흔하다. 왼쪽 심방과 심이에서 일어나며 아밀로이드 침착증을 수반한다. 질병이 보이는 마우스는 심장 이상, 특히 고도의 호흡곤란을 일으킨다. 동맥주위염이 나이든 마우스에서 일어난다.

### 2. 호흡기계

폐포 또는 기관지 상피의 증생이 나이든 마우스에서 나타난다. 이는 폐종양과 감별되어야 한다. 폐조직구 증가증은 C57BL 같은 특정 마우스 계통에서 자연적으로 일어나며 이는 연령이 증가함에 따라 발생이 증가한다. 조직학적으로 폐포는 호산성의 결절성 물질을 포함하고 있는 탐식구로 채워져 있다.

## 3. 소화기계

### 1) 위장관

위병변은 음와의 확장, 점막하조직의 섬유화, 선종성 위증생, 광물질침착, 미란, 궤양 등이 보인다. 위궤양은 스트레스 관련성이며 마우스에서 특히 지속적이다. 무균 마우스는 장관내 근육의 긴장이 감소한다. 맹장염전이 무균마우스에서 흔하게 일어난다.

### 2) 간

연령관련 병변은 마우스 간에서 흔하다. 세포 및 핵의 다형성이 보이는데 이핵 또는 다핵 세포가 6개월령부터 관찰된다. 경도의 소상괴사가 염증성 반응과 함께 또는 무관하게 일어날 수 있지만, 특이한 감염인자를 검출하기는 힘들다. 다른 간장병변으로서는 다양한 정도의 문맥성 간염, 간세포의 공포화, 아밀로이드 침착 (특히 문맥역), 또는 간엽의 허니아나 결찰, 혈철소 침착, 리포푸신 침착, 그리고 섬유화를 동반하는 담도의 증생이 보인다. 수외조혈이 어린 마우스에서 일어나며 빈혈이 발생하기 쉽다.

### 3) 췌장

체외분비부전이 CBA/J마우스에서 보고가 되었다. 선방세포의 위축은 흔하지만 계통과 성별에 따라 틀리다.

## 4. 림프세망내피계

나이든 마우스에서 장간막 림프절에 혈액흡수가 보이는데 특히 C3H에서 흔하다. 이러한 상황은 우연한 소견으로서 살모넬라와 관련된 감염성 림프선증과 혼동되어서는 안 된다. 단핵구 세포의 결절이나 집족이 타액선, 흉선, 난소, 자궁, 흉벽, 장간막, 방광, 소화기계 등 나이든 마우스의 많은 조직에서 발견된다. 이러한 결절은 악성 림프종으로 오인되어서는 안 된다. 비장에는 아밀로이드나 헤모시데린이 침착되기 쉽다. 리포푸신 침착도 늙은 마우스에서는 흔하다. 흉선은 연령 관련 위축을 보인다. 다양한 유전적인 면역결핍이 마우스에서 보고되었는데 그 중의 대부분은 감염성 질병에 감수성이 증가한다. 이중에서 가장 잘 알려진 것으로는 무흉선 누드 마우스인데 털이 없고 특히 흉선발달이 안 되며 T 림프구 관련 면역기능을 결핍하고 있다. 또 중증복합 면역결핍 마우스는 T 림프구. B 림프구를 결핍하고 있는데 *Pnemocystis carnii* 같은 기회감염인자에 감수성이 높다. 특이 면역결핍은 면역반응의 기작이나 면역관련 발생을 연구하는 모델로서 많이 사용되고 있다(표 11 참조).

## 5. 근 골격계

연령과 관련된 골다공증이나 골이영양증이 일부 마우스에서 일어난다. 그것은 중증의 신장 질환과 관련이 없고 또 부갑상선의 증생과도 관련이 없다. 이러한 마우스 계통의 대부분은 골관절증의 형태로 진전한다. 그것은 비염증성이며 관절 표면이 침습되고 그리고 2차적으로 골이 변성된다.

## 6. 비뇨기

사구체 신염은 마우스의 흔한 병변이다. 그것은 세균성 감염보다는 바이러스의 지속감염 또는 면역학적인 장애 때문이다. 어떤 계통에서는 100%의 병변이 관찰된다. NZB와 NZW F1 마우스는 면역복합체 사구체 신염이 사람의 SLE와 유사한 자가면역 질병으로서 진전된다. 반면에 사구체 질병은 NZB 마우스에서는 비교적 경도이다. NZB 마우스에서는 자가면역성 용혈성 빈혈이 높은 비율로 일어난다. 신장변화는 4개월 령으로부터 일어난다. 그러나 임상증상과 중증 병변은 6~9개월까지는 관찰되지 않는다. 질병은 소모성 질환 및 단백뇨와 관련이 되어 있는데 병변은 사망이 일어날 때까지 진행된다. 조직학적으로 사구체에 단백질성 물질이 메산지움에 침착한다. 세뇨관의 위축과 단백원주가 신장전역에 일어난다. 면역형광법으로 보면, 면역 글로블린과 보체의 제3요소가 축척되어 있는 것을 볼 수가 있는데, 그러한 것들이 핵항원과 설치류 Leukemia 바이러스의 항원과의 면역복합체로서 사구체모세혈관에 존재한다. LCMV에 감염된 마우스나 Retrovirus에 감염된 마우스는 면역복합체 사구체 신염으로 진행한다.

마우스는 만성 사구체증을 보일 수 있는데, 그것의 특징은 사구체 기저막이 진행성으로 비후되는 것이고, 아밀로이드 염색법으로 염색되지 않는 PAS 양성물질의 축척이 보인다. 이 병변은 간질세포의 증가가 수반되고 국소적인 그리고 산재성 단핵구 세포의 침윤 그리고 섬유화가 뒤따른다. 진행된 경우에서는 신장의 기능부전이 일어날 수 있다 .

간질성 신염은 세균이나 바이러스 감염에 의해서 일어날 수 있지만 자가발생적일 수도 있다. 전형적인 병변은 소상, 국소적 또는 미만성의 간질성 단핵구 침윤이 일어나며 사구체에도 병변이 보일 수 있다. 중증 병변은 섬유화, 신실질의 형태적 왜곡 또는 뇨세관 내의 단백원주가 뒤따르지만, 광물질화는 보이지 않는다. 신기능부전이 일어나면 복수가 뒤따르게 된다. BALB/c와 같은 일부 계통의 마우스는 다발성 낭성 신질환을 일으키게 되는데, 심한 경우에는 정상 신장기능을 소실한다. 요도의 폐색이 급성 또는 만성으로 수컷에서 일어나게 된다. 임상증상은 회음부가 요실금으로 인해서 젖어 있게 된다. 심한 만성의 경우에는 요실금으로 피부가 지속적으로 젖게 되어 봉와직염이나 궤양이 일어나게 된다. 부검시 방광이 확장되어 있고, 또 방광의 경부나 요도 근위부에서 단백질성 플러그(plug)가 관찰된다. 만성의 경우에 오줌은 혼탁해지고, 요석이 방광에 생기게 된다. 또 방광염, 요도염, 전립선염, 귀두염 그리고 수신증이 나타나게 된다. 이러한 플러그는 감염성 방광염이나 신우신염 또는 사망시 부생식선으로부터의 분비물과 구별되어야 하는데 그것은 염증반응과 관련이 없다. 수신증 그 자체는 요도의 폐색과 관련 없이 일어날 수 있다. 상행성 신우염이 요도의 감염 후 2차적으로 마우스에서 일어날 수 있다.

## 7. 생식기

### 1) 암컷

난소외측 낭종이 흔히 보이는데, 이것은 마우스 난소가 막성 물질에 둘러싸여 있다는 사실과 일치한다. 아밀로이드 침착이 늙은 마우스의 난소에서 흔하다. 낭성 자궁 내막 증생증은 편측 또는 대칭성으로 일어나는데 분절성이다. 어떤 계통에서 18개월 이상의 늙은 마우스의 만연율은 100%이다. 자궁 내막 증생증은 난소위축과 관련되어 있다. 자궁 점액증은 성숙 암컷마우스에서 비교적 흔하다. 1차적인 임상증상은 복부팽창인데 임신을 하지 않은 마우스가 임신한 것처럼 보인다.

### 2) 수컷

정소위축, 정자 육아종 그리고 정관의 광물질 침착이 다양한 발생빈도로 일어난다. 부생식선의 염증도 일어난다. 특히 면역저하된 마우스에서는 귀두선이 기회 감염 또는 병원성 세균에 의해 감염될 수 있다.

## 8. 내분비계

특히 암컷에서 부신피질 결절이 부신 주위 또는 신장주위 지방조직에서 관찰된다. 이러한 조직은 기능상 거의 의미가 없고, 외과적으로 부신 적출을 하였을 때 부신의 기능이 잔존하게 되는 원인으로 된다. 리포푸신 침착이나 피막하 방추형 세포 증생, 그리고 피질의 유동 확장이 나이든 마우스의 부신피질에서 발견된다. 일부 근교계는 항갑상선 호르몬이 결핍되어 있어서, 갑상선이 위축된다. 각화 평편 상피로 내연되어 있으며 일반적으로 ultimobrancial 기원인 갑상선 낭종은 늙은 마우스에서 관찰이 된다. 아밀로이드가 갑상선, 부갑상선 그리고 부신에 축적될 수 있다. 자연적인 당뇨병이 비만 당뇨병 마우스(NOD mice) 같은 일부의 유전적 돌연변이 계통에서 일어난다. 임신기에 에스트로겐 수치가 높아지면 분만 후 털이 빠지게 된다. 각종 내분비 영향이 털의 성장에 영향을 주는 것으로 보고되어 왔다. 복부 그리고 흉부 탈모가 B6C3F1마우스에서 보고되었다.

## 9. 신경계

대칭성 광물질 침착이 나이든 마우스의 시상에서 일어난다. 그리고 중뇌나 대뇌, 소뇌에서도 관찰이 되는데, 특히 A/J마우스에서 흔하다. 리포푸신은 늙은 마우스의 신경세포에서 축적된다. 연령과 관련된 말초신경증이 탈수와 함께 보이는데, C57BL/6 마우스의 후지 신경에서 관찰된다. 멜라닌 색소의 축척이 특히 전두엽에서 관찰이 된다. 신경학적으로 돌연변이가 일어난 많은 마우스들이 보고되었는데 그들은 선천성 대사의 결함 또는 해부학적 이상과 관련되었다.

## 10. 특수 장기

### 1) 눈

망막변성이 환경이나 또는 유전적 요인 때문에 일어난다. 알비노마우스는 근교계나 비근교계 관계없이 빛의 노출로부터 망막변성이 일어난다. 그리고 맹목의 진전은 빛의 강도와 노출기간에 관련되어 있다. C3H나 CBA 마우스 같은 계통은 유전적으로 망막변성의 소인이 높다. C3H/He 마우스는 *rd*(망막변성) 유전자를 보유하고 있는데 망막변성이 생후 첫 주에 일어나게 되고 색소침착(retimitis pigmentosa) 망막염의 모델로서 광범위하게 이용되고 있다. 맹목은 건강에 영향을 주지도 않고 또 생산에 영향을 주지도 않는다. 눈먼 마우스는 표준적인 케이지에서 사육할 때 눈멀지 않은 마우스와 구별될 수 없다. 백내장은 늙은 마우스에서 보이며 일부 특정 계통의 돌연변이 마우스에서 흔하다.

### 2) 귀

전정증후군이 사경과 관련되어 일어나고, 선회 운동이나 균형소실은 감염성 내이염이나 중이 또는 내이근처의 소형 또는 중형크기의 동맥에 영향을 주는 원인불명의 괴사성 혈관염의 결과로서 나타난다.

# III. 마우스와 랫드의 감염성 질병의 진단

# 제1장 육안적 또는 조직병리학적 진단방법

병리학은 질병의 원인에 대한 분류를 하여 더욱 구체적인 접근을 하도록 해준다. 병리학적 관찰을 통하여 동물에 혈청 항체가 생기기 전에, 질병이 현성화되어 있는 상태를 관찰할 수 있다. 또한 실험실진단법이 불확실하거나 아직 확립되어 있지 않는 질병의 검사에 유용하게 이용될 수 있다. 대표적인 예가 마우스에 감염되는 *Helicobacter hapaticus*로서 만성 또는 발암성 독성시험중에 발생한 간염과 간암의 병변을 보고 균을 분리할 수 있었다.

## 1. 병리학

미생물 모니터링 중 장기 또는 조직에서 이상이 관찰되면 샘플을 채취하고, HE염색 그리고 특수 염색을 통하여 조직학적 변화를 확인한다. 미생물의 특정 단백질은 면역조직화학을 통하여, 그리고 핵산은 in situ hybridization법을 통하여 조직 내에서 증명하기도 한다.

## 2. 기생충학

실험동물 사체의 표피나 털에서 진드기나 이 등을 검사한다. 장관 등의 조직에서 알을 검사하기도 한다. Demodex는 표피를 긁어서 검사하며 털진드기는 투명 테이프를 붙여 검사한다. 장관내의 원충은 슬라이드 글라스 위에 놓고 관찰한다. 장관내 기생하는 기생충은 분변부유법을 통하여 관찰하고 요충(*Syphacia obvelata*)은 항문에 투명테입을 붙여 관찰한다.

## 제2장 미생물을 배양하여 생화학적 방법으로 동정하는 미생물학적인 방법

미생물의 분리와 전통적인 동정법은 특정미생물이 특정 질병의 원인이라는 증거를 제공하므로서 Koch의 가설을 입증하는 가장 확실한 방법이 된다. 세균이나 생물학적 제재에 감염된 바이러스를 분리하는 것은 미생물 모니터링에 일반적으로 이용되고 있지만 동물에서 바이러스를 분리하는 것은 실용적인 방법이 아니다. 그 이유는 면역학적으로 정상적인 동물들은 체내에서 바이러스가 장기간 잠복하지 않으며, 바이러스를 분리할 수 있는 기간이 짧기 때문이다. 또한 특정 바이러스는 특정 동물 또는 특정세포에서만 증식하기 때문에 수많은 배양계를 준비하여 검사하는 것이 힘들기 때문이다. 그러나 바이러스의 분리는 다른 시험법을 확신하는데 신뢰할 수 있는 방법이다.

### 1. 세균학

시료를 배양할 때 선택배지를 이용하여 배양한다. 시료채취에 일반적으로 적용되는 상부기도나 대장 등은 수많은 미생물이 감염되어 있는 곳으로 특정 병원성 미생물의 배양분리가 힘들다. 이러한 문제점을 해결하기 위하여 항생제나 색소 등이 포함된 선택배지를 이용하여 일부 세균의 증식을 억제하는 방법을 사용할 수 있다. 예를 들면 MacConkey' s agar는 담즙성분과 crystal violet를 포함하고 있어서 대부분의 그람양성 세균은 증식을 못하는데 그람 음성균은 증식하게 된다. 또한 분변이나 장 내용물에서 *Helicobacter* spp.를 분리하기 위해서는 항생제가 포함된 배지를 사용하는데, 장내 미생물의 증식을 억제하면서 Helicobacter를 분리할 수 있다. 시료를 채취할 부분을 고려할 때 원하지 않는 균의 과도한 증식을 억제하기 위하여 다른 균들이 혼재되어 있지 않을 것으로 생각되는 특정 부분을 채취하는 것이 좋다. Bordetella *bronchiseptica*가 감염된 동물의 기관에서 배양을 하면 다른 균들은 거의 분리되지 않고, *Bordetella bronchiseptica*를 쉽게 배양할 수 있다. *Corynebacterium kutscheri*는 감염 랫드의 악하 림프절에서 쉽게 분리할 수 있다. 배지에 특정 성분을 첨가하여 소수로 존재하는 세균의 분리를 용이하게 할 수도 있다. 예를 들면 Selenite broth는 장내 Sallmonella균을 분리하는 데 이용된다.

배지 중에는 대사의 특징을 이용하여 집락을 형태적으로 구별할 수 있게 하는 데 이용되기도 한다. MacConkey' s Agar에서 락토스를 발효하는 세균은 집락이 분홍색으로 보이나 그렇지 않은 세균은 무색의 집락을 보여준다. 대부분의 병원성 세균들이 보통 섭씨 35~37°C의 일반배양기에서 잘 증식한다. 그러나 마이코플라즈마는 PPLO 배지에서 배양해야 하고, $CO_2$를 필요로 한다. Campylobacter나 Helicobacter는 혐기성 환경이 필요하다. 배양 후 집락의 형태학적 특징을 관찰하고 동정을 하기 위하여 계대 배양을 한다. 단일 집락을 계대 후 세균을 도말하여 위상차 현미경으로 관찰하거나 Gram염색을 통하여 광학현미경으로 관찰하여 세균의 크기, 형태, 운동성 등을 보고 세균을 진단한다. 또한 개별적인 생화학적 특성을 조사할 수 있거나 다수의 생화학적 특징을 동시에 검사할 수 있는 기구 등을 이용하여 세균의 생화학적 성상을 동정하여 진단한다. 균주 확인을 위하여 혈청진단이나 유전자의 특징도 함께 검사하는 것이 일반적으로 수행되고 있다.

## 2. 바이러스학

바이러스는 세포 내에서만 증식하는데 숙주밖에서는 스스로 복제할 수 없는 특징을 보인다. 대부분의 바이러스는 제한된 숙주역을 가지고 있어서 특정 동물은 감염시키나 다른 동물에 대해서는 그렇지 못하다. 한 동물에 있어서도 각각 감염이 일어나는 장기 조직이 틀려서 이러한 성질을 바이러스의 조직특이성이라 한다. Sendai virus는 폐특이성으로서 폐에서 일차적으로 증식한다. Reovirus는 다장기친화성을 보이며 전신장기에서 증식한다.

진단실에서 바이러스를 분리하는 데 이용하는 숙주계로서는 세포주, 수정란, 신생실험동물 등이다. 배양에 이용되는 대부분의 세포주는 계대 배양할 수 있도록 확립된 것이지만 초대 배양 세포주나 조직편을 배양에 이용하기도 한다. 다양한 바이러스를 분리하기 위해서는 바이러스의 다양한 조직 특이성과 동물 특이성 때문에 몇 가지의 세포주들에 접종을 해야 한다. 그러나 한 가지의 바이러스를 분리하기 위해서는 한두 종의 세포주가 있으면 된다. 바이러스에 감염된 세포는 합포체의 형성이나, 세포용해와 같은 세포변성효과(CPE)를 보인다. 이러한 변화는 특징적으로, 감염바이러스를 동정하는 데 도움을 준다. 세포변성효과를 보이지 않는 바이러스는, 적혈구를 응집하는 Sendai virus의 경우에서처럼 혈구응집반응과 같은 다른 방법으로 바이러스의 감염여부를 확인한다. 전자현미경으로 관찰하는 것이 분리바이러스를 확인하는 신속한 방법이다. 세포주가 바이러스를 분리하는 데 주로 이용되고는 있지만 분리하기 어려운 바이러스나 다종의 바이러스를 분리하기 위하여 실험동물과 또 일부의 경우지만 수정란을 이용하는 경우가 있다. 세포주에서 분리주가 분리되기까지 적응하는 시간 즉 계대에 걸리는 시간이 동물에서는 절약될 수 있으며 또한 동물을 이용하였을 때는 검사시료에 포함되어 있는 비특이적인 독성물질이나 세균, 진균 등에 대하여 덜 민감하게 반응하기 때문에 바이러스를 분리하기 용이한 점도 있다. 생체 내에서 바이러스 분리율을 높이기 위하여 다양한 바이러스의 조직 특이성을 만족시키도록 투여경로를 다양화하는 것이 좋다. 생물학적 시료를 동물에 투여한 다음 질병이 나타나거나 사망할 때까지 매일 관찰을 한다. 이환율은 신생동물이나 면역력이 저하된 마우스 또는 종 특이성이 있는 동물에서 높게 된다. LCMV와 같이 면역관련 질병을 일으키는 바이러스는 예외로서 면역력이 있는 동물에 LCMV를 뇌내 접종하면 림파구성 맥락수막염이 발생하지만 T 림프구 결손 마우스에서는 이환하지 않는다. 이환율이 항상 바이러스 감염의 지표가 될 수는 없는데, 면역력이 있는 이유기의 마우스는 종종 불현성 감염을 보이며, 또 어떤 바이러스는 신생자나 면역력이 없는 실험동물에서조차 병원성을 보이지 않는다. 동물이 바이러스에 감염된 경력이 있는지를 확인하는 방법으로 바이러스 특이 혈청을 검사하는 혈청학적 방법도 있다. 이러한 혈청학적 방법은 MAP(Mouse antibody production)나 RAP(Rat antibody production)법에 이용되고 있다. 설치류를 이용한 항체생산법은 정확하고 포괄적인 방법인데 그 이유는, 자연적인 숙주로서 마우스와 랫드가 야외분리주나 실험실에서 분리된 바이러스에 대하여 감수성이 있고, 혈청학적인 방법이 감도와 특이성에 있어서 아주 높기 때문이다. 현재 MAP시험은 사람에서 사용될 설치류유래의 생물학적 제품에서 바이러스를 검출하는 데 이용되고 있다. MAP시험에서는, 외인성 바이러스에 대하여 감염되어 있지 않고 면역능력이 있는 이유기의 마우스에 검사시료를 다양한 경로로 투여한다. MAP마우스는 우발 감염을 막기 위하여 격리시설에서 사육된다. 약 4주 후 혈청검사를 하여 바이러스 감염여부를 확인한다.

LCMV에 대한 면역력을 이용하여 MAP시험을 하는 방법도 있다. 이는 마우스에 시험물질을 먼저 접종하고 2주 후 치사량의 LCMV를 마우스의 뇌내 접종하여 마우스가 사망하는지를 관찰하는 방법이다. 검사시료에 LCMV가 감염되어 있었다면 마우스에서 항체가 형성되어 추가 접종을 하여도 생존하지만 그렇지 않으면 6~9일 만에 사망하게 된다. LCMV에 대한 MAP시험은 동물복지 측면에서도 허용되고 있는데 그 이유는 LCMV가 인수공통전염병으로서 공중보건학적으로 중요하기 때문이다.

LDV는 측정할 수 있는 정도의 항체가를 마우스에서 생성하지 않기 때문에 혈청학적 방법을 적용하기 힘들다. LDV의 경우는 혈장 또는 혈청 중 LDH치가 10~20배 상승하면 감염을 의심할 수 있으며 상승된 혈청을 다시 SPF동물에 접종하여 LDH가 상승하는 것을 확인하고 PCR법을 통하여 확진한다.

# 제3장 현미경학적, 혈청학적 및 유전학적인 방법을 통하여 미생물을 동정하는 방법

바이러스나 일부 배양이 힘든 세균에 대해서는 배양을 통하여 실험동물의 질병감시를 하는 것이 어려운 경우가 있다. 설치류를 이용한 항체생산방법이 감도는 높지만 시험을 완료하는 데까지 적어도 5주가 소요된다. 분리를 하는 방법의 대체법으로서 검사시료에서 잠복가능한 병원체를 직접 검사하는 방법이 있다. 검사시료를 직접 현미경으로 검사하여 병원체를 검사하는 방법은 병원체의 농도가 높아야 하고 다른 방법에 의한 확진이 필요하다. 진보된 혈청학적인 방법이나 분자생물학적인 방법 특히 PCR과 같은 방법이 검사시료나 배양세포에서 직접적으로 미생물을 검사할 수 있는 신속하고 정확한 방법으로서 이용되고 있다.

## 1. 혈청학적 방법

### 1) Latex 응집반응

항체가 코팅되어 있는 latex 입자들의 응집 또는 침전을 이용하는 방법으로서, beta-hemolytic streptococci 등에서 일반적으로 가지고 있는 균속 특이적이며 세포벽 carbohydrate (C) 항원들에 대한 특이 항체를 포함하는 면역혈청을 검출하는 과정으로 [그림 1]에 설명되어 있다.

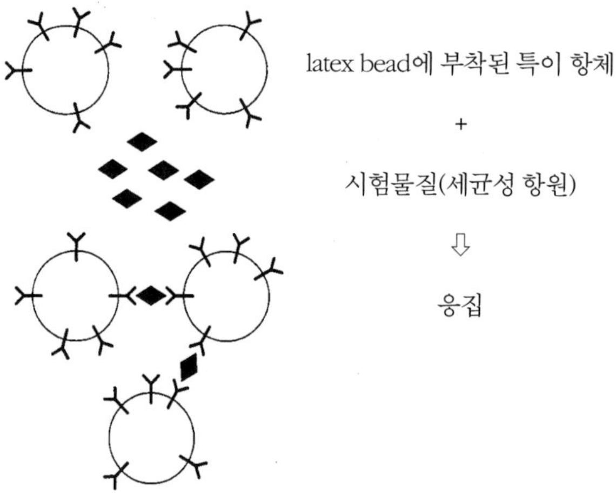


그림 1. Latex 응집반응에 의한 세균의 혈청형 분석

## 2) 직접 또는 간접 면역형광항체법

일반적으로 조직내 항원을 검출하기 위해 사용한다. 바이러스에 감염된 것으로 의심되는 세포 또는 조직을 슬라이드에 고정시킨 후 직접법인 경우 형광표식 항혈청이 감염세포내 항원과 반응하고 간접법인 경우 형광표식 2차항체는 특이항체가 감염된 세포내 항원과 반응할 때 생성되는 항체/항원 복합체와 반응한다(그림 2). 슬라이드로부터 유효한 결과를 얻기 위해 훈련되고 숙련된 기술자에 의해 해석되어야 한다.

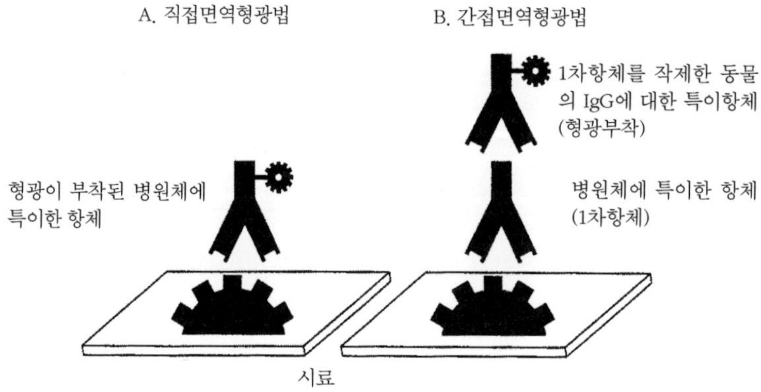


그림 2. 직접 또는 간접 면역형광항체법

### 3) 샌드위치 ELISA법

[그림 3]은 ELISA 플레이트에 단클론 항체를 부착시켜 놓고 시료를 떨어뜨린 후 형광이나 효소와 같은 표식자가 포함된 항체를 다시 붙여 주어 여기에 기질을 첨가하여 이를 발색시켜 시료에 특이적으로 항체가 붙는지를 보아 항원의 epitope를 진단하는 방법이다.

## 2. 분자생물학적 방법을 이용한 방법

### 1) DNA probe의 hybridization

조직내 있는 DNA를 변성시킨 후 샘플과 안정된 probe-target hybirds가 이루어질 probe를 반응시킨다. 이후 여기에 라벨을 붙여 특이적으로 결합한 hybrids를 검출하게 된다(그림 4).

### 2) Polymerase Chain Reaction(PCR)

PCR은 templete DNA에 2개의 목표가 되는 DNA의 상보적 줄기에 반대방향으로 결합할 수 있

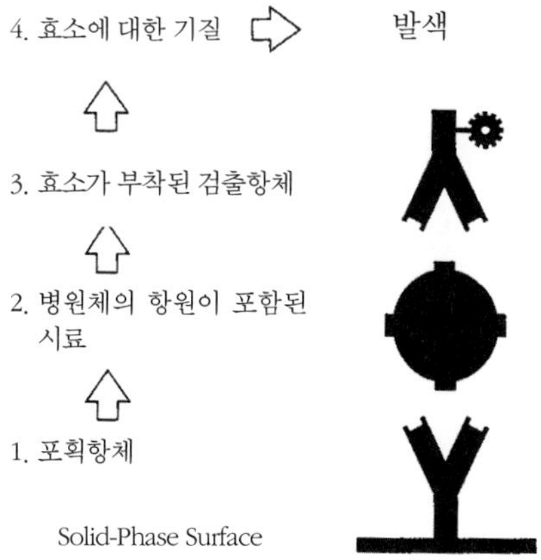


그림 3. 미생물 항원검출을 위한 이중 항체 샌드위치 효소면역법

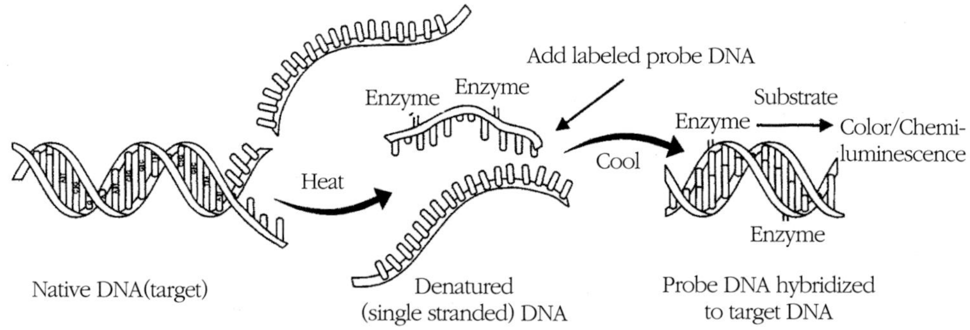


그림 4. 효소가 부착된 DNA probe를 이용한 교잡법

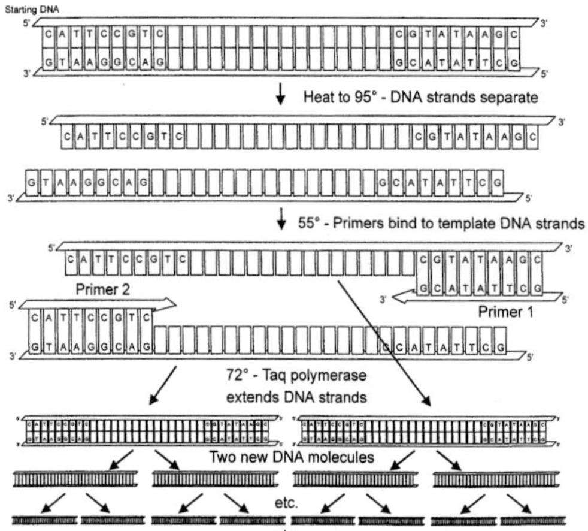


그림 5. Polymerase chain reaction(PCR)의 단계 먼저 임상시료에서 추출한 핵산을 높은 온도 (e.g. 95°C)에서 변성(denaturation)시킨다. 그 다음 프라이머가 낮은 온도 (e.g. 55°C)에서 그들의 상보적인 증폭 대상 시퀀스에 결합된다. 마지막으로 DNA polymerase가 프라이머를 증폭함으로써 대상 시퀀스의 복제물을 합성한다.

게 선정하여 각 PCR cycle을 통하여 증폭시키게 된다. 먼저 열을 가하여 변성시켜 DNA를 두 가닥으로 벌려 놓고 온도를 다시 낮춤으로 프라이머가 결합하게 되고 extension을 통해 Taq 중합효소에 의해 DNA의 새로운 상보 염기가 생성된다. 위의 과정이 cycle 수에 따라 반복되어 실행됨으로 원하는 목표 염기서열이 증폭된다. 이 과정이 [그림 5]에 모식도로 그려져 있다.

# 제4장 동물에 형성된 항체를 혈청학적으로 진단하는 방법

## 1. 혈청학적 진단의 일반적 고찰

혈청학적 검사는 이미 검증된 질병의 진단을 확인해 줄 뿐만 아니라 아직 밝혀지지 않은 새로운 질병을 밝히는 데 유용하다. 이런 진단적 혈청 검사는 특정 항원에 대한 특이적인 면역글로블린을 검출할 뿐 아니라 환경 중 독성물질과 임상적으로 흥미로운 항원을 검출하고 숙주의 항상성과 대사에 관련된 산물을 밝히는 데도 적용된다. 실험동물의 감염성 질병의 진단에서는 Sendai virus, Mycoplasma, Tyzzer disease, MHV 등의 질병의 진단 kit가 유용하게 이용되고 있다. 이런 진단적 혈청 검사를 위해서는 검사 계획과 최적의 조건을 설정하는 것이 중요하다. 이상적인 검사 결과는 역가의 측정이 가능하며 이항적(positive/negative) 진단적 실현성을 가지고 있어야 한다. 이를 위해서는 잘 알려진 질병상태에 대하여 많은 집단에서 얻어진 검사수행 자료(sensitivity와 specificity)와 대표 집단의 실제 유병율(disease prevalence)의 정확한 평가가 요구되어진다.

### 1) 혈청학: 항원-항체 복합체 농도의 측정

Immunoassay의 기본 원리는 특정 항원에 대한 면역 글로불린이 결합하는 정도를 측정하는 것이다. 항원-항체의 결합은 다음 요소에 영향을 받는다.

a. 항원-항체 복합체

b. 항체의 친화력

c. 항체의 결합력

항원과 항체의 결합은 다음의 법칙을 따른다(the law of mass).

$$K = \frac{[\text{antigen-antibody complex}]}{[\text{antigen}]\,[\text{antibody}]}$$

$$[\text{antigen-antibody complex}] = K\,[\text{antigen}]\,[\text{antibody}]$$

K: 결합 상수(association constant)

antigen: 항원 농도

antibody: 항체 농도

antigen-antibody complex: 항원-항체 복합체 농도

이상적인 반응에서는 항원의 농도가 일정하다면 항원-항체 복합체의 농도는 항체의 농도에 따라 변한다. 그러나 항체의 친화력과 결합력에 따라서 동일한 면역 글로블린 농도를 가진 샘플이라도 항원-항체 복합체의 농도는 달라진다.

### (1) 항체의 친화력

Affinity(친화력)은 항체의 하나의 항원 결합 부위와 하나의 항원 결정기 사이의 단일 비공유 결합강도를 의미한다. 친화력은 샘플의 면역 글로블린의 결합의 준비와 polyclonal 항체의 경우 idiotype에 따라 달라진다.

### (2) 항체의 결합력

Avidity(결합력)는 다가의 항체와 항원의 다수의 결합의 강도의 총체를 의미한다. 미생물 항원은 다가(polyvalent)이며 면역글로블린은 2(IgG, IgE), 4(secretory IgA) 또는 10(IgM)개의 항원 결합 부위를 가진다. 다수의 결합은 항원-항체 결합의 강도를 $10^7$배까지 상승시킨다. Pentameric 구조인 IgM은 IgG보다 친화력은 낮지만 더 높은 결합력를 가진다.

## 2. Immunoassay 결과의 해석

### 1) 임계값의 설정

Immunoassay의 전제는 정상동물과 질병이 이환된 동물의 차이(disease negative와 disease positive)를 assay signal을 통해 알아내는 것이다. 측정 임계값(end point)의 적절한 설정은 signal 차이에 의한 질병의 진단과 직접적인 연관을 갖게 된다. Immunoassay를 실행한 어떤 집단의 immunoassay signal의 분산도를 다음과 같은 기준을 설정 후 표로 나타내면 [그림 6]과 같이 나타낼 수 있다.

표준 편차(standard deviation); 100
평균 titer(mean titer); disease negative 400
disease positive 700

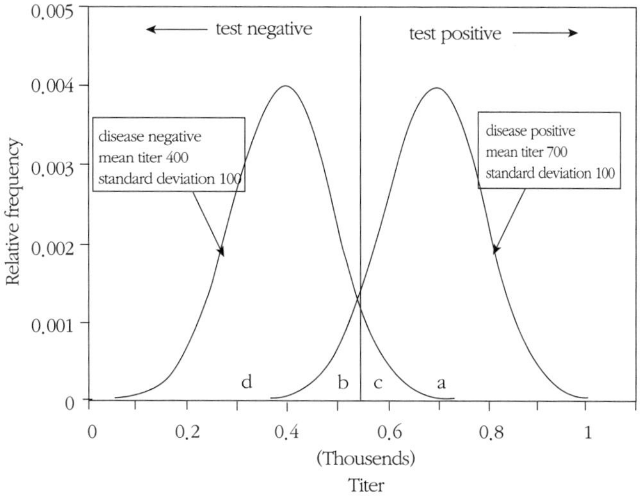


그림 6. 정상적인 사람과 질병에 이환된 사람을 가정한 상태에서 측정한 assay signals의 상대적 수치 그려진 부분은 각각 a: 진양성, b: 위음성, c: 위양성, 그리고 d: 진음성을 나타낸다. (Tyler JW, JAVMA 11)

임의의 임계값보다 높은 assay signal을 양성이라 하고 임계값보다 낮은 assay signal을 음성이라 한다. 질병에 이환된 동물이 선택한 임계값보다 낮은 assay signal을 가져 test-negative로 검증되면 이 실험 결과를 false-negative(위음성)라 한다. 그와 반대로 정상 동물이 임계값보다 높은 assay signal을 가져 test-positive로 검증되면 이 실험결과를 false-positive(위양성)이라 한다. Sensitivity는 정확하게 실제 양성(질병 상태)으로 밝혀질 가능성을 의미하고 Specificity는 정확하게 실제 음성(정상 상태)으로 밝혀질 가능성을 의미한다. [그림 6]에서 titer의 분포가 겹치는 부분은 정상 상태와 질병 상태가 연속되어 이 부분에 분포하는 동물에 대한 정확한 해석이 어렵게 된다. 따라서 signal 분포가 겹치지 않게 검사 체계를 적정화해야 한다. [그림 7]과 같은 평균값을 가지면서 표준편차가 양성과 음성집단에서 감소되면 중첩되는 부분은 감소될 것이다. 또한 임계값을 설정하는 것이 시험방법에 큰 영향을 주는데 임계값을 낮추면([그림 6]에서 임계값을 왼쪽으로 이동) 위음성이 감소하게 되어 sensitivity가 증가된다. 그러나 위양성이 증가되어 specificity는 감소된다. 이와 같이 임계값의 설정은 immunoassay signal을 판단하는데 중요한 요소가 된다.

표준 편차(standard deviation); 50
평균 titer(mean titer); disease negative 400
disease positive 700

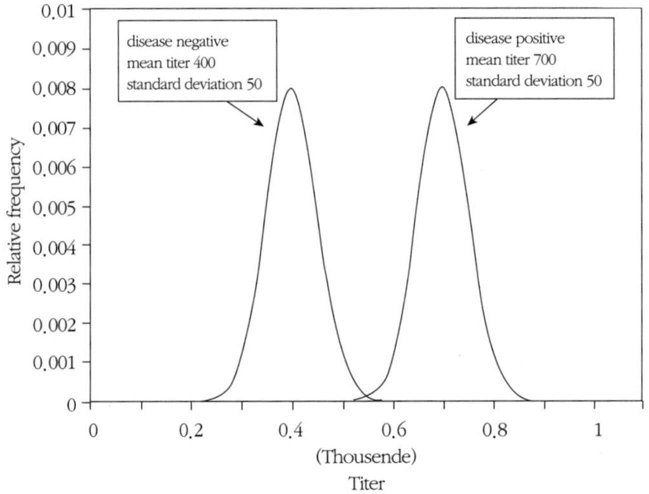


그림 7. 정상적인 사람과 질병에 이환된 사람을 가정한 상태에서 측정한 assay signals의 상대적 수치로써 이는 진단적 효용성에 있어서 실험결과들의 다양한 효과를 설명하고 있다. (Tyler JW, JAVMA 11)

## 2) Titer와 항체 농도

Titer는 항체 농도의 측정수치이다. Titer의 상대적 비교는 다양한 immunoassay 방법을 사용하여 immunoglobulin의 측정하한선을 비교하므로서 평가할 수 있다(표 1).

[표 1]의 상대적 sensitivity factor는 이론적인 근사치이므로 다른 assay 방법의 결과와는 비교해서는 안 된다. 또한 titer는 assay 조건에 상당한 영향을 받기 때문에 약간의 변화가 있을 수 있다.

## 3) 항체 농도와 질병에 대한 저항성

질병에 대한 저항성과 혈청학적 검사결과는 직접적인 연관성을 가지지 않는다. 면역 글로블린은 조직과 체액강(fluid spaces)에 균일하게 존재하지 않는다. IgM은 혈관 순환계에만 존재하며 오직 IgA만이 점막 표면으로 분비된다. 따라서 혈청 titer는 조직이나 점막 표면의 체액성 면역을 반영하지는 못한다. 또한 면역글로블린이 외래 항원에 대하여 직접적으로 반응을 하지만 보체 체계, T 림프구, 포식 세포(대식구, 중성호구) 등이 결손되면 체액성 면역과 상관 없이 생명에 치명적인 결과를 가지고 온다. Salmonella dublin을 보균하는 소는 높은 항체 titer를

표 1. 각종 면역진단법의 감도 비교

| Technique | Approximate sensitivity (mg/dl) | sensitivity* factor |
|---|---|---|
| Immunoelectrophoresis | 5 to 10 | 1 to 2 |
| Single radial immunodiffusion | 〈1 to 2 | 5 to 10 |
| Doble immunodiffusion | 〈1 | 10 |
| Electroimmunodiffusion | 〈0.5 | 20 |
| Nephelometry | 0.1 | 100 |
| Complement fixiation | 0.001 | 104 |
| Agglutination | 0.001 | 104 |
| ELISA | 〈0.001 | 104 |
| Quantitative immunofluorscence | 〈$10^{-9}$ | $10^{10}$ |
| Radioimmunoassay | 〈$10^{-9}$ | $10^{10}$ |

*Sensitivity factor was calculated by dividing lower detection limit of immunoelectrophoresis by that of the test in question. (Tyler JW JAVMA(1)

가지지만 이 항체는 포식작용을 촉진하고 세균은 phagolysosome 내에 존재하게 된다. phagolysozome 내에 증식할 수 있는 미생물(eg, *Salmonella* spp., *Brucella abortus*, *Listeria monocytogenes*), 숙주 세포의 세포질(infectious bovine rhinotracheitis virus) 또는 유전체(bovine leukosis virus) 내에 잠복성의 증식소를 형성하는 미생물은 세균혈증이나 바이러스혈증(respiratory syncytial virus) 없이 세포 사이를 이동해 항원 특이적 면역 글로불린과 관계된 면역체계에 영향을 받지 않는다. 따라서 높은 항체가는 질병에 대한 저항성을 의미하는 것이 아니라 항원에 대한 노출 정도를 의미한다. 한편 일부의 항원-항체 반응은 동물의 건강을 해치기도 한다. 세 가지 형태의 급성 과민반응(anaphylaxis, arthus reaction, serum sickness)이 대표적인 예이다.

### 4) 혈청검사결과와 진단

시험결과 진양성(질병 상태)과 위양성을 모두 고려해야 한다. 시험결과 양성결과에 대한 예측치(predictive value)는 진양성 동물이 실제로 질병에 이환될 동물일 것이다.

| | | 질병상태 | |
|---|---|---|---|
| | | + | — |
| 검사결과 | + | a | b |
| | — | c | d |

a = (true P): 진양성: 검사결과 양성이면서 질병에 이환된 동물 수
b = (false P): 위양성: 검사결과 양성이면서 질병에 이환되지 않은 동물 수
c = (false N): 위음성: 검사결과 음성이면서 질병에 이환된 동물 수
d = (true N): 진음성: 검사결과 음성이면서 질병에 이환되지 않은 동물 수

민감도(Sensitivity) = a/(a+c)
특이도(Specificity) = d/(b+d)
이환율(Prevalence) = (a+c)/(a+b+c+d)
Predictive value / positive test = a/(a+b) true positive/test positive
Predictive value / negative test = d/(c+d) true negative/test negative
Odds ratio = (a∗d)/(b∗c)
$\chi^2 = [(a*d)-(b*c)]^2 * (a+b+c+d)/[(a+b)*(a+c)*(b+d)*(c+d)$

예를 들어, 10,000마리의 마우스에 대한 혈청 검사에서 다음과 같은 결과가 도출되어 Salmonellosis의 근절을 계획한다면, 특이도(specificity), 민감도(sensitivity), 예측치(predictive value)는 다음과 같이 계산될 수 있다.

Test Result

| | | 질병상태 | |
|---|---|---|---|
| | | + | — |
| 검사결과 | + | 99 | 99 |
| | — | 1 | 9,801 |

+ : 양성

—: 음성

Sensitivity = 99/(99+1)=0.99

Specificity = 9,801/(9,801+99)=0.99

Prevalence = (99+1)/(99+99+1+9,801)=0.01

Predictive value / positive test = 99/(99+99)=0.50

Predictive value / negative test = 9,801/(9,801+1)=1.0000

검사의 특이도와 민감도는 99%에 이르지만 1%의 진음성 마우스를 위양성으로 진단할 것이다. 그리고 양성의 마우스가 실제 Salmonellosis일 확률은 50%밖에 되지 않는다. 즉, 실제적 감염질병에 대한 대책은 시험결과 양성의 결과만으로는 이루어질 수 없음을 의미한다. 민감도를 높이면 위양성 동물을 필요없이 도태시키지 않으면서 질병의 근절계획에 도움이 될 것이다.

### 5) 혈청 전환(seroconversion)

혈청 전환은 동물에서 검증된 방법으로 측정하였을 때 시험항원에 반응할 수 있는 항체농도가 증가하는 것을 말한다. 혈청전환은 백신 혹은 자연적인 노출에 의해 일어난다. 항원의 교차반응은 일반적인 현상으로서 광범위한 진단에(*Salmonella* spp.이나 *Streptococcus* spp.들은 같은 속에서 교차반응을 보인다) 사용되어 왔으며 태자의 수동면역을 획득하는 데 사용되는 백신에도 적용된다. 따라서 혈청전환은 단지 항원에 노출되었던 경험을 제시할 뿐 질병을 확진

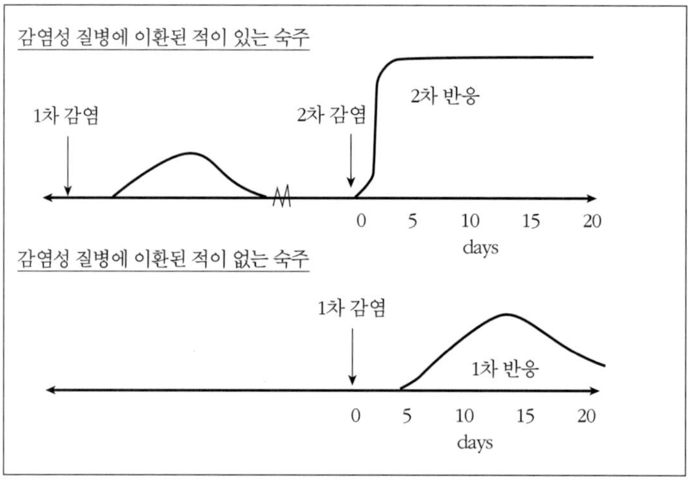


그림 8. 감염성 질병에 이환된 적이 있는 숙주와 없는 숙주에서 체액성 면역반응과 반응의 증폭에 있어서 시간차 (Tyler JW, JAVMA 11)

하는데 한계가 있다. 최근 개발된 특정 부분이 결실된 돌연변이 세균 또는 바이러스나 면역진단 시약으로 사용되는 고도로 정제된 항원은 백신과 자연적 항원의 노출에 대한 차이를 밝혀줄 수 있다. 바이러스성 질병을 진단하기 위해서는 종종 급성기와 회복기의 마우스 혈청을 채취한다. 항원 노출 후 단기간 내에 채취한 혈청보다 10~14일 사이에 채취한 혈청이 병인물질에 대하여 항체가가 증가된 것을 볼 수 있다. 만약 자연 감염성 항원의 노출이나 백신 접종이 빈번하다면, 항원 노출에 의한 면역반응이 임상적 질병이 나타나기 전인 2~3일 내에 일어날 것이다. 즉, 항원 노출과 임상 증상 사이의 기간이 3일 이내라면 급성기의 항체는 2차 면역반응으로 얻어진 것일 것이다(그림 8). 항원 노출과 임상 증상, 질병과 임상증상의 경과, 항원 노출과 혈청학적 변화 사이에서 다양한 발현기간 차이는 혈청 전환의 검증에 있어서 계획된 진단적 접근뿐만 아니라 좋은 결과를 도출해내는 데도 도움이 될 것이다.

### 6) 면역학적 진단 – 대조군을 찾는 실험

혈청양성과 임상증상은 항상 연관성과 인과관계를 가지고 있지는 않다. 혈청양성 동물이 임상증상과 관련되어 있는지를 판단하기 위해서는 비교군이 필요하며, 가장 합리적인 비교군은 동일한 연령기의 질병에 이환되어 있지 않은 마우스이다. 통계학적인 방법을 이용하여 대조군과 비교하여 혈청양성인 집단에서 설사를 할 가능성이 있는 위험요인을 진단할 수 있는데, 가장 일반적으로 사용되고 있는 연관성산출방법은 "odds ratio" 이다. "odds ratio"는 예상되는 위험요소(설사)의 존재하에서 질병의 발생에 대한 위험성을 예측하게 해준다.

다음과 같은 집단 내에서 산출된 odds ratio는 1.0이며, 이는 혈청양성인 마우스가 혈청가가 유지되거나 감소하는 개체보다 설사의 위험이 높지 않다는 것을 의미한다.

| | | 설사증상 + | 설사증상 − |
|---|---|---|---|
| Seroconversion | + | 5 | 25 |
| | − | 2 | 10 |

Odds ratio = (5×10)/(25×2) = 1.00

아래와 같은 집단에서는, odds ratio는 6.25이며 이는 혈청양성인 마우스가 혈청음성인 마우스보다 6.25배 설사를 할 위험이 높다는 것을 의미한다.

| | | 설사증상 + | 설사증상 − |
|---|---|---|---|
| Seroconversion | + | 5 | 10 |
| | − | 2 | 25 |

Odds ratio = (5×25)/(10×2) = 6.25

"odds ratio"가 1보다 작다는 것은 예상되는 위험성이 질병이 감소하는 방향으로 나타날 가능성이 높다는 것을 의미한다. Odds ratio는 위험요소와 질병발생 사이의 상관성을 측정하여 나타내며, 이러한 상관성의 통계학적 유의성은 $\chi^2$ test 법에 의해 평가될 수 있다. p 값이 0.005 이하라면 관찰된 결과가 변할 가능성이 작다는 것을 의미한다.

가끔, 질병발생 개체와 대조군의 분석에 있어서 소수의 표본을 사용하기 때문에 의미 있는 분석이 방해받기도 한다. 분석중인 집단에 대해서 설사에 대한 진단을 확인하기 위해서는 충분한 수의 동물로부터 표본을 추출해야 한다.

"odds ratio"의 산출과 유의적인 상관성을 알기 위한 또 다른 방법 등을 이용하여 증상을 보이는 개체와 대조군을 비교할 수 있다. 대조군과 감염군의 비교가 손쉽지 않을 때에, 종종 알려진 질병에 감염된 군으로부터 얻어진 이전의 결과와 비교할 수 있다. 양성 결과에 대한 예측치(predictive value)의 산출은 평가군으로부터 얻어진 분포값(prevalence data)이 없으면 산출할 수 없으며, 이러한 문제는 혈청검사방법이 불확실하거나 데이터가 불충분한 질병을 진단할 때 두드러진다.

### 7) 질병 가능성(disease probability)의 추정

기본적인 혈청학적 검사결과의 분석은 질병과 면역이 역치현상(threshold phenomena)으로 작용한다는 가설에 근거한다. 이 가정은 임상전문가들에게는 거부되고 있다. 즉, 대부분의 실험자들은 1:4,000과 1:400역가 둘 모두 양성 범위에 들어간다 할지라도 1:4,000에 더 많은 중요성을 둘 것이다. 역으로 말하면 ELISA 측정임계값이 40% positive control optical density(PCOD)에 고정되어 있다면 39% PCOD 샘플은 음성이고 41% PCOD 샘플은 양성이라는 사실에 의문이 들 것이다. 이러한 의문은, 측정치가 이항분포(binomial distribution) 외의 다른 것을 따를 수 있다는 가능성을 무시하고 임의로 측정 임계값을 선택하였기 때문에 일어난다. 양성 동물과 음성 동물의 assay 반응분포가 확실히 구분되고 발색을 하기 위한 기질이 용

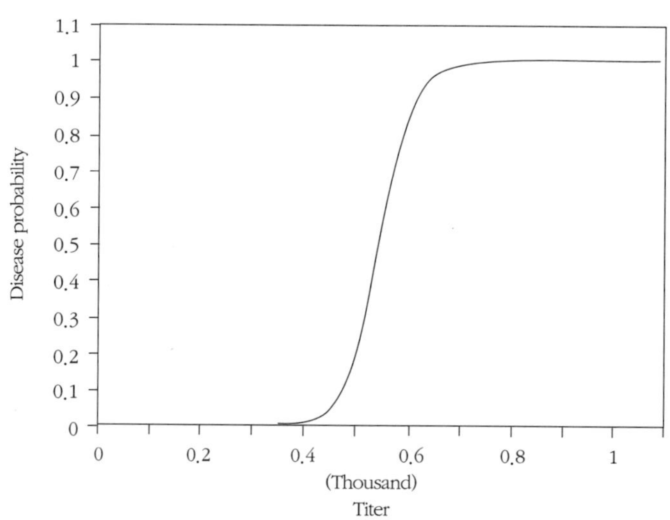


그림 9. 다양한 측정 signals에서 질병의 가정적 확률 질병에 이환되지 않은 동물은 평균 타이터(titer)가 400, 이환된 동물은 700, 그리고 두 그룹 모두 표준편차는 100으로 전제하였다. (Tyler JW, JAVMA 11)

량 의존적이라면 측정된 결과는 이항분포(binomial fashion)를 나타낼 것이다. 양성, 음성 결과를 주는 시험법을 이용할 때 우리는 진단적 결정(diagnostic decision)에 대한 책임은 피해 왔다. [그림 9]에서 보면 그래프의 좌측은 100%의 질병음성 가능성을 나타내고 X축의 중간 부분은 질병 가능성의 증가를, 우측은 100% 질병 가능성을 나타낸다. 질병 가능성은 갑작스럽게 0%에서 100%로 이동하지 않는다.

## 8) 시험의 함정들

어떠한 진단과정에서도 정상동물을 양성으로 진단할 수 있다. 만약 90%의 특이도를 보이는 시험방법으로 100마리의 정상동물을 시험한다면 10마리는 위양성으로, 90마리는 진음성으로 진단될 것이다. 같은 시험법으로 90마리의 진음성 동물을 재검사한다면 9마리의 또 다른 위양성 동물이 확인될 것이다.

이와 같이 충분한 횟수로 검사를 하는 것은 부정확한 진단결과를 초래할 수 있다(표 3).

또한 시험자들은 시험방법의 특이도나 양성예상치 등을 보고하지 않기 때문에 시험결과를 해석할 때는 반드시 확진을 위한 또 다른 절차를 밟아야 한다.

표 3. 수행한 시험의 회수와 시험의 특이성과의 다양한 조합하에서 위양성으로 진단되는 비율(%)

| No. of tests performed | Test specificity | | | | |
|---|---|---|---|---|---|
| | 0.900 | 0.950 | 0.975 | 0.990 | 0.999 |
| 1 | 10.00 | 5.00 | 2.50 | 1.00 | 0.10 |
| 2 | 19.00 | 9.75 | 4.94 | 1.99 | 0.20 |
| 3 | 27.10 | 14.26 | 7.31 | 2.97 | 0.30 |
| 4 | 34.39 | 18.55 | 9.63 | 3.94 | 0.40 |
| 5 | 40.95 | 22.62 | 11.89 | 4.90 | 0.50 |
| 6 | 46.86 | 26.49 | 14.09 | 5.85 | 0.60 |
| 7 | 52.17 | 30.17 | 16.24 | 6.79 | 0.70 |
| 8 | 56.95 | 33.66 | 18.33 | 7.73 | 0.80 |
| 9 | 61.25 | 36.98 | 20.38 | 8.65 | 0.90 |
| 10 | 65.13 | 40.13 | 22.37 | 9.56 | 1.00 |

## 3. 각종 혈청 검사법

### 1) 보체결합반응(Complement fixation test): CF

이 테스트는 두 단계의 항원-항체반응에 의한 실험법이다. 첫번째 반응은 정량된 보체의 존재하에서 일어나는데, 의심이 되는 바이러스를 테스트하고자 하는 혈청과 반응시킬 때, 혈청내 항체와 일정한 양의 보체가 바이러스와 반응하여 항원-항체 복합체(antigen-antibody complex)를 형성한다. 그 다음 단계로 양의 적혈구가 hemolysin과 반응할 때 항원-항체반응이 일어나는데, 이 과정에서 RBC는 자유 보체(free complement)에 감작될 수 있다. 이 양의적혈구로 이루어진 항원-항체 복합체가 첫번째 반응에 추가될 때 자유보체의 양이 남아 있다면 RBC는 보체에 의하여 용혈된다. 보체결합 반응이 비교적 간단한 검사법이지만 각종 용액의 농도를 결정하는 데 주의가 필요하다. 보체결합 반응을 위한 혈액은 방부제 또는 항응고제를 함유하지 않는 멸균 튜브에 받아야 한다. 용혈이나 세균 오염은 잘못된 결과를 나오게 할 수 있다.

### 2) 혈구응집 억제반응(Hemagglutination inhibition assay): HI

적혈구와 응집하는 바이러스에 대한 항체를 감지하기 위해 사용된다. 이들 바이러스에 대한 항체는 바이러스와 반응하고 바이러스-유도 혈구응집능을 억제한다. 이 방법은 상대적으로 시행하기에는 간단하나 비특이적 바이러스의 응집억제요인으로 인해 위음성 결과가 나타날 수 있다.

### 3) 간접형광항체법(Indirect fluorescent antibody assay): IF

조직내 고정된 항원을 표식자로 하여 혈청 중 특이 항체의 존재를 검출하기 위해 사용한다. 바이러스에 감염된 세포 또는 조직을 슬라이드에 고정시킨 후 검사용 혈청과 형광부착 2차 항체를 이용하여 검사시료 중 특이 항혈청을 검색한다.

### 4) 효소표식면역검사법(Enzyme-linked immunosorbent assay): ELISA

항원을 carrier 표면에서 고정시킬 수 있으며 항원에 대하여 반응하는 항체는 효소와 결합될 수 있다는 점을 이용한다. 사람과 동물의 혈청학적 방법에서 ELISA는 CF와 HI를 대체해 오고 있다. ELISA는 기술적 측면에서 쉽고 CF와 HI와는 달리 이차적인 반응이 필요하지 않으며 spectrophotometer 또는 colorimeter를 사용하여 색의 변화를 정량한다. 일반적으로 ELISA는 CH 또는 HI보다 민감도가 더 높다. 그러나 ELISA를 시행하는데 또는 결과 보고를 위한 표준화된 방법이 없다. 에러를 감소시키기 위해 정확하고 일정한 용량의 pipeting이 필수적이며 반응 온도도 일정하게 유지한다. ELISA 결과에 영향을 줄 수 있는 시료 요소로는 지방혈증, 세균증식억제제, 항응고제, 과도한 용혈 등을 예로 들 수 있다. [그림 10]은 ELISA법의 모식도로 solid phase에 항원을 흡착시킨 후 마우스 혈청반응을 시킨 후 PBS로 씻어주고 효소부착 2차 항체를 붙여준 후 기질을 반응시켜 발색시키는 과정이다. 항원을 추출한 조직이나 세포를 항원으로서 부착시킨 대조시험에서는 반응하지 않아야 비특이로 간주하지 않는다(그림 11).

### 5) Western blot analysis

변성시킨 항원 단백질을 분자량에 따라 sodium dodecyl sulfate-polyacrylamide gel electorphoresis(SDS-PAGE)에서 분리한다. 전기영동이 끝난 겔로부터 단백질을 니트로셀루로

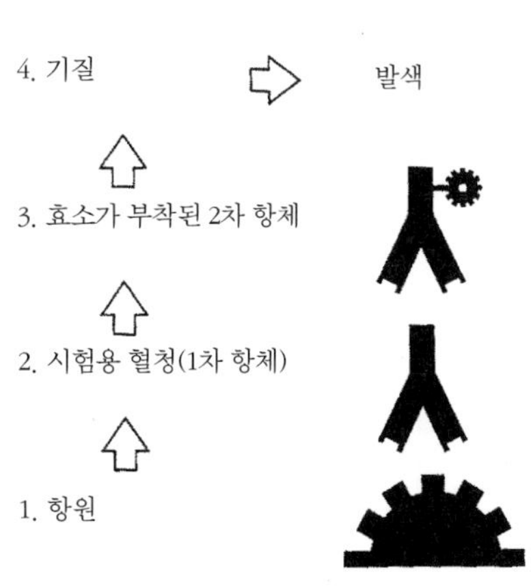


그림 10. 항체검사를 위한 간접효소 표식 면역검사법(ELISA)

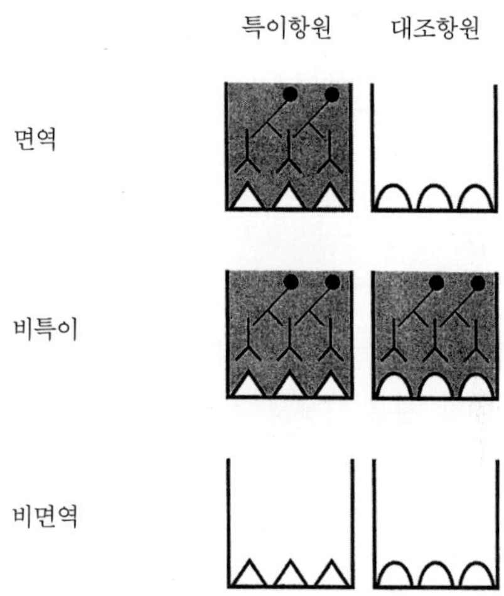


**그림 11. 항원과 대조군 wells에서 발색의 비교에 의한 ELISA 결과의 해석** 바이러스 항체 검사를 위해, 대조항원은 감염시키지 않은 세포의 추출물로 코팅한다. 세포 배양법으로 배양되지 않는 미생물에 대해서는, 항원과 계통적 연관성을 가지고 있지만 항원적으로 구별이 가능한 미생물을 코팅한다. 비특이 반응을 줄이기 위해서 특별한 단백질 용액을 항원 코팅 다음 단계에 적용하며 이 용액은 혈청이나 효소표식 2차 항체의 희석액으로 사용할 수 있다. 항원이 코팅된 well에서 발색이 최소로 나타나면 항체가 없는 것으로 판단한다. 항원이 코팅된 well에서 발색이 강하게 나타나면 항체 양성으로 판단한다. 그러나 이때 대조항원 well에서는 발색이 되지 않거나 최소여야 한다. 항원을 코팅한 well 이외에 대조항원 well에서도 발색이 강하게 나타나면 이는 비특이 반응으로 간주한다. 결과는 육안적으로 확인하거나 spectrophotometer를 이용한다.

스막에 이동시켜 1차 항체와 반응한 후 세정을 거쳐 효소표식 2차 항체와 반응시킨 다음 기질을 이용하여 발색시켜 검출하게 된다.

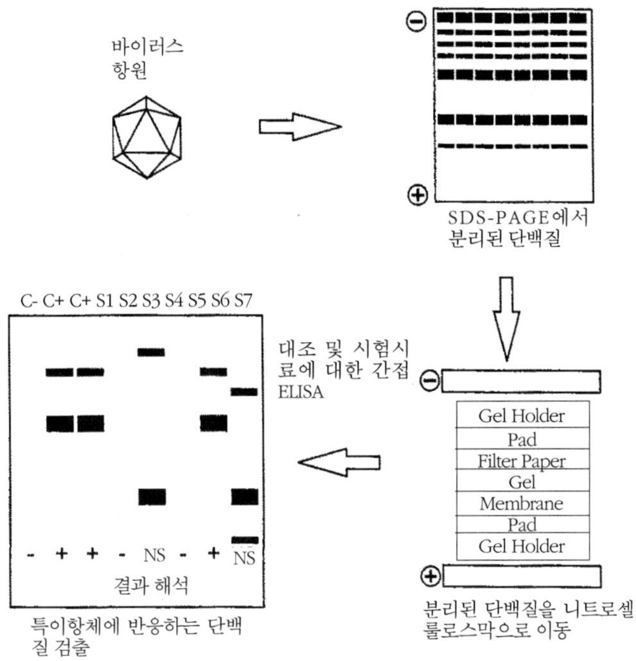


**그림 12. 항체의 특이성을 검출하기 위한 Western blot 분석** 항원 단백질이 그들의 분자적 무게에 따라 detergent인 sodium dodecyl sulphate가 첨가된 polyacrylamide gel 전기영동에 의해 분리된다(SDS-PAGE). 전기 영동겔은 nitrocellulose 막으로 옮기는 과정을 거치고 면역 대조군(C+)과 비면역 대조군(C−), 그리고 평가할 시료 (S1-S7)의 혈청을 반응시킨다. 이 분석법은 간접 ELISA법을 이용하였다. 효소와 기질의 반응은 일차 항체가 결합한 곳에서 일어난다. 시험에 이용한 샘플의 혈청 반응은 면역 대조군(C+)의 반응과 비교하여 평가한다. 샘플의 양성 패턴이 면역 대조군의 것과 일치하거나 기존에 알려진 단백질과 일치하면 양성(+)으로 간주한다. 반면 면역 대조군의 것과 일치하지 않거나 기존에 알려진 단백질과 일치하지 않으면 비특이(NS) 반응으로 평가한다. 양성 반응이 없으면 음성(−)이다.

# IV. 미생물 감염 감시 프로그램의 구상과 수행

## 1. 스크리닝 프로그램

스크리닝이란 '시험이나 검사를 적용하여 인식되지 않은 질병발생을 추정하는 것' 으로 스크리닝 프로그램은 질병을 감지하기 위해 고안된 것이지 진단하는 것은 아니다. 수의학에서 확립된 스크리닝 프로그램을 약간 수정하여 설치류건강관리 프로그램에 적용하는데, 첫째, 대상 질병은 심각한 건강문제 또는 연구결과에 위협을 줄 수 있는 것이야 한다. 가령 MHV 같은 경우 치사율이 높기 때문에 스크리닝의 범주에 들어가야 하지만 minute virus는 대체적으로 무증상이고 실험결과에 현저하게 영향을 주지 않기 때문에 스크리닝의 범주에서 제외할 수도 있다. 둘째, 양성 결과 판명시 합당한 조치가 있어야 한다. 단지 데이터를 모으기만 한다면 스크리닝 프로그램은 무용지물이다. 셋째, 급성, 만성, 잠복형을 포함하는 질병의 자연적인 병력사항이 명확히 밝혀져야 한다. 넷째, 스크리닝 프로그램에 적용하는 시험 방법은 질병에 적절한 것이어야 한다. 현재 ELISA, 혈구응집억제반응(HI), 보체결합반응(CF), 형광항체법(FA) 등이 흔히 사용되는 방법인데, 예를 들면 mouse pox를 백신접종한 마우스의 경우 ELISA에서 교차반응 때문에 자연 감염과 감별이 어렵지만 HI법을 이용하면 백신에 의한 항체와 자연 감염에 의한 항체를 감별할 수 있다. 마지막으로 스크리닝 프로그램은 계속적으로 재평가되어야 한다. 미생물 감염에 대한 감시계획과 수행방법은 미생물 모니터링을 할 때, 한 집단에서 몇 마리를 선택해야 유의성을 갖을 수 있는지, 검사빈도는 어느 정도로 해야 할 것인지에 대한 통계적인 근거와 질병의 이환율 등에 근거해서 결정해야 한다. 미생물 모니터링을 하는 데 있어서, 프로그램이 효과적이고 실용적이어야 하며, 고려해야 할 요인으로는 검사 동물수, 동물종, 연령, 검사빈도 등이 있으며 여러 가지 고려사항을 하나로 조합하여 프로그램 수행방법을 결정한다.

## 2. 검사대상 미생물의 선정

병원성 미생물 중 실험동물의 미생물학적 상태를 보고 결정한다(표 1). Gnotobiotic 동물 같은 경우 외부로부터 유입될 수 있는 미생물 전체에 대해 실시해야 한다. 즉, 모든 미생물에 대해 검사를 실시해야 하며 SPF시설에서 사육되는 동물은 외부기생충, 후생동물, 병원성 원충 등을 중점으로 검사한다. 또 병원성 미생물의 여부에 관계없이 외부로부터 유입 가능한 바이러스에 대한 항체가 측정을 해야 한다. 예를 들어, MVM 등은 병원성은 없지만 항혈청 검사를 해야

표 1. 바이러스, 세균 그리고 기생충의 감염에 미치는 동물의 미생물학적 상태, 사육방법 그리고 숙주의 면역상태

| 미생물학적 분류 | 사육방법 | 감염기회 | | | |
|---|---|---|---|---|---|
| | | 바이러스 | 세균/원충/진균 | | 기생충 |
| | | | 면역능력보유 | 면역저하 | |
| Gnotobiotic | 봉쇄실 | R | I | I | R |
| | 미세격리 케이지 | I | O | O | R |
| SPF | 봉쇄실 | R | R | I | R |
| | 미세격리 케이지 | I | R | O | R |
| | 일반케이지 격리실 | O | I | C | I |
| | 일반케이지 격리실 | C | O | NA | O |

R: 아주 드물다
I: 드물다
O: 종종발생
C: 흔하다
NA: 적용하지 않음
멸균 후 laminar floor hood에서 교환

표 2. 각 단체 또는 판매자들이 정한 마우스와 랫드의 검사대상 병원체

| Examination items | *SNU* | | *FELASA* | | *ICLAS* | | *Jackson Lab* | | *Charles River* | |
|---|---|---|---|---|---|---|---|---|---|---|
| | Mice | Rat | Mice | Rat | Mice | Rat | Mice | Rat | Mice | Rat |
| Serology Panel | | | | | | | | | | |
| SDAV, RCV | | ● | | ● | | ● | | | | ● |
| MHV | ● | | ● | | ● | | ● | | ● | |
| Sendai virus | ● | ● | ● | ● | ● | ● | ● | | ● | |
| Mycoplasma pulmonis | ● | ● | ● | ● | ● | ● | ● | | ● | ● |
| Crynebacterium kuscheri | | | | | | | | | | |
| Clostridium piliforme | ● | ● | ● | ● | ● | ● | ● | | ● | ● |
| KRV, RPV, H-1 | ● | ● | ● | ● | ● | ● | ● | | ● | ● |
| EDIM | | ● | | ● | | | | | | ● |
| MVM, MPV | ● | | ● | | | | ● | | ● | |
| PVM | ● | | ● | | ● | ● | ● | | ● | |
| REO-3 | ● | | ● | ● | ● | ● | ● | | ● | ● |
| GD-VII | ● | ● | ● | ● | ● | ● | ● | | ● | ● |
| LCM | ● | | | | | | | | ● | ● |
| CAR Bacillus | ● | | ● | | ● | ● | ● | | ● | ● |
| Hantaan virus | | | | | ● | ● | ● | | ● | ● |
| Encephalitozoon cuniculi | | ● | ● | ● | | | ● | | ● | ● |
| K Virus | ● | ● | | | | | | | ● | ● |
| Mouse Adenovirus | ● | | ● | | | | ● | | ● | |
| Ectromelia | ● | ● | ● | | ● | ● | ● | | ● | ● |
| Polyoma | ● | | ● | | ● | ● | ● | | ● | |
| MCMV | ● | | ● | | | | ● | | ● | |
| RCMV | ● | | ● | | | | ● | | ● | |
| Thymic Virus | | | | | | | | | | ● |
| LDHV | | | ● | | | | ● | | | |
| PARV NS1 | | | ● | | ● | ● | ● | | | |
| MTLV | | | | | | | | | ● | |
| TMEV | | | | | | | | | ● | |
| Bacterial Panel | | | | | | | | | | |
| Bordetella bronchiseptica | | | ● | ● | | | ● | | | |
| Beta-hemolytic Streptococcus | ● | ● | ● | ● | | | ● | | ● | ● |
| Citrobacter freundii | | | ● | ● | ● | ● | | | ● | ● |
| Corynebacterium kutscheri | | | ● | | | | | | ● | ● |
| Leptospira | ● | ● | ● | ● | ● | ● | ● | | ● | ● |
| Klebsiella oxytoca | | | ● | ● | | | | | | |
| Klebsiella pneumonia | | | | | ● | ● | ● | | ● | ● |
| Pasteurella pneumotropica | | | | | | | ● | | ● | ● |
| Pasteurella multocida | ● | ● | | | ● | ● | ● | | ● | ● |
| Pseudomonas aeruginosa | | | | | | | ● | | | |
| Salmonella sp | ● | ● | | | ● | ● | ● | | ● | ● |
| Staphylococcus aureus | ● | ● | ● | ● | ● | ● | ● | | ● | ● |
| Streptococcus moniliformis | ● | ● | | | ● | ● | ● | | ● | ● |
| Streptococcus pneumonia | | | | | | | ● | | | |
| Pasteurella sp. | | | ● | ● | | | ● | | ● | ● |
| Streptobacillus moniliformis | | | ● | ● | | | | | ● | ● |
| Helicobacter sp. | | | ● | ● | | | ● | | ● | ● |
| Dermatophytes | | | | | | | | | | |
| Parasites | | | | | | | | | | |
| Arthropod ectoparasites | ● | ● | | | ● | ● | ● | | ● | ● |
| Helminth endoparasites | ● | ● | ● | ● | | | ● | | ● | ● |
| Enteric protozoans | ● | ● | ● | ● | ● | ● | ● | | ● | ● |
| Hemoprotozoans(Rickettsia) | ● | ● | ● | ● | ● | ● | ● | | ● | ● |

*Charles River*: 2003. 4.2 *charles river diagnostics report* 참고
ANZCCART: ANIMAL HEALTH MONITORING IN THE RESEARCH ENVIRONMENT Notes from the Workshop
This was ANZCCART's third workshop for 1998 참고
SLC: Japan SLC 실험동물 - 중앙실험동물(주) report 참고
FELASA: Report of the Federation of European Laboratory Animal Science Association(FELASA) Working Group on Animal Health accepted by the FELASA Board of Management November 1992
*Samtako*: 2000. 1~3월 *Samtako Health Profile Report* 참고
*ICLAS*: 2003 *Lab. Animal Mdgazine* 32 참고
*Jackson Lab*: 2003 *Jaxmice.jax.org/health* 참고

표 2. 계속

| Examination items | ANZCCART | | Samtako | | SLC | |
|---|---|---|---|---|---|---|
| | Mice | Rat | Mice | Rat | Mice | Rat |
| Serology Panel | | | | | | |
| SDAV, RCV | | ● | | ● | | ● |
| MHV | ● | | ● | | ● | |
| Sendai | ● | ● | ● | ● | ● | ● |
| Mycoplasma pulmonis | ● | ● | ● | ● | ● | ● |
| Crynebacterium kuscheri | | | | ● | ● | |
| Clostridium piliforme | | | ● | ● | ● | ● |
| KRV, RPV, H-1 | | ● | | ● | | |
| EDIM | ● | | ● | | | |
| MVM, MPV | ● | | ● | | | |
| PVM | | ● | ● | ● | ● | ● |
| REO-3 | ● | ● | ● | ● | | |
| GD-VII | ● | | ● | ● | | |
| LCM | ● | ● | ● | ● | ● | ● |
| CAR Bacillus | ● | ● | ● | ● | | |
| Hantaan virus | ● | ● | ● | ● | | |
| Encephalitozoon cuniculi | ● | ● | ● | ● | | |
| K Virus | ● | | ● | | | |
| Mouse Adenovirus | ● | ● | ● | | ● | ● |
| Ectromelia | ● | | ● | | ● | |
| Polyoma | ● | | ● | | | |
| MCMV | ● | | ● | | | |
| RCMV | | | | | | |
| Thymic Virus | | | ● | | | |
| LDHV | | | ● | | | |
| PARV NS1 | | | | | | |
| MTLV | ● | | | | | |
| TMEV | | | | | | |
| Bacterial Panel | | | | | | |
| Bordetella bronchiseptica | ● | ● | ● | ● | | ● |
| Beta-hemolytic Streptococcus | ● | ● | ● | ● | | |
| Citrobacter freundii | ● | | ● | ● | | |
| Corynebacterium kutscheri | ● | ● | ● | ● | ● | ● |
| Leptospira | | | | | | |
| Klebsiella oxytoca | ● | ● | ● | ● | | |
| Klebsiella pneumonia | ● | ● | ● | ● | | |
| Pasteurella pneumotropica | ● | ● | ● | ● | ● | ● |
| Pasteurella multocida | ● | ● | | | | |
| Pseudomonas aeruginosa | ● | ● | ● | ● | ● | ● |
| Salmonella sp. | ● | ● | ● | ● | ● | ● |
| Staphylococcus aureus | ● | ● | ● | ● | | |
| Streptococcus moniliformis | ● | ● | ● | ● | | |
| Streptococcus pneumonia | ● | ● | ● | ● | | ● |
| Streptococcus zooepidemicus | | | | | | |
| Pasteurella sp. | ● | ● | | | | |
| Streptobacillus moniliformis | ● | ● | | | | |
| Helicobacter sp. | ● | ● | | | | |
| Dermatophytes | | | ● | ● | | |
| Parasites | | | | | | |
| Arthropod ectoparasites | ● | ● | ● | ● | ● | ● |
| Helminth endoparasites | ● | ● | ● | ● | ● | ● |
| Enteric protozoans | ● | ● | ● | ● | ● | ● |
| Hemoprotozoans(Rickettsia) | | | ● | ● | | |

SNU: 2003 Laboratory Animal Medicine, College of Veterinary Medicine, SNU 실시예

하는데, 이는 세포 내에서 증식하기 때문에 병원성을 나타내지는 않으나 동물의 생리적인 상태를 변화시킬 수 있기 때문에 검사를 해야 한다. 세균은 동물들의 면역상태에 따라 검사대상이 달라지게 된다. 면역능력이 있는 동물은 병원체가 있어도 건강하게 유지될 수 있다. 그러나, 면역 결핍동물의 경우 그렇지 않기 때문에, 기회감염 인자까지도 검사 리스트에 포함시켜야 한다. Pneumocystis carinii 등은 동물이 면역저하가 일어났을 때 병원성을 보이는 것으로서, 정상동물에선 거의 없기 때문에 검사대상에서 제외하나 누드마우스에서는 검사해야 한다. 각 나라와 동물생산업자들이 정한 검사대상 미생물은 조금씩 상이한데 유럽은 FELASA가 미국은 ILAR가 정한 기준이 있다. 점차 검사대상 항목이 늘어나는 추세이지만 현재의 검사대상보다 갑자기 많은 대상 미생물이 증가할 것 같지는 않다. [표 2]는 실험동물생산업체 또는 단체들이 정한 기준에 따른 검사대상 미생물을 나타내고 있다.

## 3. 샘플링

한 실험동물 집단에서 미생물 검사를 실시할 때 유의적인 결과를 얻기 위해서는 대표성을 가진 검사대상을 선정하는 것이 중요하다. 대표성을 얻기 위해서는 각각 다른 연령, 성별, strain의 동물을 선정하여야 한다. 한편 감수성 동물을 이용하여 사육시설의 감염상태를 검사하는 방법이 있다. 이는 감수성이 높은 동물을 함께 길러 감염이 일어나는 지를 검사하는 방법이다. 한 종에 대하여 감염여부를 검사할 때 감수성 동물로서 같은 종을 선택할 필요는 없다. 예를 들면 저빌의 경우 바이러스감염이 일어나도 임상증상이 일어나지 않는 경우가 많은데, 이럴 때는 마우스나 랫드를 함께 사육하여 질병여부를 검사한다. Tyzzer 병의 경우 저빌에서 감수성이 높으므로 이 경우엔 감수성 동물로 저빌을 사용한다. 검사동물의 선정은 진단방법에 따라 선택된다. 혈청진단을 할 경우에는 면역능력이 있는 동물을 선택하여 채혈하여 검사하여야 한다. 항 혈청이 생성되는 기간은 감염 후 2주에서 3주가 걸리므로, 감수성 동물을 보통 한 달 정도 함께 사육한 후 검사한다. 감염되어 임상증상이 나타났을 때 채혈을 하는 것이 아니라 회복기에 채혈하여 검사해야 한다. 생산시설에서는 번식을 종료한 늙은 동물을 반드시 검사해야 하는데 그 이유는 많은 항혈청을 보유하고 있을 것으로 예상되기 때문이다. 혈청학, 병리학, 세균학, 기생충학등의 방법을 이용할 경우에는 다양한 연령층을 선택해야 한다. 예를 들면 4주령의 마우스는 기생충이나 세균분리를 하지만 혈청감사 대상에서는 제외시킨다. 그 이유는 비특이적인 반응이 심하고 또 모체이행 항체가 검출될 수 있기 때문이다. 면역능력이 있는 동물을 진단할 때, 면역력을 억제시켜 진단하는 경우도 있다. Tyzzer 병의 경우 부신피질 호르몬제를 투여하여 림프구를 억제시켜 질병을 유발시켜 검사한다.

### 1) 샘플크기

샘플크기는 이환율이 적은 질병의 경우 증가하게 된다. 즉, 10%의 감염률을 보이는 집단에서는 많은 수의 검사대상을 선택해야 하며 90%에서는 적게 선택해도 된다. 한편, 비통계학적으로 생각하면 역설적으로 생각되지만, 집단의 크기가 감소하게 되면 샘플수가 증가된다. 이는 표준편차가 커지기 때문에 이를 줄이기 위해 많은 샘플수가 필요하기 때문이다.

### 2) 샘플크기 결정의 통계적 근거

실험동물에 대한 건강상태의 평가를 할 때 종종 혈청학이나 바이러스 분리와 같은 검사법들을 이용한다. 이 검사법은 모든 동물에 적용 가능하지만, 전체 집단의 일부만이 시험 대상으로 사용된다. 시험 대상수를 결정하는 데 있어서 고려해야 할 사항으로는 ① 대상 집단의 수, ② 질병이나 다른 비정상 상태의 예상 이환율(prevalence), ③ 시험 방법의 민감도 및 특이성, ④ 그리고 필요한 신뢰도 등이다. 추가적으로, 시험방법상에 있어서 위험성, 불쾌감, 및 경제적 비용 등을 고려해야 한다.

통계학적 문제를 해결하기 전에, 시험법의 조건이나 가정 등에 있어서 용어를 정의하는 것이 중요하다. 용어상의 혼동을 피하기 위해서는 동물의 전체 그룹을 "lot"라고 하며, 시험을 위해 선택된 동물들을 "sample"이라고 한다. ① 먼저 시험에 대한 동물 선택은 무작위 선택(random sampling)이라는 것으로 가정한다. 시험자는 병들어 보이는 동물을 선택할 가능성이 있는데, 이런 경우 병든 동물을 선택함으로써 실제 시험에서 질병에 이환되었거나 비정상적 상태의 동물을 검출하기가 용이해지기 때문에, 무작위 선택이라는 표현은 적절치 않을 수 있다. ② 또한 동물의 선택이 동시에 이루어져야 한다. 대부분의 동물의 건강 상태의 조사에서 이러한 것들은 실제적으로 적용된다. 연속적인 시험은 사육 시간이나 수송과 같은 요소 때문에 시간차를 가져오게 된다. ③ 셋째로는, 한 집단의 모든 동물을 시험했을 때, 얼마나 많은 수가 양

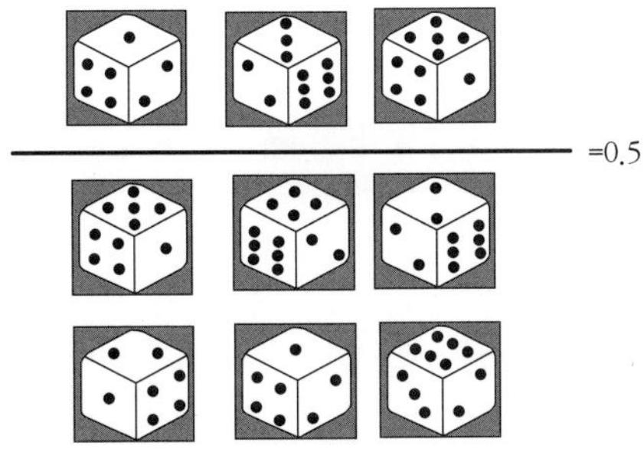

그림 1. 주사위를 한 번 던져서 홀수가 나올 확률 (from Stephen Dubin)

성 반응을 나타낼까?" 하는 질문에 대해 그 집단에서 기대되는 양성 반응 수를 제시할 수 있어야 한다. 예를 들면, 어떤 전문가가 "만일 어떤 고양이 사육장에서 feline leukemia가 존재한다면, 모든 고양이를 일제히 조사하였을 때 45%가 혈청학적으로 양성반응을 보일 것이다"라고 말할 수 있어야 한다. 그와 같은 통계치는 다수의 집단에 대한 임상적 관찰이나 연구 결과에 근거하고 있다. 그러나 그 결과를 소수 혹은 중간크기의 집단에 항상 적용할 수는 없다. 샘플 크기를 선택하는 방법에 있어서 어떻게 결정할지 통계적으로 고려해야 한다. 또한 소수의 그룹을 선택하여 검사함으로써 발생하는 신뢰도의 감소를 통계적으로 해결해야 할 것이다.

확률은 사건이 발생할 경우에 있어서 정량적 추정값이다. 흔한 예가 주사위 던지기다. 주사위를 던지면 여섯 개의 다른 수 (1, 2, 3, 4, 5, 6)가 동일하게 일어날 수 있다. "3"은 오직 한 번 일어날 수 있기 때문에 한 번 던졌을 때 3이 나올 확률은 1/6 또는 0.1667이다. 홀수가 나올 경우는 세 가지 경우 (1, 3, 5)가 가능하기 때문에 한 번 던졌을 때 홀수가 나올 확률은 3/6 또는 0.5이다(그림 1). 보다 공식적이고 일반적인 용어로써, 확률이란 전체 사건이 일어날 경우의 수중에서 어떤 특별한 사건이 일어날 경우의 수의 비율이다.

동일한 원리가 동물의 건강상태조사를 위한 sampling에서도 적용이 가능하다. 전체 28마리의 랫드 중에서 8마리가 질병에 이환되었거나 비정상 상태라고 가정해 보자(그림 2).

이 집단에서 한 마리의 랫드를 선택할 방법은 28가지가 있으며, 이 중 20마리는 음성군일 것이다. 따라서 이 집단에서 한 마리의 랫드를 뽑을 경우 음성군일 확률은 20/28, 약 0.714이다. 모든 확률의 합은 1로 되기 때문에, 양성 군이 나올 확률은 [(1 − 0.714) = 0.286]이다. 즉, 이 집단에서 한 마리의 랫드를 시험하였을 때, 질병에 걸린 랫드를 검사할 확률은 28.6%임을 의미한다.

보다 큰 샘플을 취하는 것이 검은색으로 표시된 질병 이환 랫드를 검출하는 데 있어서의 신뢰도를 향상시킬 것이다. 두 마리 랫드를 샘플로 선택할 경우는 1-2번, 1-3번, 1-4번, ……, 27-

그림 2. 28마리의 집단에서 8마리가 비정상적인 모식도(from Stephen Dubin Lab. Anim 20)

28번 랫드까지 총 378($_{28}C_2$)가지의 가능한 쌍이 생긴다. 음성군의 두 마리를 선택할 경우는 1-2번, 1-3번, 1-5번, ……, 26-27번까지 총 190($_{20}C_2$)가지의 가능한 쌍이 생긴다. 따라서 이 집단에서 두 마리의 랫드를 무작위 추출 (random sampling) 하였을 때, 하나 또는 두 마리의 양성 군을 택하게 될 확률은 [1 − (190/378)], 즉 50%에 매우 근접하게 된다.

이것은 한 마리를 실제적으로 선택했을 때보다 확률이 향상된 것으로서, 두 가지 측면을 명확히 해야 한다. 첫째, 큰 샘플 크기가 필요하다는 것이며, 둘째는 확률을 구하는데 보다 편리한 체계가 필요하다는 것이다. 이러한 계산을 하는 데 있어서 매우 유용한 공식은 $n$군에서 $r$을 택하는 경우의 수를 구하는 것인데, 이는 "조합 (combination)" 이란 용어로 공식은 다음과 같다.

$$_{n}C_{r} = n!/[r!(n! - r!)] \qquad \text{(방정식 1)}$$

이 공식을 이용하여 전체 28마리의 개체에서 5마리의 랫드를 선택할 경우의 수는

$$_{28}C_{5} = 98,920$$

20마리의 음성 군이 있기 때문에, 음성 군 5마리를 선택할 경우의 수는

$$_{20}C_5 = 15{,}504$$

로 된다.

따라서 이 집단에서 한 마리 이상의 양성 개체를 선택할 확률은, [1 − (15,504/98,200)], 즉 약 85% 이하이다. 하나 또는 그 이상의 양성 개체를 찾아낼 확률을 구하는 일반적인 공식은 다음과 같다.

$$P_+ = 1 - P_0 = 1 - [_{(n-x)}C_r / _{n}C_r] \qquad \text{(방정식 2)}$$

$P_+$ = 최소 하나 이상의 양성 개체를 선택할 확률

$P_0$ = 양성 개체를 전혀 선택하지 않을 확률

$n$ = 집단크기

$r$ = 추출하는 표본크기

$x$ = 예상되는 양성 개체의 수

위의 방정식을 $n$에 관하여 풀 수 있도록 전환시킬 수 있는 적절한 방법이 없다. 그 대안으로서 한 집단에서 질병이나 비정상 상태의 개체를 선택할 확률에 대한 예상 목표치와 최소 하나 이상의 양성 개체를 선택할 확률($P_+$)이 동일하거나 크게 될 때까지 $n$수를 늘리는 방법을 반복적으로 이용하면 적절한 $n$수를 구할 수 있을 것이다. 이러한 방법을 사용하여, 6마리의 sample을 선택하여 최소 1마리 이상의 양성 개체를 선택할 확률은 90% 이상이 되며, 8마리와 10마리를 선택하면 각각 96%와 99%의 확률을 얻게 된다.

대규모 마우스 사육장에서 마우스의 45%가 MVM에 양성이라고 한다면, 50마리의 마우스를 사육하는 곳에서도 45%인 22.5마리의 마우스 MVM에 양성일 것이라고 믿을 수 있을까? 집단크기가 50마리인 마우스 사육장에서는 보다 많은 수가 양성으로 판정될 수도 있고, 집단크기가 더 적은 다른 사육장에서는 보다 작은 수가 양성일 것이라고 기대할 수도 있을 것이다. 소수의 마우스 사육장에서는 심지어 양성 개체가 0일 수도 있을 것이다. 샘플 크기에 대한 위의 방법을 사용하기 위해서는 하한치(lower boundary) 또는 신뢰구간(confidence limit)을 알아야 한다. 마우스 사육장에서 45%의 양성 개체를 보인다면 그와 같은 확률에서 우리가 선택한 사육장에서 기대해야 하는 최소한의 양성 개체수를 알 필요가 있다.

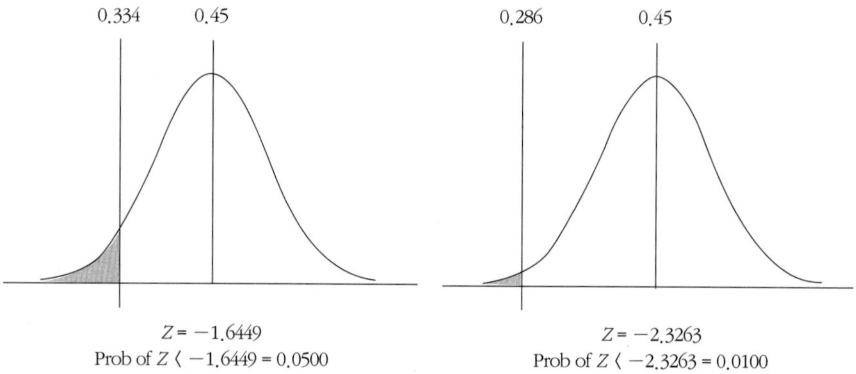


**그림 3. 50마리의 동물집단에서 (양성 확률은 0.45) 양성 반응의 확률에 대한 95%와 99% 하향 신뢰구간**
(from Stephen Dubin Lab. Anim 20)

만일 시험자가 많은 수의 사육장에 대해서 모든 마우스를 시험했다면 양성을 나타내는 마우스의 비율은 다수의 마우스 사육장이 0.45의 확률에 가까운 양성 개체의 비율을 보이는 정규분포를 따를 것이다(그림 3).

95%의 신뢰도에서 추정할 때, 마우스 사육장에서의 양성 개체의 비율은 population value (−1.6449 SD)보다 크거나 같은 수치를 가질 것이다. 동일하게, 99%의 신뢰도를 보이는 사육장에서는 population proportion 아래의 −2.3263 SD에 같거나 큰 양성 개체 비율을 가질 것이다 [우열을 가리거나 생산성의 증감을 따질 때는, 단측검정을 사용하는데, 이 경우 95% 신뢰도에서 Z 값은 1.6449이며 99% 신뢰도에서는 2.3263이다.].

일반적으로 필요한 proportion은

$$P_{\text{lot}} = p \pm (Z_{\text{certainty}} \cdot \sigma_p) \qquad \text{(방정식 3)}$$

$p$ = population proportion

$Z_{\text{certainty}}$ = obtainable from tables of the z statistic

$\sigma_p$ = standard deviation

위 식은 다음과 같이 추정될 수 있다.

$$\sigma_p = [p(1-p)/n)]^{1/2} \qquad \text{(방정식 4)}$$

그러면 이 마우스 사육장에서의 예를 95% 신뢰도에서 살펴보기로 하자.

위 식으로부터 먼저 $\sigma_p$ 값을 구하게 되면

$$\sigma_p = [0.45 \times 0.55/50]^{1/2} = 0.07036$$

이 된다. 이를 아래 식에 대입해 보면

$$Z_{\text{certainty}} \cdot \sigma_p = 1.6449 \times 0.07036 = 0.1157$$

그러므로 신뢰구간은

$$P = 0.45 \pm 0.1157$$

이 되고 좌측 단측검정만이 필요하기 때문에,

$$\text{신뢰 하한치} = 0.45 - 0.1157 = 0.3343$$

그러므로 마우스 사육장에 대한 양성 개체의 비율에 대한 95%의 신뢰도를 가진 하한치는 0.334(16.7마리)이며, 동일한 방법으로 구하게 되면 99% 신뢰도를 가진 하한치는 0.286(14.3마리)이다. 이를 버림하면 마우스 수는 각각 16마리와 14마리가 된다. 이 수치가 양성의 마우스 수라고 하면, 50마리의 마우스 중 $n$마리를 뽑았을 때 양성 개체가 포함되었을 확률을 구해 보도록 하자. 방정식 2와 같이 $n$ 수를 늘리면서 반복적으로 적용하면, 8마리로 했을 때 95%의 신뢰도가 나타나며, 99%의 신뢰도에 대해서는 13마리의 마우스가 필요하게 된다(Sol-1).

[Sol-1]

$$1 - {}_{16}C_8/{}_{50}C_8 = 0.966\ (96.6\%)$$

※7마리를 선택했을 때는 94.6%이다.

[그림 2]에서 보인 랫드 예에서는 $\sigma_p = 0.0854$이다. 95%의 신뢰도를 가진 하한치는 그 집단

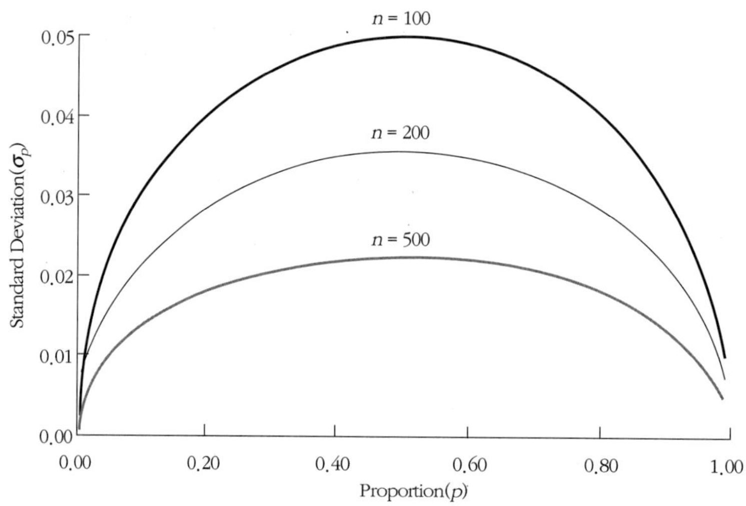


그림 4. 몇 개의 집단수에 대해 따른 확률표준편차(from Stephen Dubin Lab. Anim 20)

에서 0.1453(4 rats)이며, 필요한 샘플 크기는 14이다. 99%에 대한 하한치는 0.0871이며 필요한 샘플 크기는 25이다. 만일 집단의 크기가 28이 아니고 100이라면 16 랫드의 샘플이 99%의 신뢰도를 나타내는데, 적합하다.

집단 크기의 조정(correction)은 집단 크기가 100 또는 그 이하에서는 매우 중요하다. 집단 크기가 클 때 조정을 생략해도 무방한가 하는 의문이 들 수 있다. Fig. 4는 다양한 집단 크기에 대한 $p$의 function으로써 $\sigma_p$의 곡선을 보여준다(그림 4). $n$ = 200이고 $p$ = 0.500이면, $\sigma_p$ = 0.0353이다. 이것은 $p$에 대해 95%의 신뢰도를 가진 하한치가 0.442이며, 99%의 신뢰도를 가진 하한치에서는 0.418임을 의미한다. 많은 animal colonies, herd, housing rooms 등의 집단 크기에서 대해 시험자는 이러한 조정을 고려해야 한다.

### 3) Binomial formula

질병에 이환되어 있는 비율을 이환율(prevalence)이라 하고 새로 발생하는 것을 발생률(incidence)이라 한다. 미생물 모니터링의 목적은 집단의 감염률이나 질병의 분포를 조사하는 것이 아니라, 집단 내에 있는 감염이나 질병이 적어도 한 동물에서 검출되는지를 검색하는 것이다. 검사될 샘플의 수는 극히 중요하며 수학적으로 두 개의 중요한 가정으로 결정될 수 있다(ILAR, 1976). [표 3]에서와 같이 만약 한 집단의 40%가 한 질병에 감염되었다면 무작위로 10마

표 3. 각각의 표본선택 동물 수에서 감염을 예측할 수 있는 확률[a]

| 샘플 크기(N)[b] | 예상감염률(%) 1 | 2 | 3 | 4 | 5 | 10 | 15 | 20 | 25 | 30 | 40 | 50 |
|---|---|---|---|---|---|---|---|---|---|---|---|---|
| 5 | 0.05 | 0.10 | 0.14 | 0.18 | 0.23 | 0.41 | 0.56 | 0.67 | 0.76 | 0.83 | 0.92 | 0.97 |
| 10 | 0.10 | 0.18 | 0.26 | 0.34 | 0.40 | 0.65 | 0.80 | 0.89 | 0.94 | 0.97 | 0.99 | |
| 15 | 0.14 | 0.26 | 0.37 | 0.46 | 0.54 | 0.79 | 0.91 | 0.95 | 0.99 | | | |
| 20 | 0.18 | 0.33 | 0.46 | 0.56 | 0.64 | 0.88 | 0.95 | 0.99 | | | | |
| 25 | 0.22 | 0.40 | 0.53 | 0.64 | 0.72 | 0.93 | 0.98 | | | | | |
| 30 | 0.25 | 0.45 | 0.60 | 0.71 | 0.79 | 0.96 | 0.99 | | | | | |
| 35 | 0.30 | 0.51 | 0.66 | 0.76 | 0.83 | 0.97 | | | | | | |
| 40 | 0.33 | 0.55 | 0.70 | 0.80 | 0.87 | 0.99 | | | | | | |
| 45 | 0.36 | 0.69 | 0.75 | 0.84 | 0.90 | 0.99 | | | | | | |
| 50 | 0.39 | 0.64 | 0.78 | 0.87 | 0.92 | 0.99 | | | | | | |
| 60 | 0.45 | 0.70 | 0.84 | 0.91 | 0.95 | | | | | | | |
| 70 | 0.51 | 0.76 | 0.88 | 0.94 | 0.97 | | | | | | | |
| 80 | 0.55 | 0.80 | 0.91 | 0.96 | 0.98 | | | | | | | |
| 90 | 0.60 | 0.84 | 0.94 | 0.97 | 0.99 | | | | | | | |
| 100 | 0.63 | 0.87 | 0.95 | 0.98 | 0.99 | | | | | | | |
| 120 | 0.70 | 0.91 | 0.97 | 0.99 | | | | | | | | |
| 140 | 0.76 | 0.94 | 0.99 | | | | | | | | | |
| 160 | 0.80 | 0.96 | 0.99 | | | | | | | | | |
| 180 | 0.84 | 0.97 | | | | | | | | | | |
| 200 | 0.87 | 0.98 | | | | | | | | | | |

[a]ILAR(1976)

[b]N = log(1 − 감염을 확인할 수 있는 확률)/log(1 − 추정되는 감염비율(%))

리의 동물을 검사하였을 때, 99%의 신뢰성을 가지고 적어도 한 마리 이상의 감염된 동물을 검색할 수 있다. 50%의 감염률을 보이는 집단에서는 97%의 신뢰도 내에서 적어도 한 마리 이상의 감염된 동물을 검색하기 위해서는 5마리의 샘플 크기가 필요하다. 비록 하나의 질병을 정밀하게 검색하는데 필요한 샘플 크기지만 큰 사육 그룹에서 모든 병인에 대하여 같은 정도의 정밀함을 유지하기는 어렵다. 설치류 집단에서는 특징적으로 각각의 병원체들은 매우 다른 감염률을 보이고 있다. 예를 들어 마우스 집단에서 Sendai virus 감염률은 90%이며, pneumonia virus of mice는 25%, 그리고 *Salmonella enteritidis*는 5% 미만이다. 이러한 세 가지 질병을 검사할 때는 가장 낮은 감염률인 *Salmonella enteritidis*의 5%가 적용되어야 한다. 따라서 95% 신뢰구간에서 60마리의 동물이 필요하게 된다. 이것은 전적으로 *Salmonella enteritidis*

감염이 의심될 때의 적절한 예이다. 그러나 통상적인 모니터링에서의 샘플크기는 일반적으로 합당한 샘플크기의 유지를 위해 40~50%의 감염률을 적용한다.

적절한 샘플의 선택은 전체 개체수에서 무작위 선택을 필요로 한다. 즉 각각 다른 cages, 선반 그리고 racks로부터 선택하는 것을 의미한다. 각각 다른 연령의 양쪽의 성을 고려하여 샘플링하는 것에도 주의를 기울여야 한다. 어린 동물들은 다양한 기생충 감염에 노출되기 쉽다. 혈액학적 검사에서 성숙동물(약 90일령)과 노령의 동물이 추천된다. 어린 동물은 바이러스 감염(수동 항체의 간섭없이)의 검색에 매우 유용하며, 노령의 동물은 그 집단의 감염병력의 중요한 지표가 된다.

Binomial formula를 사용시 몇 가지 문제점이 있는데 첫째, 최소 100마리 이상의 집단에서 검사해야 한다는 것과 둘째, 이환율 또는 감염율을 정확하게 산출해야 한다는 것이다. 그러나 이것은 여러 가지 요인에 의해 변하며, 부정확한 경우가 많다. 셋째는 15% 이하의 이환율을 보이는 집단의 경우에서는 통계적으로 의미가 없다는 것이다.

## 4. 시험의 빈도

집단 내에서 감염된 동물의 비율에 따라 결정하게 된다. Gnotobiotic colony의 경우 오염이 깔집이나 음수, 사료의 멸균 불충분 등 물리적인 것에 의한 경우가 많다. 따라서 기생충학적이나 혈청학적 방법 보다 세균학적 검사를 더 자주해야 한다. 또한, 면역결핍 설치류에서도 세균학적 방법이 더 자주 수행되어야 한다. 따라서 이들에 대해서는 모든 세균에 대한 검사를 해야 한다. 그러나 SPF집단에서는 혈청 검사에 초점을 맞춰 검사하게 된다. 위에서 여러 가지 고려사항 즉, 빈도, 동물의 연령, 동물수 등에 대해 어떠한 체계를 구성해야 하는지를 결정해야 한다. 우선, 각각의 동물종에 대하여 검사되어야 할 기생충, 바이러스, 세균 등을 기록해야 하며, 검사 방법을 혈청학, 세균학 등 어떤 것으로 할 것인지 등에 대한 panel을 만들어야 한다. 혈청학적 pannel의 경우 어떠한 방법으로 할 것인지, 즉, 보체결합, ELISA 등을 기록하고 대상 미생물은 무엇인지를 포함해야 한다. 세균학적 panel은 채취부위, 주감염원, 기회감염인자 등에 대한 목록을 만들어야 한다. 병리학적 panel은 조직과 장기의 선정에 대한 목록을 포함해야 한다. 이러한 panel은 특정 동물 종별, 각각의 계통별로 만들어져야 하며, sample은 노령의 번식용 동물의 경우 혈청검사를 하기 위한 동물로 사용하며, 기생충검사는 이유기인 4~5주령의 어린 동물을 사용한다. [표 3]에 FELASA에서 정한 각 주령의 동물에 대한 검사항목이 제시되어 있다. 그러나 이러한 동물의 선정은 절대적인 것은 아니며 상황에 맞게 적용할 수 있다.

모니터링의 빈도에 대한 정해진 가이드라인은 없으나, 고려요인으로서는 사육 집단별로 특수한 목적, 잠정적 또는 실제적인 병인의 중요성, 그리고 다른 설치류로부터 질병 감염의 위염 수위와 경제적 고려사항 등이 그것이다. 이러한 기본적인 질문으로 평가한 후 시험을 월간으로, 분기별, 연 2회, 연 1회 등으로 할지 결정해야 한다. 그러나 시험의 빈도는 병인에 따라 매우 다르다. 예를 들어 만약 MHV나 Sendai virus 등 같이 그 위험도가 정말 크다면, 이러한 병인에 대하여는 월간으로 그리고 더 큰 집단에서는 연2회 행하여 질 수 있다. 그 예를 [표 4]와 [표 5]에서 보여주고 있다.

시험해야 할 동물 수와 시험의 간격은 매우 중요하다. 두 가지 중요한 원칙이 적용된다. 하나는 시험에 정기적으로 동물을 제공해야 하는 것이다. 대단위 동물사육장의 동물은 정해진 기간에 모니터링을 일정한 간격으로 수행해야 한다. 한 집단에서의 감염이 없다는 것을 확신하기 위한 동물 수는 그 모니터링 대상이 되는 질병의 성격에 의존한다. 동물에서 동물로 낮은 감염률을 보이는 질병의 경우(LCM 등) 또는 Sendai virus와 같은 높은 발병률을 가지는 질병 등에 필요한 검사동물 수는 각각 다르다.

표 3. 랫드 건강모니터링 프로토콜

| 연령(수) | 혈청학 | 병리학 | 세균학 | | 기생충학[b] | | |
|---|---|---|---|---|---|---|---|
| | | | 비강/맹장 | 림프절 | 외부 | 내부 | 원충 |
| 노령의 번식용 동물(4) | + | + | + | | + | | |
| 8~12 주령(4) | + | + | + | +[a] | + | + | + |
| 4~5 주령(4) | | + | | | | + | + |

a: Corynebacterim kutscheri를 위한 림프절의 배양
b: 피부와 위장관 내의 현미경학적 검사

표 4. 미생물모니터링 계획

| 단계 | 방법 | 다음 단계까지의 기간 |
|---|---|---|
| 1 | 혈청학, 미생물학, 병리학, 기생충학적 검사 | 1개월 |
| 2 | 혈청학적 검사 | 1개월 |
| 3 | 혈청학적 검사 | 1개월 |
| 4 | 혈청학, 미생물학, 병리학, 기생충학적 검사 | |

표 5. 집단별 계획

| | | |
|---|---|---|
| 사육실명 | X-101 | |
| 동물종 | 마우스 | |
| 시작일 | 2005년 1월 1일 | |
| | 시험일 | 방법 |
| | 1월 1일 | 혈청학, 미생물학, 병리학, 기생충학적 검사 |
| | 2월 1일 | 혈청학 |
| | 3월 1일 | 혈청학 |
| | 4월 1일 | 혈청학, 미생물학, 병리학, 기생충학적 검사 |

## 5. 결과의 해석

### 1) 검사결과 보고서

스크리닝한 결과는 다음과 같은 양식으로 정리하여 보존한다(표 7, 8).

표 7. 마우스의 건강검사 결과 보고서

| Name and address of the breeder:<br>Date of issue:<br>Species: Mouse Strain: | Unit No. | Latest test date: | Rederivation | |
|---|---|---|---|---|
| | HISTROICAL results pos/tested | LATEST TEST results pos/tested | LABORATORY | METHOD |
| BACTERIAL AND FUNGAL INFECTIONS | | | | |
| Clostridium piliforme | ______ | ______ | ______ | ______ |
| Bordetella bronchiseptica | ______ | ______ | ______ | ______ |
| Citrobacter freundii(4280) | ______ | ______ | ______ | ______ |
| Corynebacterium kutscheri | ______ | ______ | ______ | ______ |
| Leptospira spp. | | | | |
| Serotype: ______ | ______ | ______ | ______ | ______ |
| Serotype: ______ | ______ | ______ | ______ | ______ |
| Mycoplasma spp. | | | | |
| Biotype: ______ | ______ | ______ | ______ | ______ |
| Biotype: ______ | ______ | ______ | ______ | ______ |
| Pasteurella spp. | | | | |
| Biotype: ______ | ______ | ______ | ______ | ______ |
| Biotype: ______ | ______ | ______ | ______ | ______ |
| Saimonellae | | | | |
| Serotype: ______ | ______ | ______ | ______ | ______ |
| Serotype: ______ | ______ | ______ | ______ | ______ |
| Streptobacillus moniliformis | | | | |
| β-haemolytic streptococci | | | | |
| Lance field grp: ______ | ______ | ______ | ______ | ______ |
| Lancefield grp: ______ | ______ | ______ | ______ | ______ |
| Lancefield grp: ______ | ______ | ______ | ______ | ______ |
| Lancefiedl grp: ______ | ______ | ______ | ______ | ______ |
| Streptococcus pneumoniae | | | | |
| Other micro-organisms associated with lesions | | | | |
| ______ | ______ | ______ | ______ | ______ |
| ______ | ______ | ______ | ______ | ______ |
| ______ | ______ | ______ | ______ | ______ |
| ______ | ______ | ______ | ______ | ______ |

PATHOLOGICAL LESIONS OBSERVED

Strain: ______ Lesions: ______
Strain: ______ Lesions: ______
Strain: ______ Lesions: ______
Strain: ______ Lesions: ______
Strain: ______ Lesions: ______
Strain: ______ Lesions: ______

표 7. 계속

Name and address of the breeder:

| Date of issue: | Unit No. | Latest test date: | Rederivation |
|---|---|---|---|

Species: Mouse Strain:

| | HISTROICAL results pos/tested | LATEST TEST results pos/tested | LABORATORY | METHOD |
|---|---|---|---|---|
| VIRAL INFECTIONS | | | | |
| Hantaan virus | | | | |
| Lymphocytic choriomeningitis virus | | | | |
| Parvovirus | | | | |
| Mouse hepatitis virus | | | | |
| Pneumonia virus of mice | | | | |
| Reoviurs type 3 | | | | |
| Sendai virus | | | | |
| Theiler' s encephalomyelitis virus | | | | |
| Ectromelia virus | | | | |
| Lactic dehydrogenase virus | | | | |
| PARASITOLOGICAL INFECTIONS | | | | |
| Arthropods | | | | |
| | | | | |
| | | | | |
| Gastrointestinal helminths | | | | |
| | | | | |
| | | | | |
| Giardia spp. | | | | |
| | | | | |
| | | | | |
| Entamoeba muris | | | | |
| Other flagellates | | | | |
| Eimeria spp. | | | | |
| | | | | |
| | | | | |
| Klossiella spp. | | | | |
| | | | | |
| | | | | |
| Encep halitozo on cuniculi | | | | |
| Toxoplasma gondii | | | | |
| Spironucleus spp. | | | | |
| | | | | |
| | | | | |

PATHOLOGICAL LESIONS OBSERVED

Strain: ———— Lesions:

Strain: ———— Lesions:

Strain: ———— Lesions:

Strain: ———— Lesions:

Strain: ———— Lesions:

Strain: ———— Lesions:

### 표 8. 랫드의 건강검사결과 보고서

Name and address of the breeder:

| Date of issue: | Unit No. | Latest test date: | Rederivation |
|---|---|---|---|

Species: Mouse　　Strain:

| | HISTROICAL results pos/tested | LATEST TEST results pos/tested | LABORATORY | METHOD |
|---|---|---|---|---|
| BACTERIAL AND FUNGAL INFECTIONS | | | | |
| Clostridium piliforme | | | | |
| Bordetella bronchiseptica | | | | |
| Citrobacter freundii(4280) | | | | |
| Corynebacterium kutscheri | | | | |
| Leptospira spp. | | | | |
| Serotype: | | | | |
| Serotype: | | | | |
| Mycoplasma spp. | | | | |
| Biotype: | | | | |
| Biotype: | | | | |
| Pasteurella spp. | | | | |
| Biotype: | | | | |
| Biotype: | | | | |
| Saimonellae | | | | |
| Serotype: | | | | |
| Serotype: | | | | |
| Streptobacillus moniliformis | | | | |
| $\beta$-haemolytic streptococci | | | | |
| Lance field grp: | | | | |
| Lancefield grp: | | | | |
| Lancefield grp: | | | | |
| Lancefiedl grp: | | | | |
| Streptococcus pneumoniae | | | | |
| Other micro-organisms associated with lesions | | | | |
| | | | | |
| | | | | |
| | | | | |
| | | | | |

PATHOLOGICAL LESIONS OBSERVED

Strain: ———— Lesions:

Strain: ———— Lesions:

Strain: ———— Lesions:

Strain: ———— Lesions:

Strain: ———— Lesions:

Strain: ———— Lesions:

표 8. 계속

Name and address of the breeder:

Date of issue: Unit No. Latest test date: Rederivation

Species: Mouse Strain:

| | HISTROICAL results pos/tested | LATEST TEST results pos/tested | LABORATORY | METHOD |
|---|---|---|---|---|
| VIRAL INFECTIONS | | | | |
| Hantaan virus | | | | |
| Parvovirus | | | | |
| Pneumonia virus of mice | | | | |
| Reoviurs type 3 | | | | |
| Sendai virus | | | | |
| Sialodacryadenitis/Rat corona virus | | | | |
| Theiler' s encephalomyelitis virus | | | | |
| PARASITOLOGICAL INFECTIONS | | | | |
| Arthropods | | | | |
| | | | | |
| | | | | |
| Gastrointestinal helminths | | | | |
| | | | | |
| | | | | |
| Trichosomoides crassicauda | | | | |
| Giardia spp. | | | | |
| | | | | |
| | | | | |
| Entamoeba muris | | | | |
| Other flagellates | | | | |
| Eimeria spp. | | | | |
| | | | | |
| | | | | |
| Klossiella spp. | | | | |
| | | | | |
| | | | | |
| Encep halitozo on cuniculi | | | | |
| Toxoplasma gondii | | | | |
| Spironucleus spp. | | | | |
| | | | | |
| | | | | |

PATHOLOGICAL LESIONS OBSERVED

Strain: ———— Lesions:

Strain: ———— Lesions:

Strain: ———— Lesions:

Strain: ———— Lesions:

Strain: ———— Lesions:

Strain: ———— Lesions:

### 2) 검사결과의 판독

의양성의 경우 판독을 정확히 하는 것이 중요하다. 대개 모니터링 방법은 질적인 평가로서, 즉 사육집단 내에 병원성 미생물이 감염되어 있는지 없는지를 결정하는 것이며, 얼마나 심하게 감염되어 있는지를 검사하는 것은 아니다. 감염동물인지 보균동물인지에 대한 구분은 해주어야 한다. 혈청 검사의 이상적인 방법은 위음성과 위양성이 완전히 분리되는 것이나, 대개의 경우 겹치게 된다. 따라서 검사방법을 민감도와 특이도라는 기준으로 구분하는데 전자는 얼마나 소량까지 검출할 수 있는가 하는 것이며, 후자는 어떠한 방법으로 검사를 할 것인가를 판단하게 해준다.

스크리닝 테스트에 영향을 주는 요인으로는 이미 언급한 바와 같이 민감도, 특이도, 신뢰도, 예측치가 있다. 민감도란 양성으로 검사된 동물군 중에서 실제로 질병에 이환된 동물의 수로 정의된다. 가령 100마리의 마우스군에서 95%의 민감도가 나왔다면 95%는 진양성(TP), 5%는 위음성(FN)으로 해석한다. Sensitivity = TP/(TP+FN). 특이도는 음성의 결과를 보이는 건강한 동물군에서 실제로 음성으로 판명된 건강한 동물의 수로 정의된다. 만약 100마리의 건강한 마우스를 검사할 때, 95%의 특이도는 95마리의 마우스는 진음성(TN), 나머지 5마리의 마우스는 위양성(FP)이라 해석한다. Specificity = TN/(TN+FN)

민감도와 특이도가 100%인 방법이 가장 이상적인 시험방법이다. 일반적으로는 민감도가 증가되면 특이도가 감소한다. 민감도와 특이도는 테스트 자체의 공헌도, 질병의 경과과정, 다른 상황의 존재 등의 숙주의 특성에 따라 달라진다. 예를 들면 위음성은 항체가가 증가되기 전 급성 감염시 일어날 수 있고, 위양성은 검사방법 조건 또는 항체의 교차반응 때문에 일어날 수 있다. 신뢰도는 같은 조건하에서 같은 사람이 한 번 이상을 시험할 때 일정한 결과를 나타내는 능력으로 정의된다. 결과의 일관성에 영향을 주는 두 가지 주된 요소가 있다. 방법의 차이와 실험자의 차이이다. 양성 결과에 대한 예측치(PV)는 질병이 존재할 수 있다고 가정하는 비율로, 다른 말로 말하면 단회 검사결과로 얼마나 믿음을 갖을 수 있는가라는 것이다.

양성 결과는 그것이 판정 경계선에 있거나 양성 동물의 분포가 낮았을 때 의문의 여지가 있다. 의양성을 나누는 기준 근처의 경계선의 반응들은 부정확한 결과가 될 수도 있다. 양성 결과에 대한 예측치(PV)는 실제 양성을 양성으로 진단할 비율이다. [표 9]에서 95%의 민감도를 가진 분석방법에서 양성의 이환율이 10%일 때 양성예측치(PV+)가 68.5%임을 보여주고 있다. 다르게 말하면, 양성으로 판정된 결과가 31.5% 정도로 부정확하다고 생각되는 것이다. 1%의 이환율에서는 16.5%의 양성결과만이 진정한 양성으로 간주된다. 일반적으로 양성 이환율이

표 9. 95%의 특이도를 보이는 시험법으로 검사했을 때 양성결과에 대한 예측치에 대한 질병이환율의 영향

10% 이환율

| | 미생물감염상태 | |
|---|---|---|
| 시험결과 | 감염 | 비감염 |
| 양성 | 9800 | 4500 |
| 음성 | 200 | 85,500 |

양성예측치 $PV(+) = \frac{9800}{9800+4500} \times 100 = 68.5\%$

1% 이환율

| | 미생물감염상태 | |
|---|---|---|
| 시험결과 | 감염 | 비감염 |
| 양성 | 980 | 4950 |
| 음성 | 200 | 94,050 |

양성예측치 $PV(+) = \frac{980}{980+4950} \times 100 = 16.5\%$

15% 미만일 때 양성 예측치 PV+는 너무 낮아 의미 있는 결과로 해석하기 어렵다.

### 3) 의양성이 나오는 이유는 여러 가지 요인

혈청분리 잘못했을 경우, 용혈이 일어난 혈액의 사용, 시료보관 오류, 초보자의 경우 시료의 혼동, 인정되지 않은 실험방법을 사용했을 경우, 결과해석을 잘못했을 경우 등을 요인으로 들 수 있다.

어떠한 진단방법도 100% 정확한 것은 아니며, 위양성이나 위음성이 여러 가지 요인에 의해 일어날 수 있기 때문에, 위양성의 경우 바로 동물에 대하여 조치를 취하는 것보다는 반복실험과, 샘플을 교체해서 실험을 하여 확신한 후 사육장에 대하여 조치하여야 한다. 이 때는 원인의 파악 후 조치하는 것이 중요하다. [표 9]에서는 위음성과 위양성이 일어날 수 있는 경우를 정리하였다.

표 9. 검사결과 위음성과 의양성이 나타날 수 있는 요인들

| 결과 | 검사방법 | Error |
|---|---|---|
| 위음성 | 혈청학 | · 급성기의 혈청항체가 검출되지 않은 경우<br>· 면역결핍 또는 면역억압이 일어난 동물<br>· 쇠약하거나 또는 항체에 반응하지 않는동물 |
| | 세균학/<br>기생충학 | · 감염 후 오랜시간이 경과하거나 회복되어 감염부위에 원인체가 존재하지 않는 경우 |
| | 모든방법 | · 샘플 크기가 적은 경우<br>· 감시동물이 오염된 부위 (깔집 등) 또는 감염인자에 접촉하지 않은 경우 |
| 위양성 | 혈청학 | · 자가면역질환에 이환되었거나 또는 이종생물학적 물질이 접종된 경우(종양세포들)<br>· 모체이행항체들 |
| | 모든방법 | · 감시동물이 격리케이지에서 유지되는 것보다 덜 엄격한 조건하에 사육된 경우 |

### 4) 혈청검사결과의 적용

항체가에 대한 분석은 혈청학적 검출의 주된 방법이다. 효과적인 초기 단계의 스크리닝 검사법으로 사용될 수 있고 여기에는 제한적인 부분도 있다. 다시 말하자면 스크리닝은 "인지되지 않는 질병을 추정하는 과정" 으로 정의하였다. 진단은 다른 말로 말하자면, 질병의 정확한 성질을 규명하고 또한, 다른 질병과의 구별을 하는 것이다. 혈청학적 결과는 질병의 특성과 그 집단의 상황하에서 해석되어야 한다. 예를 들면, 감수성이 높은 동물 군에서 결과를 얻지 않았는가 또는, 이러한 집단의 병력이 혈청학적 결과와 일치하는지 그리고 집단의 치사율이 증가되었는지, 동물 실험이 영향을 받았는지 등을 보아야 한다. 만약 영향을 받았다면 어떤 점에서 그러한지를 조사한다. 예를 들어 면역학자들이 동물실험중 macrophage assay 해석에 곤란을 겪고 있을 때, 마우스 10마리 중 2마리가 MHV에 대한 높은 항체가를 가지고 있는 것이 드러나면, MHV가 그 문제의 원인일 가능성이 높다. 검출하고자 하는 질병에 대한 지식도 매우 중요하다. 드물게 발생하고 대체적으로 무증상을 보이는 질병은 상대적으로 명백한 증상과 병변을 가진 질환에 대한 스크리닝과는 다른 접근을 필요로 한다. 일단 양성의 혈청가가 나오면 활성화된 질환의 존재를 확증하는 것이 필요하다. 능동 감염의 존재를 확증하는 것은 항상 쉽지는 않다. 질병과 동물종에 따라 면역조직화학 또는 형광항체법, 전자현미경 관찰 또는 바이러스 분리를 통하여 항원이나 바이러스를 감지하고 전형적인 육안병변과 현미경학적 접근방법

으로 병변을 관찰한다. 혈청은 다른 혈청학적 방법을 통해 재평가한다. 이를 연속검사(series testing)라고 하는데 만약 이차적인 검사에서 음성이 나오면 음성이라고 간주한다. 초기 스크리닝 방법을 ELISA법으로 했을 때, 형광항체법, 보체결합반응, 혈구응집억제반응 같은 다른 방법으로 재검사한다. 만약 대상동물이 살아 있으면 이차로 혈액 샘플을 얻어 항체가의 증가를 검사하는 것이 좋다. Border line 또는 낮은 양성가를 보이는 모든 샘플들은 다른 방법으로 재검사되어야 한다. 동물군의 질병 또는 건강상태는 한 마리 이상의 양성 결과에 의존해야 한다. 이러한 이유로 5~10마리가 검사되어야 하고, 만약 이차혈청학적 검사를 포함하여 다른 테스트에서 음성이 나왔다면 한 마리의 양성은 위양성일 것이다. 질병의 감염유무를 확정할 수 없더라도 이에 대한 결정이 내려져야 하는데 이는 시설, 동물, 검사자에 따라 좌우된다. 어떤 군에서는 아무런 조취를 취하지 않는것("No action taken")이 합리적인 대안이 될 수도 있다. 모든 결정은 질병의 정보, 동물, 시설, 연구, 스크리닝에 적용된 테스트에 근거하여 적절히 이루어져야 한다.

# V. 미생물 모니터링 절차

## 1. 마우스와 랫드의 주요 병원체와 검사법

| 병원체명 | 검사법 | 검사부위 재료 |
|---|---|---|
| 세균 | | |
| *Bordetella bronchiseptica* | 배양(37°C, 48시간, DHL agar) | 비강, 기관, 폐병변 |
| | | 혈청반응(응집반응) |
| *E. coli* O115 a,c | 배양(37°C, 24시간, DHL agar) | 맹장내용, 소장병변, 대장병변 |
| *Salmonella* spp. | 배양(37°C, 24시간, DHL agar) | 맹장내용, 장간막 임파절 |
| | (37°C, 18시간, selenite broth) | 간병변, 비장병변 |
| *Pasteurella pneumotropica* | 배양(37°C, 24시간, 혈액한천배지) | 인후두부, 기관, 폐병변 |
| *Pseudomonas aeruginosa* | 배양(37°C, 24시간, NAC agar) | 맹장내용, 피부, 폐 · 간 · 비장농양 |
| *Corynebacterium kutscheri* | 배양(37°C, 48시간) | 맹장내용, 구강, 피하 · 폐 · 간 · |
| | 혈청반응(응집시험) | 비장 · 신장농양 |
| *Clostridium piliformis* | 혈청반응(ELISA, CF) | 심 · 간장괴사 병변 |
| | 도말 · 검경(Gram염색, 1,000배) | |
| *Mycoplasma* spp. | 배양(37°C, 5~7일, PPLO 배지) | 비강, 기관, 폐병변 |
| | 혈청반응(ELISA, CF) | |
| 바이러스 | | |
| Sendai virus(HVJ) | 혈청반응 (CF, HI, ELISA) | 혈청 |
| Mouse hepatitis virus(MHV) | 혈청반응 (CF, ELISA) | 혈청 |
| Sialodacryoadenitis virus(SDA) | 혈청반응 (CF, MHV 항원) | 혈청 |
| Ectromelia virus | 혈청반응(HI, vaccinia 항원) | 혈청 |
| 원충 | | |
| *Eimeria* spp. | 포화설탕액 부유법 | 맹장내용 |

| | | |
|---|---|---|
| *Giardia* spp. | 도말 · 검경(10×5배) | 십이지장 내용물 |
| *Spironucleus muris* | 도말 · 검경(10×5배) | 십이지장 내용물 |
| 내 · 외부 기생충 | | |
| *Syphacia* spp. | 셀로판 테이프법(10×5배) 충란 | 항문 |
| *Aspicularis* spp. | 도말 · 검경, 충체 | 맹장내용물 |
| *Cysticercus fascialaris* | 부검(육안), 충 | 간 |
| *Myobia musculi* | 도말 · 검경, 충체, 충란 | 체표병변부 |
| *Radfordia affinis* | 〃 | |

## 2. 마우스 랫드의 검사순서

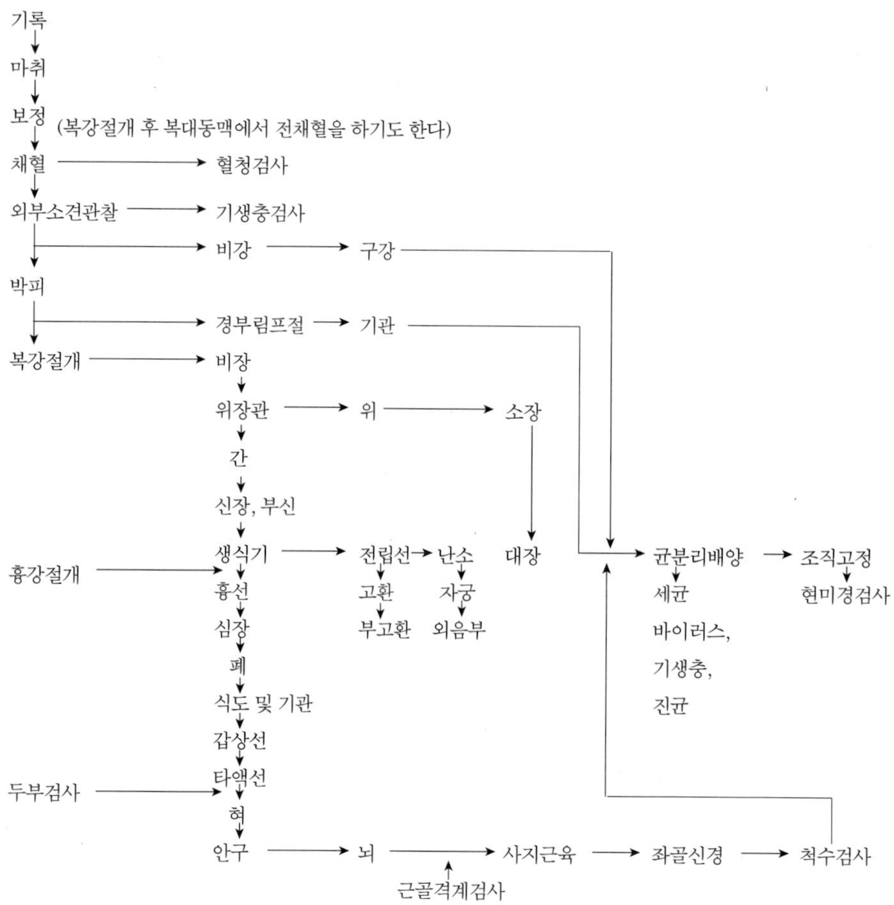

## 3. 마우스와 랫드의 주요 병원체와 부위

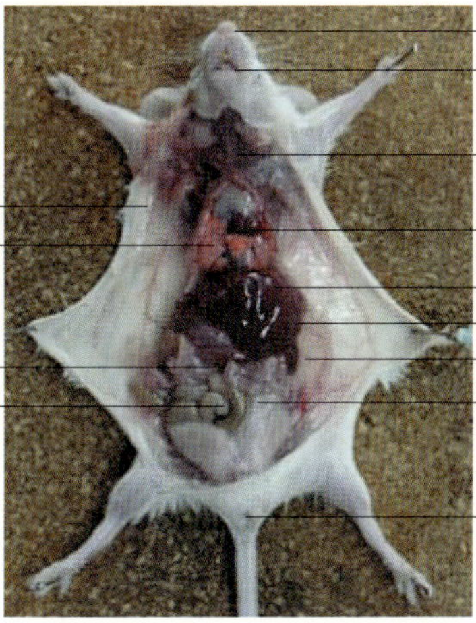


1. 체표병변부 *Pseudomonas aeruginosa* (NAC agar), *Corynebacterium kutscheri* (FNC agar), *Staphylococcus aureus*, *Myobia musculi* (검경), *Radfordia affinis* (검경)
2. 비강 *Mycoplasma pulmonis*, *Bordetella bronchiseptica* (DHL agar)
3. 구강 *Pseudomonas aeruginosa*, *Corynebaterium kutscheri* (FNC agar)
4. 인 · 후두 · 기관 *Pasteurella pneumotropica*, *Mycoplasma pulmonis*, *Bordetella bronchiseptica* (DHL agar)
5. 심장 Tyzzer' s disease (*Clostridium piliformis*)
6. 폐 *Sendai virus*, *Mycoplasma pulmonis*, *Pasteurella pneumotropica*, *Corynebaterium kutscheri*, *Bordetella bronchiseptica* (DHL agar)
7. 간장 MHV, *Corynebaterium kutscheri* (FNC agar), Tyzzer' s disease(*Clostridium piliformis*), *Salmonella* spp.(DHL agar)
8. 비장 *Corynebalerium kutscheri* (FNC agar), *Salmonclla* spp(DHL agar)
9. 신장 *Corynebaterium kutscheri*(FNC agar)
10. 장간막임파절 *Salmonella* spp.(DHL agar)
11. 십이지장 *Giardia* spp. *Spironucleus muris*(검경)
12. 맹장 *Pseudomonas aeruginosa*(NAC agar), *Salmonella* spp.(DHL agar), *Eimeria* spp.(검경), *Aspicularis* spp.(검경)
13. 항문 *Syphacia* spp.(검경)

## 4. 검사절차

### 1) 기록

부검 전에 대상동물의 계통명, 연령, 체중, 성별, 부검시의 연월일, 외부소견(비즙, 호흡음, 누액, 입모, 가피, 궤양, 농양, 설사) 등을 기록한다.

### 2) 마취

마취상태를 잘 관찰할 수 있도록 투명한 시약병 바닥에 솜을 두텁게 깔고 위에 철망을 넣은 다음, ether 2ml를 넣은 후에 동물을 넣는다. 동물이 완전히 움직이지 않게 된 시점(심마취시)에서 동물을 꺼낸다.

### 3) 보정

심마취 상태의 시험동물을 해부대의 전방에 꼬리를 시술자의 방향으로 뉘어서, 사지를 좌우로 벌려 고정 침으로 고정한다.

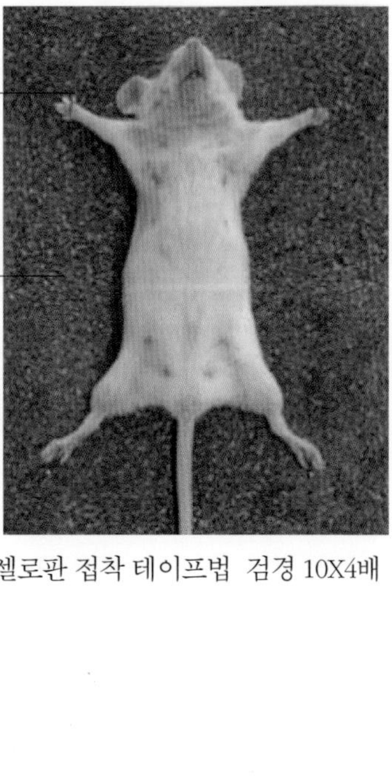


셀로판 접착 테이프법 검경 10X4배

### 4) 외부소견 관찰

#### (1) 피부의 화농소 및 괴사부위

*Corynebacterium kutscheri*, *Staphylococcus*

*aureus, Pseudomonas aeruginosa* 감염유무를 확인한다. 피하에 농양이 보이면 그 주위를 소독용 알코올 솜으로 잘 닦아내고 화농소를 절개하여, 백금이를 이용하여 농즙을 혈액한천배지에 도말·배양한다. 또한 슬라이드 글라스에 도말하여 Giemsa염색도 병행한다.

(2) 개선(Scabies)

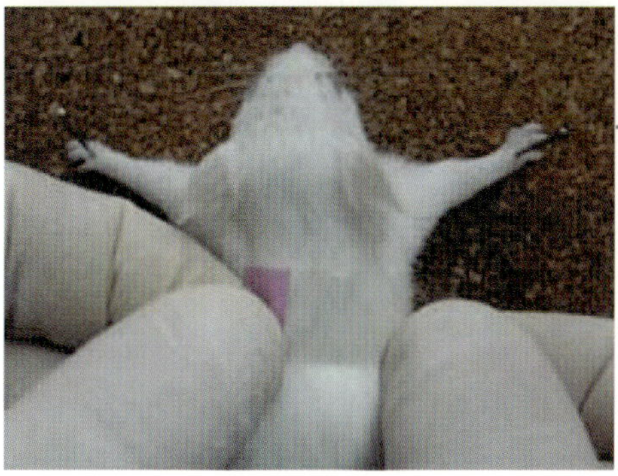

체표면의 부분적인 탈모가 있는 경우, 스카치 테이프로 부착시켜 슬라이드에 올려 현미경으로 관찰(10×4배)한다. (*Myobia muscli, Radfordia affinis*)

(3) 요충(*Syphacia obvelata*)

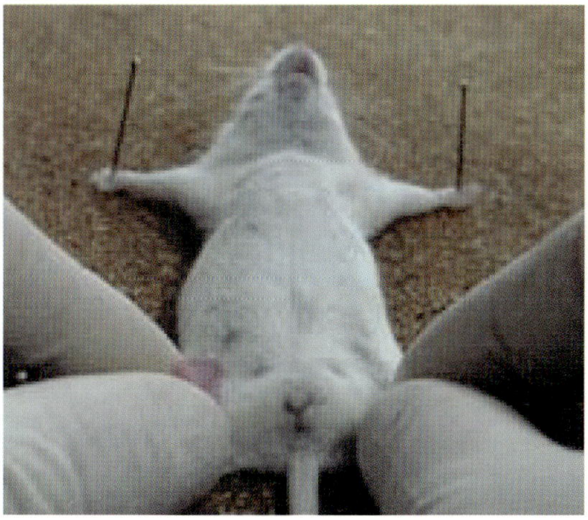

항문주위를 스카치 테이프로 묻혀 슬라이드에 올려 10×4배로 *S. obvelata*의 충란을 확인한다.

5) 비강

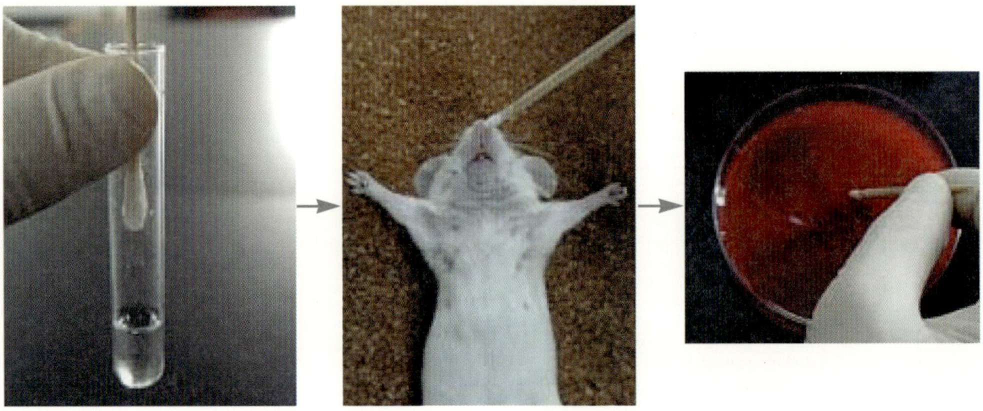

멸균면봉에 nutrient broth를 묻힌 후 시험관 벽에 대고 잘 눌러 동물의 좌우 비공 안으로 5mm 정도를 삽입한다. 면봉을 회전시켜 점액을 채취하여 PPLO 한천배지 (SM-1, *Mycoplasma* spp) 위에 도말 · 배양한다. 또 랫드에서는 DHL agar(*Bordetella bronchiseptica*)에 일단 묻혀서 접종하고 백금이를 이용하여 3단계 희석하여 배양한다.

6) 구강

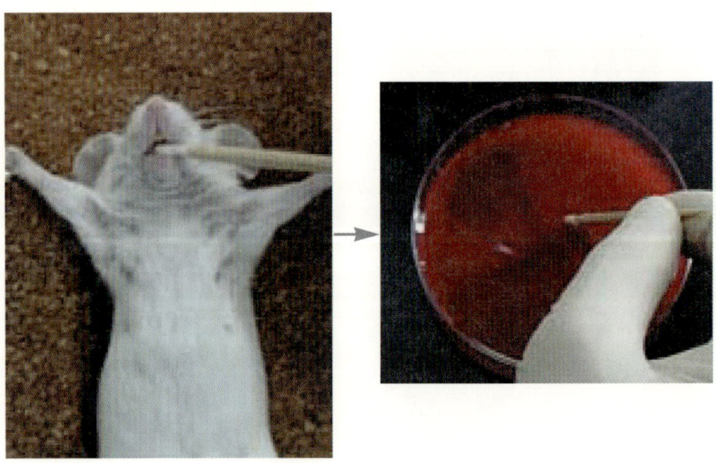

입 주위와 혓바닥을 멸균 면봉으로 묻혀서 FNC agar(*Corynebacterium kutscheri*), NAC agar(*Pseudomonas aeruginosa*)에 접종한다.

### 7) 박피

동물의 흉부에서 복부까지 알코올로 소독한 후 생식기로부터 하악골에 걸쳐서 정중선을 따라 피부를 절개하고 좌우를 박피한다.

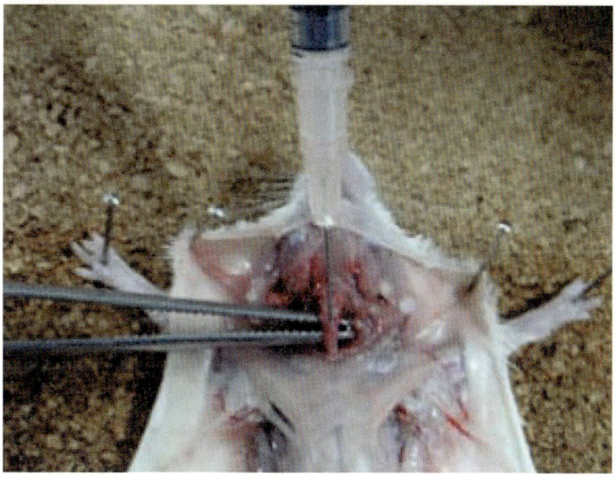

### 8) 인 · 후두 및 기관

혈관을 절제하지 않으면서 경부의 피부를 절개하여 인 · 후두 및 기관을 노출시켜 기관과 식도의 사이에 핀셋을 넣어 기관을 들어 올려서 인 · 후두로부터 약 5mm 아래쪽으로 주사기에 멸균 PBS를 넣어 플러싱을 한 후 기관지 내액을 다시 뽑아낸 후 이 액을 혈액한천 배지에 도말 · 배양한다. 또한 DHL 배지에 도말하고(랫드만) 같은 액을 PPLO 배지(SM-1)에 도말 · 배양한다. 랫드에서는 타액선 특히 악하선의 종창을 관찰한다.

9) 복강절개

생식기로부터 정중선에 따라서 흉골 검상돌기까지 복벽을 들어올리면서 내장 및 장관을 상처가 생기지 않도록 복벽을 좌우로 절개한다.

10) 채혈

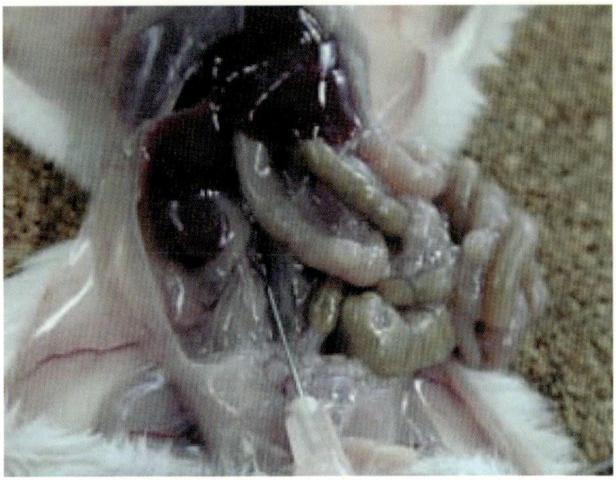

복강을 소독용 알코올로 소독하고, 멸균 주사기(마우스 1ml, 랫드 5ml)의 바늘(마우스 26G×1/2, 랫드 24G×5/4) 끝을 마우스(복대정맥), 랫드(복대동맥)에 천천히 넣어 채혈한다. 혈액을 멸균 소시험관 (랫드는 중시험관)의 벽에 따라 거품이 생기지 않도록 서서히 넣는다. 혈액을 넣은 시험관은 혈액의 표면적이 확장되도록 실온에서 30~60분간 시험관을 경사지게 놓고, 응고된 혈액에서 혈청이 침출되면 시험관을 바로 세워서 냉장고에 하룻밤 방치하여 다음날 적혈구가 포함되지 않도록 멸균 피펫으로 상층액을 채취하여 멸균 시험관에 옮겨 −80°C에 보관하여 Sendai virus, MHV, SDA, Ectromelia virus, Tyzzer' s virus, *Mycoplasma pulmonis*, *Corynebacterium kutscheri*, *Bordetella bronchiseptica* 등에 대한 항체검사에 사용한다.

### 11) 실질 장기

간장

비 · 신장

장간막 림파절

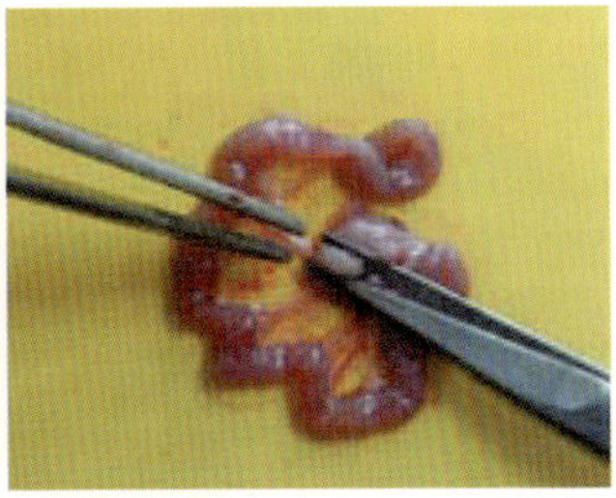

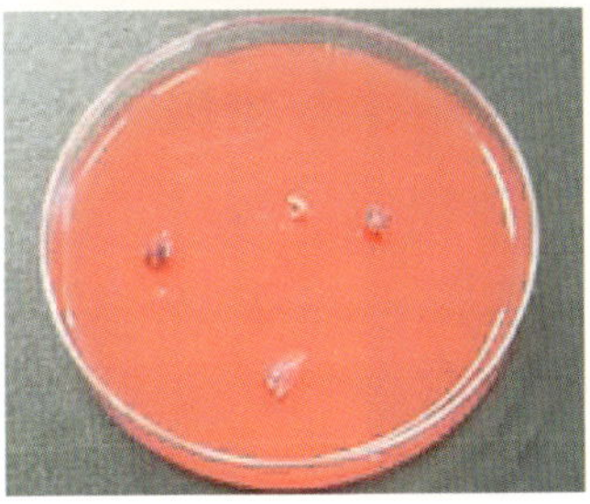

농양소

간장, 비장, 신장, 장간막 림프절의 충혈, 괴사소 및 농양 등의 병변이 보이면 기록한 후에 폐 병변과 같은 방법으로 배양 및 염색을 한다. 단, 장기의 표면이 오염되었을 때에는 장기를 순간 열탕속을 통과시켜 표면의 균을 살균한 다음에 할면을 백금이를 이용하여 배지에 도말한다. 또, 간장에 낭포가 있을 경우 절개하면 낭충이 육안적으로 관찰된다.

### 12) 십이지장

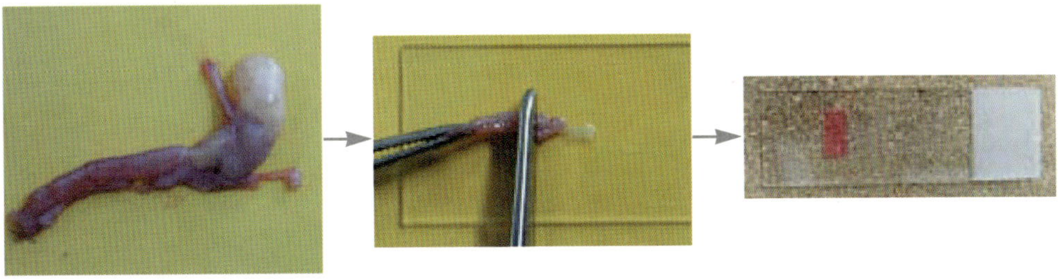

위의 유문부로부터 5mm의 길이에서 잘라낸 십이지장의 선단을 슬라이드 위에 놓아 가위의

끝으로 내용물을 짜내어 커버 글래스를 올려놓고 10×4배로 관찰한다. *Giardia muris*는 십이지장의 내용물 중에 구르는 듯이 운동을 한다. Spironucleus muris는 지그재그로 요동을 치는 듯이 운동을 한다.

### 13) 맹장

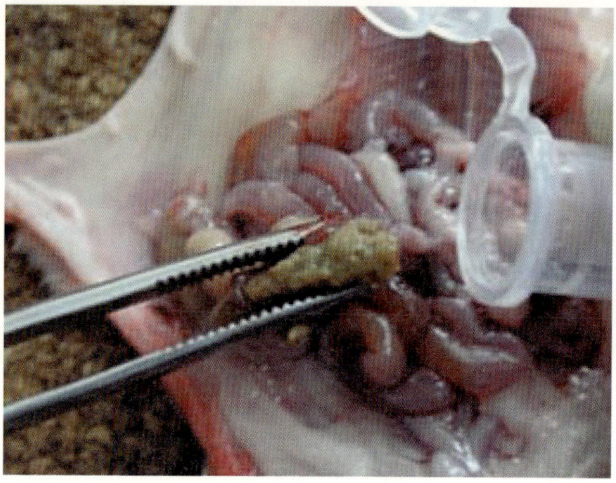

맹장을 가위로 절개하여 상처를 내어 내용물을 백금이로 채취하여 DHL, NAC, FNC의 각 배지에 도말 · 배양한다. 그 다음 맹장의 내용물을 약 1g 채취하여 생리식염수를 넣은 배양접시에 넣고 부유시켜서 맹장 · 요충을 검사한다. 이상의 조작이 끝나면 맹장 내용물 1g을 채취하여 포화설탕액을 넣은 시험관 입구로부터 용액이 볼록 튀어나올 때까지 가득 채운다. 10~20분간 정치한 후에 융기한 표면에 커버 글라스를 올려놓아 액면에 붙은 측을 슬라이드 글라스 위에 놓고 현미경 시야(10×4배)로 확인한다.

### 14) 흉강절개

좌우의 늑연골을 제13늑골로부터 제1늑골에 걸쳐서 절개한다.

15) 폐

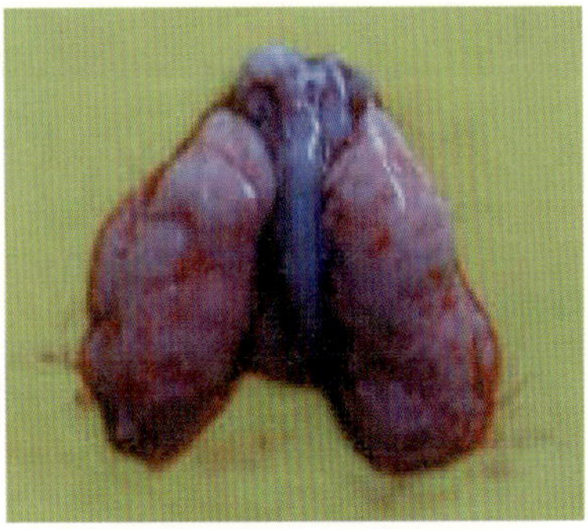

흉강 내의 삼출액, 폐의 선상성, 충실성, 간 변화, 농양 등을 관찰한다. 병변이 있는 경우 그 부분을 반드시 그 상태에서 관찰하도록 한다. 흉강 내의 삼출액은 백금이로 채취하여 혈액한천배지에 도말한다. 슬라이드글라스에 도말하여 김자염색도 병행을 한다. 폐의 병변부는 무균적으로 병변부분과 정상부분의 경계부를 멸균한 가위로 충분히 잘게 잘라 혈액한천배지에 도말한다. 같은 부분을 PPLO 한천배지 (SM-1)에도 도말 · 배양한다. 동시에 절단면을 슬라이드에 도말하여 김자염색한다.

16) 심장, 흉선

병변을 관찰하고 조직을 고정한다.

17) 생식기

균 분리를 하고 조직을 고정한다.

18) 두부

설골을 절단하여 혀를 적출하고 구강 내의 병변을 검사한다. 안구와 하더리안선을 적출하고 대뇌와 소뇌를 적출한다.

19) 근골격계

사지근육의 미상을 검사한다. 대뇌부에서는 좌골신경을 검사하고 조직을 고정한다. 척수를 적출하여 고정한다.

# 부록

# 제1장 Mycoplasma 감염진단

## 1. 실험동물 사육장의 Mycoplasma 감염조사

실험동물 SPF시설(A, B, C)과 conventional시설(D)에서 사육되고 있는 수컷 BALB/c 마우스와 수컷 Spraque-Dawley랫드에 대하여 Mycoplasma의 감염실태를 조사한 예를 소개한다. 시판용 *M. pulmonis*-rodent coronavirus-sendai virus antibody test kit를 이용하여 혈청검사를 한다. 시험방법은 다음과 같다.

1) 부검시 얻은 혈액을 실온에 방치하여 혈청을 채취한다.

2) 양성 및 음성 대조혈청과 시험혈청에 항원이 묻어 있는 comb을 deeping하여 30분간 실온에서 반응시킨다.

3) Tap water에 washing 후, enzyme-conjugated anti-mouse and anti-rat IgG에 30분간 실온에서 반응시킨다.

4) Tap water로 washing 후, chromogenic enzyme substrate에 5~20분간 반응시킨다.

시험 결과를 [표 1]에 정리하여 보았다. 총 4곳의 실험동물 시설에 대해 조사한 결과 마우스에서는 어떠한 개체도 양성으로 판정되지 않았다. 다만 한 개의 시설(B)에서 borderline(의양성)으로 의심되는 개체가 총 62.5%(5/8)의 비율이 관찰되었다. 한편, 랫드에서는 3곳의 SPF 시설 모든 동물에서 음성으로 판정되었다. 그러나 한 곳의 conventional 시설에서는 10주령, 24주령의 모든 랫드에서 100%의 양성 감염률을 나타내었다. 특이할 만한 점은 B시설에서 사육

표 1. Mycoplasma 감염실태조사 결과

| Group | Strains | No. of animal infected /No. of animal examined | | | | | |
|---|---|---|---|---|---|---|---|
| | | 4 weeks old | | 10 weeks old | | 24 weeks old | |
| | | Positive | borderline | Positive | borderline | Positive | borderline |
| A | Mouse(BALB/c) | 0/4 | 0/4 | 0/4 | 0/4 | · | · |
| | Rat(SD) | 0/4 | 0/4 | 0/4 | 0/4 | 0/2 | 0/2 |
| B | Mouse(BALB/c) | 0/4 | 4/4 | 0/4 | 1/4 | · | · |
| | Rat(SD) | 0/4 | 0/4 | 0/4 | 0/ | 0/2 | 0/2 |
| C | Mouse(BALB/c) | 0/4 | 0/4 | 0/4 | 0/4 | · | · |
| | Rat(SD) | 0/4 | 0/4 | 0/4 | 0/4 | 0/2 | 0/2 |
| D | Rat(SD) | 4/4 | 0/4 | 4/4 | 0/4 | 2/2 | 0/2 |

Group A, B, C are SPF facilities and D is conventional facility

한 마우스의 경우 4주령과 10주령 마우스에서 의양성이 관찰되었다. 이러한 결과는 균 분리시험에서 음성으로 확인된 바 4주령에서 모체이행항체 때문에 의양성이 흔히 나타나는 것을 보여 주고 있다. 따라서 혈청 검사의 경우는 4주령 이하의 동물에 대해서는 진단하기 어려우므로 성숙동물에 대하여 실시하는 것이 바람직하다.

## 2. 마우스와 랫드에서 *M. pulmonis*의 분리

### 1) 균 분리 대상동물의 선정

Conventional 시설에서 사육 중인 마우스와 랫드에서 혈액을 채취한 후, 혈청에 대하여 *M. pulmonis* 감염을 ELISA법으로 진단한다. ELISA에서 *M. pulmonis* 감염 양성으로 판정된 개체가 속한 집단의 동물을 균 분리 대상동물로 선정한다.

2) 세균 배양

마우스와 랫드를 경추 탈구로 치사시킨 후, 일반적인 방법으로 부검을 실시한다. 기관에서 폐까지 멸균 PBS로 flushing하여 supplement(yeast extract 0.01g, horse serum 20ml, penicillin 55,000unit, thallium acetate 50mg in DW 30ml)를 3 : 7로 첨가한 PPLO 평판배지에 도말하여 혐기성 상태로 37°C에서 3일간 배양한다. 3일간 배양한 후 형성된 세균의 집락은 Dienes염색과 PCR법을 통하여 *M. pulmonis*임을 확인하고 5대 계대한다.

PPLO agar 평판 배지상에 형성된 집락을 현미경(40×)으로 관찰하였을 때 크기는 다양하게 관찰되고(50~500$\mu$m) 중심부는 주변부에 비하여 크기가 작고 불투명하며 주변부의 형태는 원형을 유지하며 다수의 과립과 공포가 관찰된다(그림 1). 각각의 분리한 *M. pulmonis* 집락모양을 관찰해보면 M-1의 경우 다른 분리주에 비해 주변부에 대한 중심부 비율이 가장 낮으며(그림 1-A), M-2는 비교적 주변부에 대한 중심부의 비율이 높다(그림 1-B). R-1의 경우 가장 크고 주변부의 과립과 공포가 가장 명확히 나타나고(그림 1-C), R-2의 경우 중심부의 형태가 불명확하고 과립과 공포가 명확한 것을 관찰할 수 있다.

A B C D

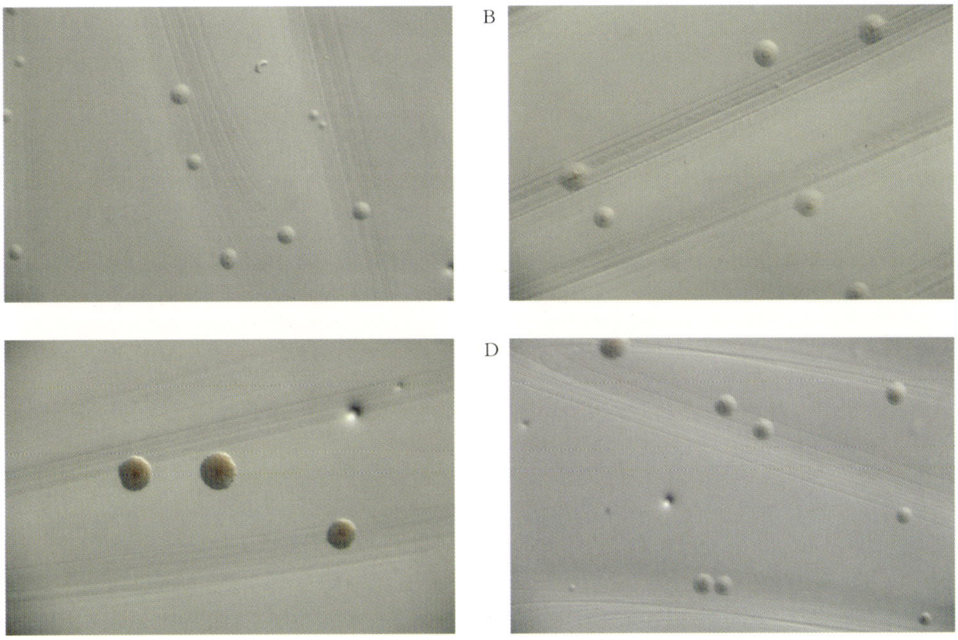

그림 1. 분리된 *M. pulmonis*의 colony 모양 (A: M-1, B: M-2, C: R-1, D: R-2)

### 3) Dienes stain

Dienes 염색은 PPLO 평판배지에서 발육한 집락을 포함하는 agar block(1Cm$^3$)을 slide glass 위에 올려놓고 Dienes 염색액을 1방울 적하하여 5분간 방치한 후 cover glass를 올려놓고 40×로 관찰하는 방법이다. 관찰결과 푸르게 염색되고 집락의 형태가 유지되는 것을 마이코플라스마의 집락으로 판정한다. Dienses 염색액의 조성은 Methylene blue 2.5g, azure II 1.25g, maltos 10g, sodium carbonate 0.25g, benzoic acid 0.2g, methiolate 0.01g을 증류수 100ml에 용해하여 stock solution을 조제하고 working solution은 증류수를 이용하여 3%로 조제한다.

분리한 4개의 균주에 대해서 Dienes 염색을 실시한 결과 모든 균주의 집락은 푸른색으로 반응하였고, 중심부는 진한 파란색으로 염색되어 전형적인 Mycoplasma의 상을 나타내었다(그림 2)

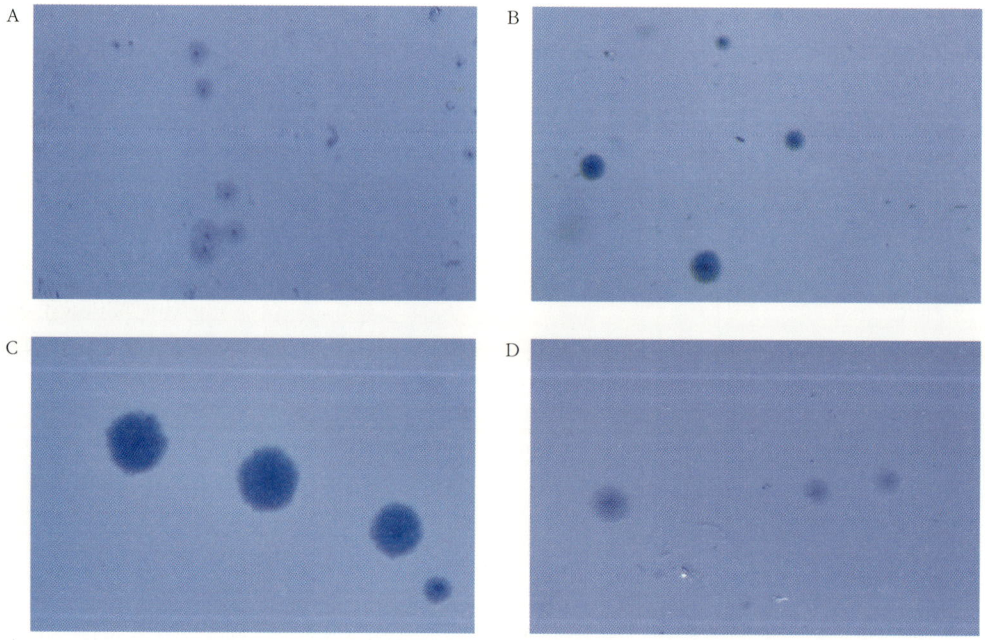


그림 2. 분리된 *Mycoplasma pulmonis*의 Dienes 염색결과 (A: M-1, B: M-2, C: R-1, D:R-2)

### 4) PCR

*M. pulmonis*의 species-specific primer를 이용하여 PCR법을 수행한다. 위에서 분리된 각각의 분리 균주들을 PPLO broth에 넣고 37°C 혐기 상태에서 5일간 배양한다. 배양한 균은 14,000rpm에서 20분간 원심분리하여 pellet down하고, 각각의 tube에 500ul의 SNET(NaCl 400mM, EDTA 5mM, Tris-Cl 20mM, SDS 10%) solution(lysis buffer)을 첨가한다. 3ml 주사기를 이용하여 up and down하여 cell을 lysis시킨 후 10ul의 proteinase K(20mg/ml)를 각 tube에 넣고 vortex mix한 후 56°C에서 overnight 반응시킨다. Phenol-chloroform-isoamyl alcohol이 25:24:1로 섞인 PCI solution(Sigma, USA)을 첨가하고 vortex mix한 후 12,000rpm에서 10분간 원심분리한다. 상층액을 채취하여 새로운 1.5ml microtubes에 담은 후 3M sodium acetate buffered solution 50ul와 800ul의 isopropanol를 첨가하고 4시간 동안 4°C에서 반응시킨다. 12,000rpm으로 원심분리한 후 상층액은 버리고 DNA pellet은 냉장 보관된 70% ethanol로 2회 washing 한 후 건조시킨다. 멸균 DW를 첨가하여 분리된 DNA를 용해시키고 260nm의 파장으로 흡광도를 측정하여 정량한다. PCR primer는 16S ribosomal RNA의 Mycoplasma species-specific sequence에서 선정하고(표 2), PCR mixture는 각 DNA samples 2$\mu$g과 각 primer 100 pmol, 1×PCR buffer, 2.5 U Taq polymerase, 200$\mu$M deoxyribonucleoside triphosphates(PCR Core Kit, Boehringer mannheim, Germany)를 섞어 총 100$\mu$l의 volume이 되게 한다. PCR은 95°C에서 5분을 1cycle로, 95°C에서 30초, 50°C에서 30초, 70°C에서 90초를 30cycle로 하고 마지막으로 70°C에서 10분을 1cycle(Gene Cycler™, Bio-Rad, USA)로 반응시키며 반응물을 1.5% agarose gel에서 전기영동(Power PAC 300, Bio-Rad, USA)하여 PCR product band를 관찰한다. Molecular weight marker를 사용하여 band의 크기를 관찰한다.

분리된 4개의 균주에서 DNA를 추출하여 *M. pulmonis* specific primer를 이용하여 PCR을 한 결과, 4가지 균주 모두에서 245bp의 양성 밴드를 확인하였다(그림 3). 이 결과를 통해 분리된 4개의 균주는 *M. pulmonis*였음을 확인할 수 있었다.

표 2. *Mycoplasma pulmonis* specific-primer

| Primer | Sequence | Product size (bp) |
|---|---|---|
| Forward | 5′-AAC AGC AGC TGA TAA TCA AA-3′ | 245 |
| Reverse | 5′-CTG AAA GTT TTG AAG AGT TT-3′ | |

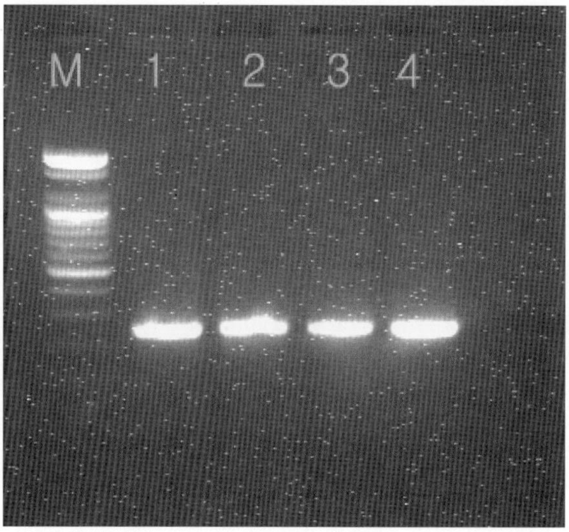


그림 3. 분리된 *M. pulmonis* PCR 결과 (M: molecular marker(100 bp DNA ladder) lane 1: M-1, lane 2: M-2, lane 3: R-1, lane 4: R-2)

## 3. Western blot을 이용한 항원성 분석

### 1) *M. arthritidis*의 구입 및 배양

*M. arthritidis* ATCC 13988 균주를 American Type Culture Collection(ATCC, USA)으로부터 구입한다. *M. arthritidis*의 stock은 항생제가 첨가되지 않은 PPLO broth 1ml에 녹인 후 supplement(yeast extract 0.01g, horse serum 20ml, penicillin 55,000unit, thallium acetate 50mg in DW 30ml)가 첨가된 PPLO 평판배지에 stricking 한 후, 37°C 혐기상태에서 3일간 배양한다. 배양 후 형성된 colony를 취하여 PPLO broth에 넣고 동일하게 37°C 혐기상태에서 5일간 배양한다.

### 2) 각 균주에서 단백질 추출 및 샘플 준비

위에서 분리한 각각의 *M. pulmonis*를 각각 PPLO Broth에서 증식시킨 후 10,000rpm으로 원심

분리하여 상층액은 버리고 남은 pellet을 0.05% 완충 포르말린으로 부유시켜 24시간 동안 불활화한다. 불활화한 각각의 *M. pulmonis*를 PBS로 10,000rpm으로 2회 원심분리로 세척한다. 불활화한 각각의 항원에 2% SDS를 첨가하여 10분간 boiling한 후 $\beta$-mercaptoethanol이 첨가된 sample buffer와 1:1로 섞어 다시 10분간 boiling한다.

### 3) SDS-PAGE 및 Western blot

12% polyacrylamide gels의 각 well에 5$\mu$g씩 항원을 loading하여 200V로 전기영동한 후, nitrocellulose membrane에 100V로 1시간 transfer한다. 이후 nitrocellulose membrane을 5% skim milk로 4°C에서 2시간 blocking하고 0.05% tween 20이 첨가된 PBS로 5분간 3회 세척한 후 자연 감염된 마우스 혈청을 1:40으로 희석하여 실온에서 2시간 반응시킨다. 이후 Peroxidase conjugated anti mouse IgG에 2시간 실온에서 반응한 후, DAB kit로 발색하여 공통적으로 나타는 band를 확인하고 공통항원을 탐색한다.

분리한 4개의 *M. pulmonis*와 *M. arthritidis*의 항원성을 분석한 결과 4개의 *M. pulmonis*는 비슷한 양상의 항원성을 나타내었고 *M. arthritidis*는 이와 다른 항원성을 나타내었다. 특히 M-1, M-2, R-1, R-2에서는 60.7kDa과 25.3kDa에서 공통적으로 항원성을 나타내는 major band를 확인할 수 있었다. 4개의 분리한 *M. pulmonis*에서와는 다르게 *M. arthritidis*에서는 이부분에서

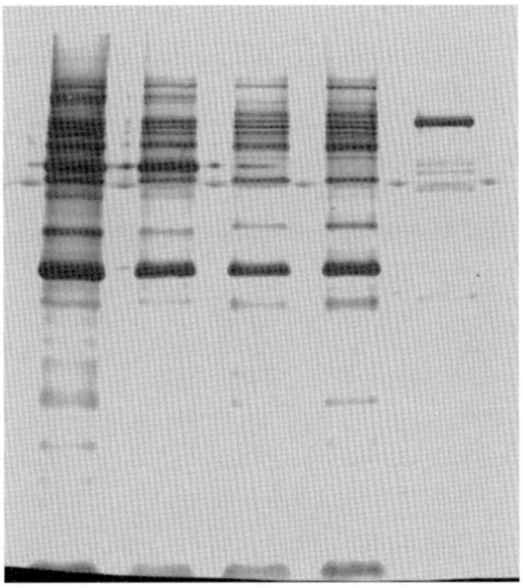

그림 4. 자연 감염 랫드의 혈청을 이용한 Western blot 결과 (lane 1: M-1, lane 2: M-2, lane 3: R-1, lane 4: R-2, lane 5: M. arthritidis)

항원성을 나타내는 band를 확인할 수 없었다.

## 4. Mycoplasma species-specific primer를 이용한 PCR 기법의 이용

### 1) DNA extraction

위에서 분리된 각각의 분리주들과 *M. arthritidis*를 SNET(NaCl 400mM, EDTA 5mM, Tris-Cl 20mM, SDS 10%)가 들어 있는 tube에 넣고 용해시킨다. proteinase K를 각 tube에 주입하여 56°C에서 24시간 반응시킨다. phenol-chloroform-isoamyl alcohol을 첨가하고 잘 섞어 12,000rpm에서 10분간 원심분리한다. 상층액을 채취하여 sodium acetate buffered solution과 isopropanol를 첨가하고 4시간 동안 4°C에서 반응시킨다. 12,000rpm으로 원심돌려 상층액은 버리고 냉장보관된 70% ethylalcohol로 세척한 다음 건조시킨다. 멸균 DW를 첨가하여 분리된 DNA를 용해시키고 260nm의 파장으로 흡광도를 측정하여 정량한다.

### 2) PCR

PCR primer는 16S ribosomal RNA의 Mycoplasma species-specific sequence에서 선정하고(표 3), PCR mixture는 각 DNA samples 2μg과 각 primer 100 pmol, 1×PCR buffer, 2.5 U Taq polymerase, 200μM deoxyribonucleoside triphosphates(PCR Core Kit, Boehringer mannheim, Germany)를 섞어 총 100μl의 volume이 되게 한다. PCR은 94°C에서 3분을 1cycle로, 94°C에서 1분, 53°C에서 1분, 72°C에서 2분을 40cycle로 하고 마지막으로 72°C에서 7분을 1cycle(Gene Cycler™, Bio-Rad, USA)로 반응하며 반응물을 1.5% agarose gel에서 전기영동(Power PAC 300, Bio-Rad, USA)하여 PCR product band를 관찰한다. Molecular weight marker를 사용하여 band의 크기를 관찰한다.

분리된 4가지 균주 모두 *M. pulmonis* specific primer를 이용했을 때 양성 band가 관찰되었고 *M. arthritidis*에서는 band를 확인할 수 없었다(그림 5).

분리된 4가지 균주 모두 *M. arthritidis*-specific primer를 이용했을 때 양성 band를 확인할 수

표 3. Mycoplasma species-specific primer

| Primer | Sequence | Product size(bp) |
|---|---|---|
| *M. pulmonis* | F: 5′-AGC GTT TGC TTC ACT TTG AA-3′<br>R: 5′-GGG CAT TTC CTC CCT AAG CT-3 | 266 |
| *M. arthritidis* | F: 5′-CCT CAA AGC TCC ACT AGA GG-3′<br>R: 5′-AGC ATT TCC TCA ACT AAG TG-3′ | 265 |
| *M. neurolyticum* | F: 5′-GAA GCA TAA GAG GTA ACT CC-3′<br>R: 5′-GTC ATT TCC TAC CCT ATT TT-3′ | 278 |

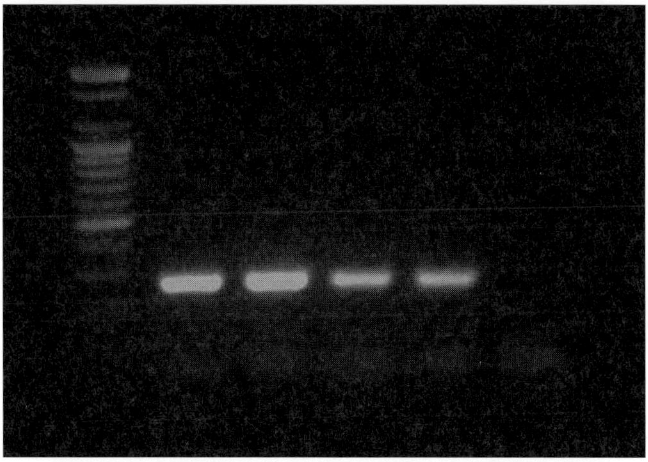

그림 5. *M. pulmonis*-specific primer를 이용한 분리 균주와 *M. arthritidis*의 PCR (lane 1: ladder, lane 2: M-1, lane 3: M-2, lane 4: R-1, lane 5: R-2, lane 6: M. arthritidis)

없었고 오직 *M. arthritidis*에서만 양성 band를 확인할 수 있었다(그림 6).

분리된 4가지 균주 모두와 *M. arthritidis*에서 *M. neurolyticum*-specific primer를 이용했을 때 양성 band를 확인할 수 없었다(그림 7). 분리한 4가지 균주는 모두 *M. pulmonis*-specific primer를 이용했을 때만 양성 band를 확인할 수 있었고 다른 *M. species*-specific primer에서는 음성으로 나타났다. 따라서 분리한 4가지 균주는 모두 *M. pulmonis*임을 확인하였다.

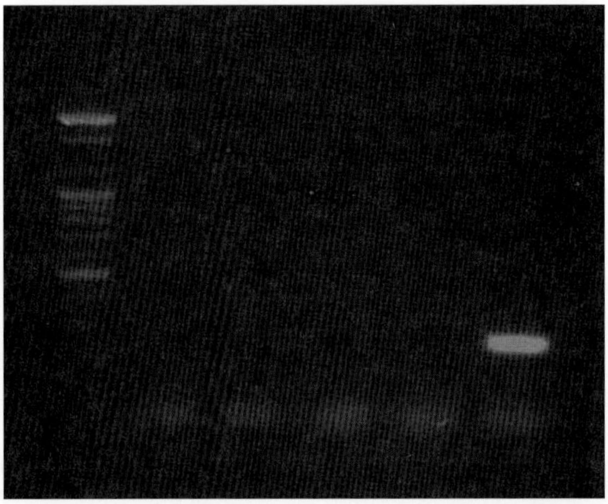

그림 6. *M. arthritidis*-specific primer를 이용한 분리 균주와 *M. arthritidis*의 PCR (lane 1: ladder, lane 2: M-1, lane 3: M-2, lane 4: R-1, lane 5: R-2, lane 6: M. arthritidis)

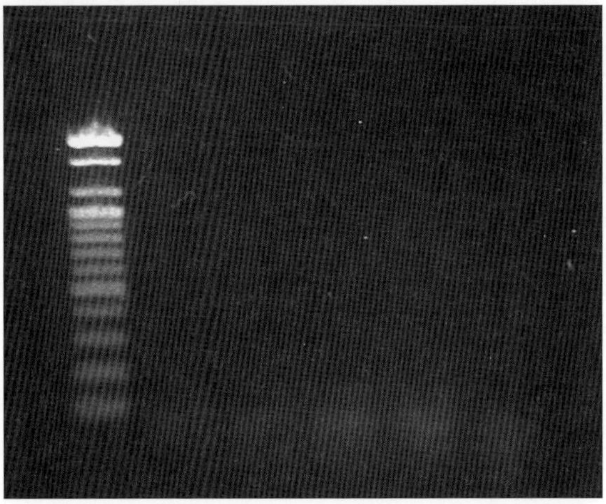

그림 7. *M. neurolyticum*-specific primer를 이용한 분리 균주와 *M. arthritidis*의 PCR (lane 1: ladder, lane 2: M-1, lane 3: M-2, lane 4: R-1, lane 5: R-2, lane 6: M. arthritidis)

## 5. *M. pulmonis* 및 *M. arthritidis*에 대한 항체 생성

### 1) 항원 준비

*M. pulmonis*(R-2)와 *M. arthritidis* colony를 PPLO broth 20ml에 넣은 후 37°C 혐기성 상태에서 5일간 배양한다. 14,000rpm의 원심분리를 통해 균은 pellet down 하고, 멸균 PBS로 2회 washing한 후, 0.05% 완충 포르말린에 24시간 균을 고정한다. 멸균 PBS로 2회 동일한 방법으로 washing한 후, 0.5mg/ml의 농도로 맞추어 항원으로 이용한다.

### 2) 동물 및 면역

암컷 5주령 SPF SD 랫드 4마리를(Biogenomics, Korea) 면역시킬 동물로 사용한다. 동물은 구입 후 3일간 순화기간으로 두고, 사료와 음수는 멸균하여 자유 급이하도록 한다. 동물은 순화기간 및 실험 전 기간에 걸쳐 clean rack(Three shine, Korea)에서 사육되며, 온도 22±2°C, 조도 150~200lux, 습도 50±10%의 조건하에서 사육된다. *M. pulmonis*와 *M. arthritidis*의 면역을 위해 각 균마다 2마리의 랫드 대퇴부 근육에 주사한다. 0일째와 9일째 혈액을 심장 채혈을 통해 얻은 후 3,000rpm에서 15분간 원심분리하여 혈청을 얻었다. 혈청은 56°C에서 30분간 불활화하고, Mycoplasma에 대한 항체형성을 확인하기 위한 ELISA법에 이용한다.

### 3) ELISA

0.05% 완충 포르말린에 24시간 고정 후 멸균 PBS로 2회 washing한 고정된 항원을 ultrasonicator를 이용하여 sonication한다. 항원을 1:20으로 멸균 PBS에 희석한 후 96 well ELISA plate의 각 well에 100ul씩 coating한다. 이후 4°C 냉장 상태로 overnight 흡착반응을 한다. PBS로 5분간 3회 ELISA shaker에 흔들어 주면서 washing한다. 1% bovine serum albumin in PBS(Sigma, USA)를 100ul씩 각 well에 분주하여 blocking한다. 이후 생산한 혈청을 1:20부

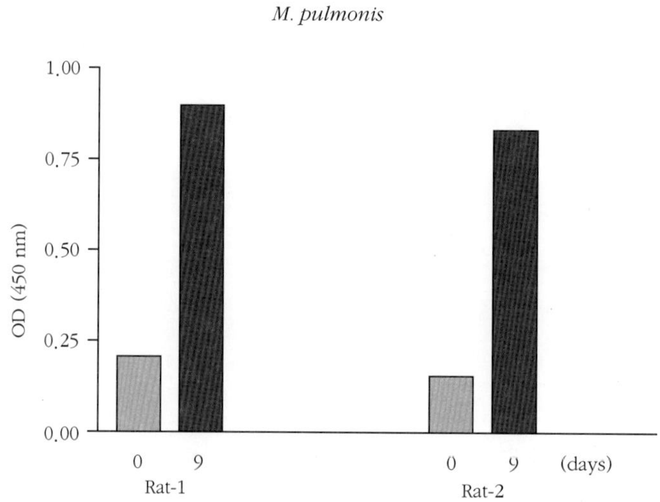


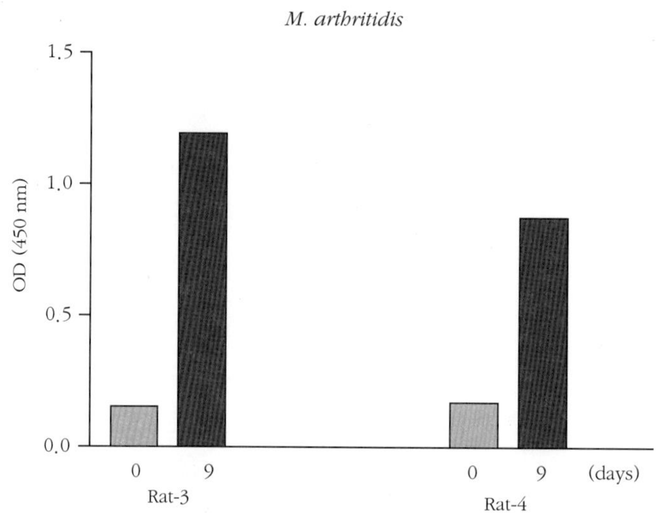


그림 8. 랫드에서 *M. pulmonis*와 *M. arthritidis*에 대한 0일째와 면역 9일째의 항체가 측정(ELISA)

터 2배수로 serial 희석하여 각 well에 100ul씩 분주하여 실온에서 2~4시간 동안 반응한다. 0.05% tween-PBS(T-PBS)를 이용하여 동일한 방법으로 5분간 3회 washing하고, mouse anti-rat IgG(Zymed, USA)를 1:20,000으로 희석한 2차항체를 100ul씩 각 well에 분주하여 실온에서 2시간 반응한다. T-PBS를 이용하여 5분간 5회 washing 하고 o-Phenylenediamine(Sigma, USA)으로 발색한 후, 450nm에서 흡광도를 측정한다.

랫드에 면역 후 9일째에 심장에서 채혈하여 ELISA법을 이용하여 항체가를 평가한 결과 *M. pulmonis*나 *M. arthritidis* 모두 0일째에 비해 4배 이상의 항체가가 증가하였다(그림 8). 이 중

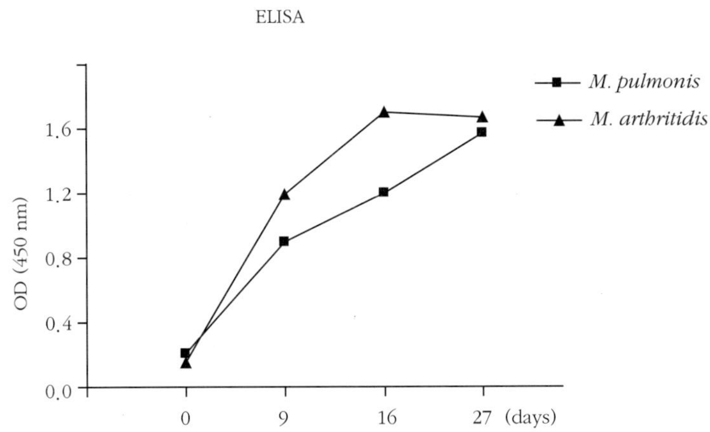

그림 9. 면역 후 0, 9, 16, 27일째에 Rat-1과 Rat-3에서 *M. pulmonis*와 *M. arthritidis*에 대한 항체가 측정

*M. pulmonis*나 *M. arthritidis* 모두 rat-1에서 항체가가 다소 높게 측정되었기 때문에 이 랫드에 대해서는 면역 16일과 27일째에도 채혈을 하여 동일한 방법으로 ELISA를 하였다(그림 9). 그리고 이 동물들에서 얻어진 혈청을 *M. pulmonis*와 *M. arthritidis*에 대한 양성 혈청으로 사용하였다.

#### 4) Cross reaction

0.05% 완충 포르말린에 24시간 고정 후 멸균 PBS로 2회 washing한 고정된 *M. pulmonis*(R-2) 항원을 ultrasonicator를 이용하여 sonication한다. 항원을 1:40으로 멸균 PBS에 희석한 후 96 well ELISA plate의 각 well에 100ul씩 coating한다. 이후 4°C 냉장 상태로 overnight 흡착반응을 한다. PBS로 5분간 3회 ELISA shaker에 흔들어 주면서 washing한다. 1% bovine serum albumin in PBS(Sigma, USA)를 100ul씩 각 well에 분주하여 blocking한다. 이후 생산한 혈청 anti-*M. pulmonis* Ab와 anti-*M. arthritidis* Ab를 1:40으로 희석하여 각 well에 100ul씩 분주하여 실온에서 2~4시간 동안 반응한다. 0.05% tween-PBS(T-PBS)를 이용하여 동일한 방법으로 5분간 3회 washing하고, mouse anti-rat IgG(Zymed, USA)를 1:20,000으로 희석한 2차항체를 100ul씩 각 well에 분주하여 실온에서 2시간 반응한다. T-PBS를 이용하여 5분간 5회 washing하고 o-Phenylenediamine(Sigma, USA)으로 발색한 후, 450nm에서 흡광도를 측정한다.

랫드에 면역 후 9일째에 심장에서 채혈 혈청을 얻은 후 *M. pulmonis* 항원을 coating한

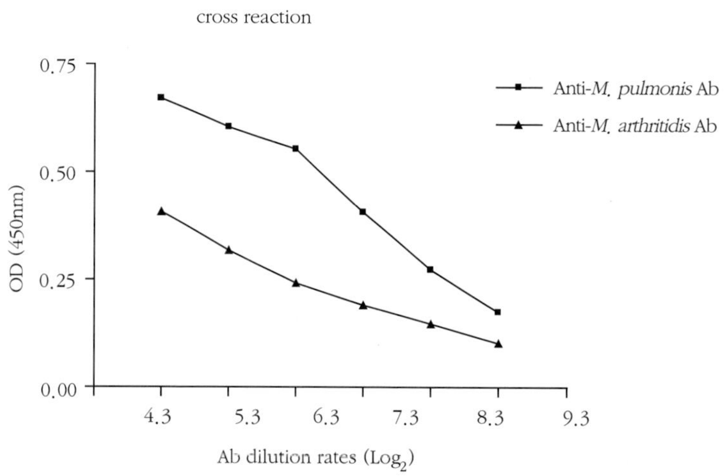


그림 10. *M. pulmonis*에 대한 anti-*M. arthritidis* AB의 교차반응

ELISA plates로 교차반응을 연구한 결과 anti-*M. arthritidis* Ab에서 교차반응이 일어남을 확인할 수 있었다.

## 6. Mycoplasma whole cell을 이용한 ELISA법 확립

### 1) ELISA법에 이용할 항원량의 결정

정확한 ELISA법을 수행하기 위해서는 실험에 이용할 항원 및 항체의 양을 결정하는 것이 중요하다. 이를 위해 먼저 96 well ELISA plates에 *M. pulmonis*와 *M. arthritidis* 항원(1.25 ug/ul)을 각각 세로줄로 well 당 6.25ug부터 2배수로 계속 희석한다. 이를 4°C 냉장 상태에서 overnight 흡착 반응한다. PBS로 5분간 3회 ELISA shaker에 흔들어 주면서 washing한다. 1% bovine serum albumin in PBS(Sigma, USA)를 100ul씩 각 well에 분주하여 blocking한다. 이후 양성 혈청을 각각 가로줄로 1:20부터 2배수로 serial 희석하여 각 well에 100ul씩 분주하여 실온에서 2~4시간 동안 반응한다. 0.05% tween-PBS(T-PBS)를 이용하여 동일한 방법으로 5분간 3회 washing하고, mouse anti-rat IgG(Zymed, USA)를 1:20,000으로 희석한 2차항체를 100ul씩 각 well에 분주하여 실온에서 2시간 반응한다. T-PBS를 이용하여 5분간 5회 washing하고

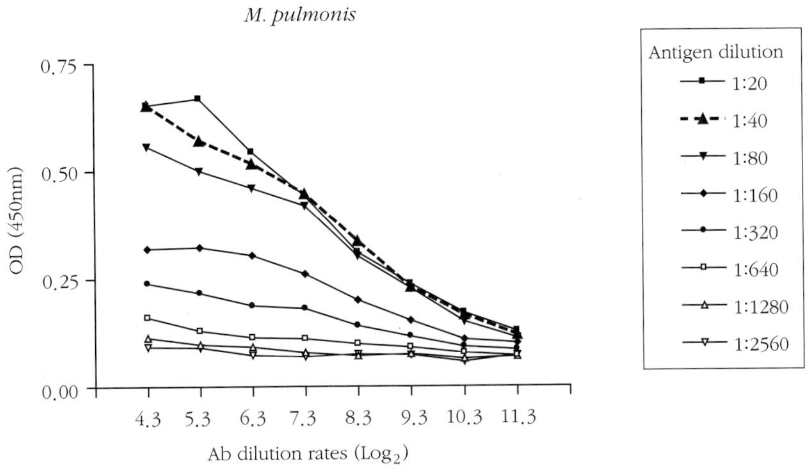


그림 11. *M. pulmonis*에서 ELISA법에 이용할 항원 농도의 결정

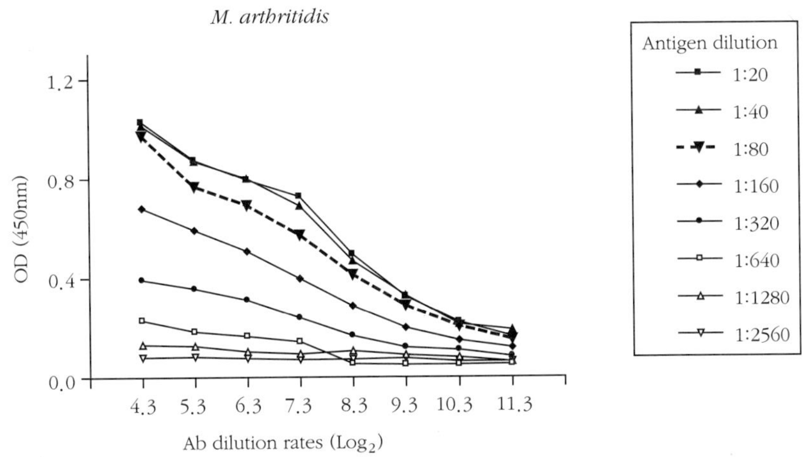


그림 12. *M. arthritidis*에서 ELISA법에 이용할 항원 농도의 결정

o-Phenylenediamine(Sigma, USA)으로 발색한 후, 450nm에서 흡광도를 측정한다.

각각의 항원항체 비율에 따른 ELISA 결과를 그래프로 나타낸 결과, *M. pulmonis*의 경우 항원 농도가 3.125ug일 때, 가장 직선에 가까운 그래프를 나타내었다. 따라서 이 농도를 ELISA법에 이용할 항원 농도로 결정하였다(그림 11). 또한 *M. arthritidis*의 경우 항원 농도가 1.56ug일 때 가장 직선에 가까운 그래프를 얻을 수 있었다(그림 12).

### 2) *M. pulmonis* whole cells을 이용한 ELISA screening

처음에 국내 실험동물 사육 시설에서 *M. pulmonis*의 감염을 *M. pulmonis*-rodent coronavirus-sendai virus antibody test kit(Charles River, Wilmington, MA, USA)를 이용하여 검사하였다. 그 결과는 [표 1]에 이미 제시되어 있으며, 이 제품을 이용하였을 때 양성의 결과는 다음 그림에서와 같이 나타났다(그림 13). 본 연구실에서 분리한 *M. pulmonis* whole cells을 이용한 ELISA법이 이러한 외국산 kit를 이용하였을 때와 어떠한 sensitivity의 차이를 나타내는지를 확인하기 위하여 (가)에서 실험했던 samples에 대하여 ELISA법을 다음과 같이 수행한다.

① *M. pulmonis* 감염진단에 대한 추가 실험

앞서 국내 실험동물 시설의 동물에 대한 *M. pulmonis* 감염진단결과 borderline의 개체가 나온 4주령 4마리, 10 주령 4마리, 24 주령 2마리의 마우스에 대한 추가 실험을 수행한다. 각각의 마우스에서 심장 채혈을 통해 혈액을 얻은 후, 동일한 방법으로 원심 분리하여 혈청을 얻으며 *M. pulmonis*-rodent coronavirus-Sendai virus antibody test kit를 이용하여 *M. pulmonis*의 감염을 진단한다.

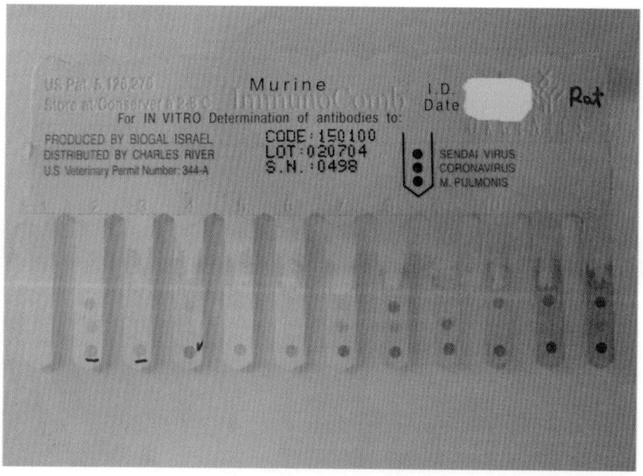


그림 13. *M. pulmonis*-rodent coronavirus-Sendai virus antibody test kit를 이용한 국내 conventional 사육시설에서 *M. pulmonis*(arrow) 감염에 대한 조사 (lane 2; Positive control, lane 3-6: 4주령, lane 7-10: 10주령, lane 11-12: 24주령 랫드).

② 국내 실험동물 시설의 마우스 랫드 혈청에 대한 ELISA screening

ELISA 방법은 위와 동일하게 한다. 다만 항원의 양은 위에서 결정된 것처럼 3.25ug을 이용한다. 그 실험에서 양성 혈청은 1:40 이하의 희석 농도에서 control과 3배 이상의 흡광도 차이를 나타내기 때문에 반응하는 혈청의 희석 배율은 1:40으로 한다. 항원을 4°C 냉장 상태에서 overnight 흡착반응한 후 PBS로 5분간 3회 ELISA shaker에 흔들어 주면서 washing한다. 1% bovine serum albumin in PBS(Sigma, USA)를 100ul씩 각 well에 분주하여 blocking하고 각각의 혈청 샘플을 1:40으로 PBS에 희석하여 각 well에 100ul씩 분주하여 실온에서 2~4시간 동안 반응한다. 0.05% tween-PBS(T-PBS)를 이용하여 동일한 방법으로 5분간 3회 washing하고, mouse anti-rat 또는 goat anti-mouse IgG(Zymed, USA)를 1:20,000으로 희석한 2차항체를 100ul씩 각 well에 분주하여 실온에서 2시간 반응한다. T-PBS를 이용하여 5분간 5회 washing하고 o-Phenylenediamine(Sigma, USA)으로 발색한 후, 450nm에서 흡광도를 측정한다.

*M. pulmonis* 감염진단에 대한 추가 실험 결과, 4주령 1마리에서 borderline으로 판정되었고 나머지 9마리 모두는 음성으로 판정되었다(표 5. 가). Whole cells을 이용한 ELISA 결과는 [표 5]로 나타내었으며 *M. pulmonis*-rodent coronavirus-sendai virus antibody test kit를 사용하였을 때와의 결과를 직접 비교하였다. 음성 대조군은 항체 형성 랫드의 0일째 혈청으로 하였고, 양성 대조군은 16일째 혈청으로 하였다. 이 실험에서 양성의 판정은 음성 대조군의 2배 이상의 흡광도를 나타낸 것을 양성으로 판정하였다. [표 5]에서 볼 수 있듯이 whole cells을 이용한 ELISA 결과 마우스의 경우 *M. pulmonis*-rodent coronavirus-sendai virus antibody test kit에서 borderline으로 나타난 개체를 포함한 모든 시험군이 음성으로 판정되었다(OD 0.342 이하). 그러나 랫드에서는 한 곳의 실험동물 시설에서 10마리 모두 양성으로 판정되었으며(OD 0.342 이상), 이러한 결과는 *M. pulmonis*-rodent coronavirus-sendai virus antibody test kit에서의 결과와 일치하였다. Whole cells을 항원으로 이용하는 실험이 다른 바이러스나 세균, 또는 기타 감염성 원인체와 교차반응을 유도할 가능성이 크다 할지라도 본 실험에서 whole cells을 이용한 ELISA법은 기존의 외국 kit를 이용한 방법과 유사한 결과를 나타내었다는 점에 있어서 대체할 수 있는 가능성이 크다고 할 수 있겠으며, 이러한 측면은 비용 절감에 있어서 큰 몫을 할 것으로 사료된다. 다음은 이러한 가능성을 가지고 *M. hominis*에서 항원성이 보다 우수한 것으로 알려진 Lipid-associated membrane protein(LAMP)를 추출하여 LAMP를 항원으로 이용했을 때의 ELISA 결과에 대해 평가법을 설명한다.

표 5. Whole cells을 항원으로 이용한 ELISA screening(나, 라) 결과 및 *M. pulmonis*-rodent coronavirus-sendai virus antibody test kit 결과(가, 다)와의 비교

Mouse(Immuno-Comb)

| (가) | 4 weeks | | | | | 10 weeks | | | | | 24 weeks | |
|---|---|---|---|---|---|---|---|---|---|---|---|---|
| | 1 | 2 | 3 | 4 | 5 | 1 | 2 | 3 | 4 | 5 | 1 | 2 |
| A | - | - | - | - | - | - | - | - | - | - | | |
| B | - | - | - | - | | - | - | - | - | | | |
| C | +/- | +/- | +/- | +/- | | +/- | - | - | - | | | |
| E | +/- | - | - | - | | - | - | - | - | | - | - |

Mouse(*M. pulmonis* whole cell)

| (나) | 4 weeks | | | | | 10 weeks | | | | | 24 weeks | |
|---|---|---|---|---|---|---|---|---|---|---|---|---|
| | 1 | 2 | 3 | 4 | 5 | 1 | 2 | 3 | 4 | 5 | 1 | 2 |
| A | 0.171 | 0.148 | 0.178 | 0.119 | 0.156 | 0.175 | 0.157 | 0.169 | 0.209 | 0.225 | | |
| B | 0.177 | 0.197 | 0.179 | 0.164 | | 0.145 | 0.211 | 0.267 | 0.212 | | | |
| C | 0.173 | 0.19 | 0.156 | 0.175 | | 0.157 | 0.162 | 0.174 | 0.168 | | | |
| E | 0.159 | 0.213 | 0.262 | 0.199 | | 0.235 | 0.188 | 0.061 | 0.209 | | 0.083 | 0.112 |

Rat(Immuno-Comb)

| (다) | 4 weeks | | | | 10 weeks | | | | 24 weeks | |
|---|---|---|---|---|---|---|---|---|---|---|
| | 1 | 2 | 3 | 4 | 1 | 2 | 3 | 4 | 1 | 2 |
| A | - | - | - | - | - | - | - | - | - | - |
| B | - | - | - | - | - | - | - | - | - | - |
| C | + | + | + | + | + | + | + | + | + | + |
| D | - | - | - | - | - | - | - | - | - | - |

Rat(*M. pulmonis* whole cell)

| (라) | 4 weeks | | | | 10 weeks | | | | 24 weeks | |
|---|---|---|---|---|---|---|---|---|---|---|
| | 1 | 2 | 3 | 4 | 1 | 2 | 3 | 4 | 1 | 2 |
| A | 0.16 | 0.132 | 0.122 | 0.097 | 0.106 | 0.122 | 0.108 | 0.107 | 0.319 | 0.327 |
| B | 0.101 | 0.121 | 0.133 | 0.095 | 0.137 | 0.12 | 0.148 | 0.156 | 0.142 | 0.304 |
| C | 0.553 | 0.95 | 0.638 | 1.024 | 0.857 | 0.882 | 1.106 | 0.723 | 1.081 | 1.104 |
| D | 0.086 | 0.124 | 0.143 | 0.118 | 0.137 | 0.097 | 0.186 | 0.115 | 0.113 | 0.224 |

※Positive control: 0.952, negative control: 0.171

## 7. Lipid-associated membrane protein(LAMP)을 이용한 ELISA법의 확립

### 1) ELISA법에 이용할 항원량의 결정

① Lipid-associated membrane protein(LAMP)의 추출

분리한 *M. pulmonis*(R-2)를 PPLO broth 500ml에 넣고 37°C 혐기 상태에서 5일간 배양한다. 배양한 균은 14,000rpm에서 20분간 원심분리하여 pellet down한다. Tube에 EDTA를 첨가한 Tris-buffered saline(TBSE; 50mM Tris[pH 8.0], 0.15M NaCl, 1mM EDTA) 5ml를 첨가하고 pellet를 부유시킨다. 부유된 용액에 Triton X-14를 최종농도가 2%가 되도록 첨가하여 4°C에서 1시간 incubation한다. 이 용액을 Phase separation이 이루어지도록 37°C에서 10분 방치하고 10,000g에서 20분 원심분리하여 상층액의 버리고 동량의 TBSE(4°C)를 첨가한다. 다시 용액을 vortex mixing하여 4°C에서 10분 방치하고 phase separation 단계를 2회 반복한다. 마지막으로 ethanol을 전체용량의 2.5배 첨가하여 −20°C에서 overnight incubation하고 원심을 분리하여 상층액을 버리고 sonicator를 이용하여 PBS(phosphate buffered saline)에 부유시킨다.

② LAMP를 이용한 ELISA법에서 항원량의 결정

먼저 96 well ELISA plates에 *M. pulmonis*(R-2)에서 추출한 LAMP(1.25ug/ul)를 각각 세로줄로 well 당 6.25ug부터 2배수로 계속 희석한다. 이를 4°C 냉장 상태에서 overnight 흡착반응을 한다. PBS로 5분간 3회 ELISA shaker에 흔들어 주면서 washing 한다. 1% bovine serum albumin in PBS(Sigma, USA)를 100ul씩 각 well에 분주하여 blocking 한다. 이후 위에서 얻어진 양성 혈청을 각각 가로줄로 1:20부터 2배수로 serial 희석하여 각 well에 100ul씩 분주하여 실온에서 2~4시간 동안 반응한다. 0.05% tween-PBS(T-PBS)를 이용하여 동일한 방법으로 5분간 3회 washing 하고, goat anti-rat IgG(Zymed, USA)를 1:5,000으로 희석한 2차항체를 100ul씩 각 well에 분주하여 실온에서 2시간 반응한다. T-PBS를 이용하여 5분간 5회 washing 하고 o-Phenylenediamine(Sigma, USA)으로 발색한 후, 450 nm에서 흡광도를 측정한다.

각각의 항원 항체 비율에 따른 ELISA 결과를 그래프로 나타낸 결과, *M. pulmonis* whole cells

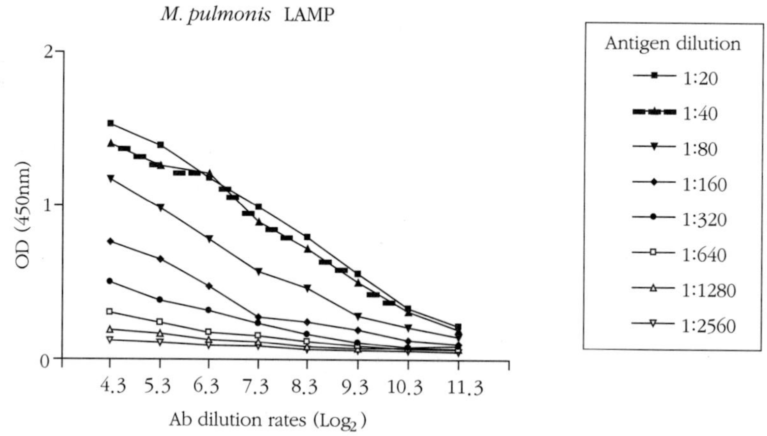


그림 14. *M. pulmonis*(R-2) LAMP에서 ELISA법에 이용할 항원 농도의 결정

에서와 동일하게 LAMP를 항원으로 이용하였을 때도 농도가 3.125ug일 때, 가장 직선에 가까운 그래프를 나타내었다. 따라서 이 농도를 ELISA법에 이용할 LAMP의 항원 농도로 결정하였다(그림 14).

## 2) LAMP를 이용한 ELISA screening

앞에서 우리는 국내 실험동물 사육 시설에서 *M. pulmonis*의 감염을 *M. pulmonis*-rodent coronavirus-sendai virus antibody test kit(Charles River, Wilmington, MA, USA)로 검사한 결과와 *M. pulmonis* whole cell을 이용한 ELISA법으로 검사한 결과를 비교하였다(표 5). 이번에는 분리한 *M. pulmonis*(R-2)의 LAMP를 이용한 ELISA법이 이러한 외국산 kit를 이용하였을 때와 어떠한 sensitivity의 차이를 나타내는지를 확인하기 위하여 whole cells을 이용한 실험에서와 동일한 samples에 대하여 ELISA법을 다음과 같이 수행한다.

① 국내 실험동물 시설의 마우스 및 랫드 혈청에서 Mycoplasma에 대한 ELISA screening

ELISA 방법은 위와 동일하게 한다. 다만 항원의 양은 3.25ug을 이용한다. 그 실험에서 양성 혈청은 1:40 이하의 희석 농도에서 control과 3배 이상의 흡광도 차이를 나타내었기 때문에 반응하는 혈청의 희석 배율은 1:40으로 한다. 항원을 4°C 냉장 상태에서 overnight 흡착반응한 후 PBS로 5분간 3회 ELISA shaker에 흔들어 주면서 washing한다. 1% bovine serum albumin in

PBS(Sigma, USA)를 100ul씩 각 well에 분주하여 blocking하고 각각의 혈청 샘플을 1:40으로 PBS에 희석하여 각 well에 100ul씩 분주하여 실온에서 2~4시간 동안 반응한다. 0.05% tween-PBS(T-PBS)를 이용하여 동일한 방법으로 5분간 3회 washing하고, goat anti-rat 또는 anti-mouse IgG(Zymed, USA)를 1:20,000으로 희석한 2차항체를 100ul씩 각 well에 분주하여 실온에서 2시간 반응한다. T-PBS를 이용하여 5분간 5회 washing하고 o-Phenylenediamine(Sigma, USA)으로 발색한 후, 450 nm에서 흡광도를 측정한다.

LAMP를 이용한 ELISA 결과는 [표 6]으로 나타내었으며 *M. pulmonis*-rodent coronavirus-sendai virus antibody test kit를 사용하였을 때와의 결과를 직접 비교하였다. 음성 대조군은 항체 형성 랫드의 0일째 혈청으로 하였고, 양성 대조군은 16일째 혈청으로 하였다. 이 실험에서 양성의 판정은 음성 대조군의 2배 이상의 흡광도를 나타낸 것을 양성으로 판정한다. [표 6]에서 볼 수 있듯이 LAMP를 이용한 ELISA 결과 마우스의 경우 *M. pulmonis*-rodent coronavirus-sendai virus antibody test kit에서 borderline으로 나타난 개체를 포함한 모든 시험군이 음성으로 판정되었다(OD 0.442 이하). 그러나 랫드에서는 한 곳의 실험동물 시설에서 whole cells을 항원으로 이용하였을 때와 마찬가지로 10 마리 모두 양성으로 판정되었으며(OD 0.442 이상), 이러한 결과는 *M. pulmonis*-rodent coronavirus-sendai virus antibody test kit에서의 결과와 일치하였다.

본 연구에서 이용된 40마리의 랫드 혈청 샘플에서 *M. pulmonis* 감염을 확인한 결과, *M.*

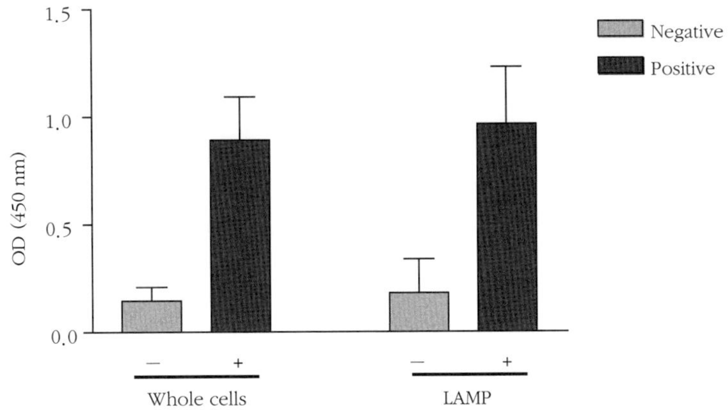


그림 15. *M. pulmonis*의 진단에 있어서 Whole cells과 LAMP를 각각 항원으로 이용하였을 때의 양성과 음성 그룹간의 ELISA 값 비교

표 6. LAMP를 항원으로 이용한 ELISA screening(나, 라) 결과 및 *M. pulmonis*–rodent coronavirus–sendai virus antibody test kit 결과(가, 다)와의 비교

Mouse(Immuno-Comb)

| (가) | 4 weeks | | | | | 10 weeks | | | | | 24 weeks | |
|---|---|---|---|---|---|---|---|---|---|---|---|---|
| | 1 | 2 | 3 | 4 | 5 | 1 | 2 | 3 | 4 | 5 | 1 | 2 |
| A | – | – | – | – | – | – | – | – | – | – | | |
| B | – | – | – | – | | – | – | – | – | | | |
| C | +/– | +/– | +/– | +/– | | +/– | – | – | – | | | |
| E | +/– | – | – | – | | – | – | – | – | | – | – |

mouse(*M. pulmonis* LAMPs)

| (나) | 4 weeks | | | | | 10 weeks | | | | | 24 weeks | |
|---|---|---|---|---|---|---|---|---|---|---|---|---|
| | 1 | 2 | 3 | 4 | 5 | 1 | 2 | 3 | 4 | 5 | 1 | 2 |
| A | 0.13 | 0.147 | 0.172 | 0.159 | 0.164 | 0.145 | 0.158 | 0.152 | 0.228 | 0.253 | | |
| B | 0.204 | 0.15 | 0.149 | 0.16 | | 0.166 | 0.204 | 0.206 | 0.197 | | | |
| C | 0.127 | 0.176 | 0.179 | 0.156 | | 0.176 | 0.17 | 0.15 | 0.181 | | | |
| E | 0.213 | 0.197 | 0.207 | 0.245 | | 0.164 | 0.137 | 0.193 | 0.215 | | 0.22 | 0.207 |

Rat(Immuno-Comb)

| (다) | 4 weeks | | | | 10 weeks | | | | 24 weeks | |
|---|---|---|---|---|---|---|---|---|---|---|
| | 1 | 2 | 3 | 4 | 1 | 2 | 3 | 4 | 1 | 2 |
| A | – | – | – | – | – | – | – | – | – | – |
| B | – | – | – | – | – | – | – | – | – | – |
| C | + | + | + | + | + | + | + | + | + | + |
| D | – | – | – | – | – | – | – | – | – | – |

Rat(*M. pulmonis* LAMPs)

| | 4 weeks | | | | 10 weeks | | | | 24 weeks | |
|---|---|---|---|---|---|---|---|---|---|---|
| | 1 | 2 | 3 | 4 | 1 | 2 | 3 | 4 | 1 | 2 |
| A | 0.191 | 0.246 | 0.1 | 0.108 | 0.103 | 0.109 | 0.106 | 0.132 | 0.431 | 0.411 |
| B | 0.088 | 0.131 | 0.173 | 0.112 | 0.145 | 0.114 | 0.191 | 0.156 | 0.262 | 0.309 |
| C | 0.604 | 0.756 | 0.635 | 0.666 | 1.173 | 1.235 | 1.123 | 1.229 | 1.139 | 1.079 |
| D | 0.129 | 0.86 | 0.103 | 0.104 | 0.129 | 0.119 | 0.102 | 0.08 | 0.105 | 0.115 |

※Positive control: 1.021, negative control: 0.221

*pulmonis*-rodent coronavirus-sendai virus antibody test kit를 사용하였을 때나 본 연구실에서 분리한 *M. pulmonis*의 whole cells 또는 LAMP를 항원으로 이용하였을 때 모두 10마리 동일한 양성 결과를 얻을 수 있었다. Whole cells을 항원으로 이용하였을 때와 LAMP를 항원으로 이용했을 때의 sensitivity의 차이를 보기 위해 40마리의 랫드 혈청 중 음성으로 나온 30마리와 양성으로 나온 10마리에서 ELISA 시험시 얻을 수 있었던 OD값들의 평균 및 표준편차를 구하였다.

그 결과 whole cells을 항원으로 이용한 경우 음성 그룹은 0.147±0.064였고, 양성 그룹은 0.8918±0.199 값이 나와 평균적으로 양성 그룹이 음성 그룹에 비해 6.08배 높게 측정됨을 알 수 있었다. 또한 LAMP를 항원으로 이용하였을 때는 음성 그룹이 0.182±0.156이었고 양성 그룹은 0.9639±0.264의 값이 나와서 양성 그룹이 음성 그룹에 비해 5.29배 높게 측정되었다. 따라서 whole cells이나 LAMP 모두 양성과 음성의 차이를 명확히 구별할 수 있는 것으로 판단되었다.

## 8. 초원심분리를 이용한 *M. pulmonis* 특이항원 검색

기존에 사용되고 있는 *Mycoplasma pulmonis* detection ELISA kit는 *Mycoplasma arthritidis*와 혈청학적으로 교차반응이 심하여 정확한 진단이 어려운 실정이다. 따라서 *M. pulmonis*를 선택적으로 진단할 수 있는 ELISA kit를 제작하기 위해 M. pulmonis specific antigen을 검색한다. 검색법으로 초원심법을 이용하는데 대부분의 항원성을 나타낸다고 보고된 *M. pulmonis*의 LAMP를 추출하고 이를 밀도구배 초원심분리하여 형성되는 각각의 fraction을 이용하여 Western blot법으로 검증한다.

### 1) Lipid-associated membrane protein(LAMP)의 추출

분리한 *M. pulmonis*(R-2)를 PPLO broth 500ml에 넣고 37°C 혐기 상태에서 5일간 배양한다. 배양한 균은 14,000 rpm에서 20분간 원심분리하여 pellet down한다. Tube에 EDTA를 첨가한 Tris-buffered saline(TBSE; 50mM Tris[pH 8.0], 0.15M NaCl, 1mM EDTA) 5ml을 첨가하고 pellet를 부유시킨다. 부유된 용액에 Triton X-114를 최종농도가 2%가 되도록 첨가하여 4°C에서 1시

간 incubation한다. 이 용액을 Phase separation이 이루어지도록 37°C에서 10분 방치하고 10,000g에서 20분 원심분리하여 상층액의 버리고 같은 양의 TBSE(4°C)를 첨가한다. 다시 용액을 vortex mixing하여 4°C에서 10분 방치하고 phase separation 단계를 2회 반복한다. 마지막으로 ethanol을 전체용량의 2.5배 첨가하여 −20°C에서 overnight incubation하고 원심을 분리하여 상층액을 버리고 sonicator를 이용하여 TBSE(phophate buffered saline) 5ml에 부유시킨다.

### 2) 밀도구배를 이용한 초원심분리

#### (1) Sucrose gradient를 이용한 초원심분리

① 방볍

추출한 LAMP 2ml에 triton X-114를 4%가 되도록 첨가하여 4°C에서 1시간 동안 반응시킨다. 반응시킨 sample을 TBSE에 녹인 90% sucrose에 2ml에 1 : 1섞어 12ml 초원심분리 tube 바닥에 조심스럽게 첨가한다. 그 위에 TBSE에 녹인 35% sucrose와 TBSE에 녹인 5% sucrose를 순서대로 4ml씩 초원심분리 tube에 첨가한다. Sample을 Optima LE-80K ultracentrifuge(BECKMAN, USA), SW 41 Ti를 이용하여 25,000rpm으로 30시간 초원심분리를 실시한다.

25,000rmp으로 30시간 초원심분리 후 각 fraction을 상층에서부터 조심스럽게 수거하여 1번에서 27번까지 정한다. 각 fraction에 해당하는 sample을 western blot을 실시한다. 12% polyacrylamide gels의 각 well에 각 fraction에 해당하는 sample을 loading하여 200 V로 전기영동한 후, nitrocellulose membrane에 100V로 1시간 transfer한다. 이후 nitrocellulose membrane을 5% skim milk로 4°C에서 2시간 blocking하고 0.05% tween 20이 첨가된 PBS로 5분간 3회 세척한 후 자연 감염된 마우스 혈청을 1:40으로 희석하여 실온에서 2시간 반응시킨다. 이후 Peroxidase conjugated anti mouse IgG에 2시간 실온에서 반응한 후, DAB kit로 발색하여 각 fraction에 나타나는 band를 확인하고 항원의 분포 양상을 분석한다.

항원의 분포 양상을 분석한 후 각 항원에 생산한 anti-*M. pulmonis* 항체와 anti-*M. arthritidis* 항체를 각각 1: 40으로 반응하여 western blot을 실시하여 교차반응을 분석한다.

이 항원을 이용하여 anti-*M. pulmonis* 항체와 anti-*M. arthritidis* 항체로 ELISA를 실시한다. ELISA plates에 선택된 항원을 4°C 냉장 상태에서 overnight 흡착반응을 한다. PBS로 5분간

3회 ELISA shaker에 흔들어 주면서 washing한다. 1% bovine serum albumin in PBS(Sigma, USA)를 100ul씩 각 well에 분주하여 blocking한다. 생산한 양성 혈청을 1:40으로 희석하여 각 well에 100ul씩 분주하여 실온에서 2~4시간 동안 반응한다. 0.05% tween-PBS(T-PBS)를 이용하여 동일한 방법으로 5분간 3회 washing 하고, mouse anti-rat IgG(Zymed, USA)를 1:20,000으로 희석한 2차항체를 100ul씩 각 well에 분주하여 실온에서 2시간 반응한다. T-PBS를 이용하여 5분간 5회 washing하고 o-Phenylenediamine(Sigma, USA)으로 발색한 후, 450nm에서 흡광도를 측정한다.

1번에서 27번까지 fraction sample에 대하여 western blot을 실시한 결과 5번에서 13번 fraction에서 대부분의 항원을 얻을 수 있었다(그림 16). 항원의 밀도구배 분리는 명확히 이루어지지는 않았고 5번에서 13번 fraction에 대부분의 항원들이 들어 있고 약간의 항원들이 다른

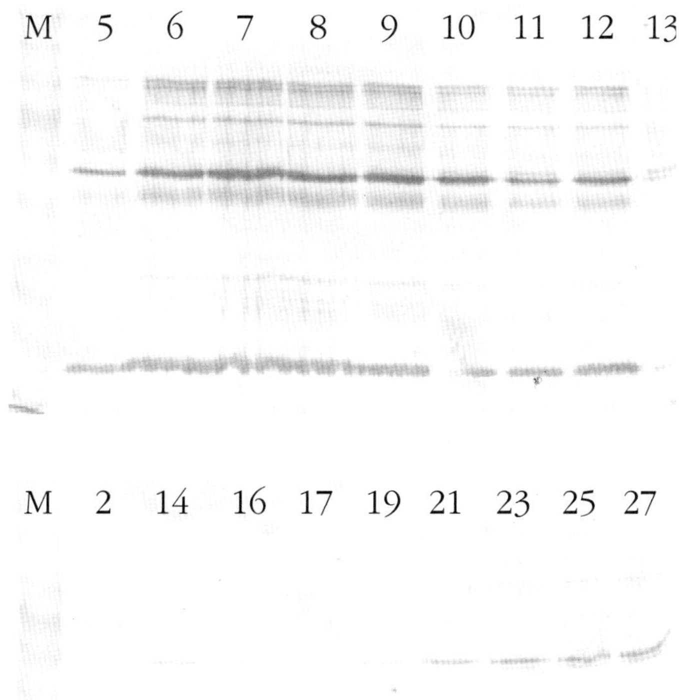


그림 16. Sucrose gradient를 이용한 초원심분리 후 항원성 양상분석

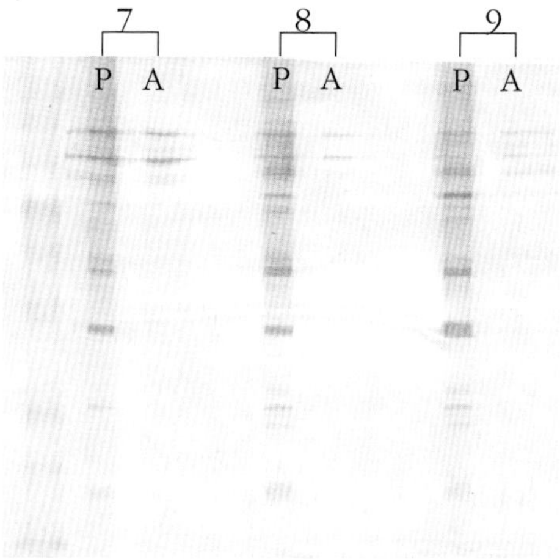


그림 17. anti-*M. pulmonis*와 anti-*M. arthritidis*혈청을 이용한 교차반응 비교(P: anti-*M. pulmonis* antibody, A: anti-*M. arthritidis* antibody)

fraction에 들어 있었다.

7, 8, 9번 fraction을 항원으로 anti-*M. pulmonis* 항체와 anti-*M. arthritidis* 항체를 이용한 western blot결과 공통적으로 항원성을 나타내는 부분을 포함하고 있었다(그림 17).

위의 fraction을 항원으로 ELISA를 실시한 결과 anti-*M. pulmonis* 항체와 anti-*M. arthritidis* 항체에서 교차반응이 일어났다.

### (2) Cesium chloride gradient를 이용한 초원심분리

Sucrose gradient를 이용한 밀도구배에서 anti-*M. arthritidis* 항체와는 반응하지않는 항원을 얻지 못하였기 때문에 Sucrose gradient 보다 더욱 명확한 밀도구배를 형성하는 cesium chloride를 이용하여 밀도구배 초원심분리를 실시한다.

① 방법

추출한 LAMP 2ml에 triton X-114를 4%가 되도록 첨가하여 4°C에서 1시간 동안 반응시킨다. TBSE에 cesium chloride를 5g 녹여 10ml의 cesium chloride 용액을 만든다. 2ml의 sample을 10ml의 cesium chloride 용액에 첨가하여 잘 섞는다. Cesium chloride 용액에 섞은 Sample을 Optima LE-80K ultracentrifuge(BECKMAN, USA), SW 41 Ti를 이용하여 35,000rpm으로 24시간 초원심분리를 실시한다.

35,000rmp으로 24시간 초원심분리 후 각 fraction을 상층에서부터 조심스럽게 수거하여 1번에서 32번까지 정한다. 각 fraction에 해당하는 sample을 western blot을 실시한다. 12% polyacrylamide gels의 각 well에 각 fraction에 해당하는 sample을 loading하여 200V로 전기영동한 후, nitrocellulose membrane에 100V로 1시간 transfer한다. 이후 nitrocellulose membrane을 5% skim milk로 4°C에서 2시간 blocking하고 0.05% tween 20이 첨가된 PBS로 5분간 3회 세척한 후 자연 감염된 마우스 혈청을 1:40으로 희석하여 실온에서 2시간 반응시킨다. 이후 Peroxidase conjugated anti mouse IgG에 2시간 실온에서 반응한 후, DAB kit로 발색하여 각 fraction에 나타나는 band를 확인하고 항원의 분포 양상을 분석한다.

항원의 분포 양상을 분석한 후 각 항원에 생산한 anti-*M. pulmonis* 항체와 anti-*M. arthritidis* 항체를 각각 1: 40으로 반응하여 western blot을 실시하여 교차반응을 분석한다.

이 항원을 이용하여 anti-*M. pulmonis* 항체와 anti-*M. arthritidis* 항체로 ELISA를 실시한다. ELISA plates에 선택된 항원을 4  냉장 상태에서 overnight 흡착반응을 한다. PBS로 5분간 3회 ELISA shaker에 흔들어 주면서 washing한다. 1% bovine serum albumin in PBS(Sigma, USA)를 100ul씩 각 well에 분주하여 blocking한다. 생산한 양성 혈청을 1:40으로 희석하여 각 well에 100ul씩 분주하여 실온에서 2~4시간 동안 반응한다. 0.05% tween-PBS(T-PBS)를 이용하여 동일한 방법으로 5분간 3회 washing하고, mouse anti-rat IgG(Zymed, USA)를 1:20,000으로 희석한 2차항체를 100ul씩 각 well에 분주하여 실온에서 2시간 반응한다. T-PBS를 이용하여 5분간 5회 washing하고 o-Phenylenediamine(Sigma, USA)으로 발색한 후, 450nm에서 흡광도를 측정한다.

1번에서 27번까지 fraction sample에 대하여 western blot을 실시한 결과 5번에서 11번 fraction에서 대부분의 항원을 얻을 수 있었다(그림 18). 항원의 밀도구배 분리는 명확히 이루어지지는 않았고 5번에서 11번 fraction에 대부분의 항원들이 들어있고 약간의 항원들이 다른 fraction에 들어 있었다.

4, 8, 12번 fraction을 항원으로 anti-*M. pulmonis* 항체와 anti-*M. arthritidis* 항체를 이용한 western blot결과 공통적으로 항원성을 나타내는 부분이 거의 없었지만(그림 19) 위의 fraction을 항원으로 ELISA를 실시한 결과 anti-*M. pulmonis* 항체와 anti-*M. arthritidis* 항체에서 교차반응이 일어났다.

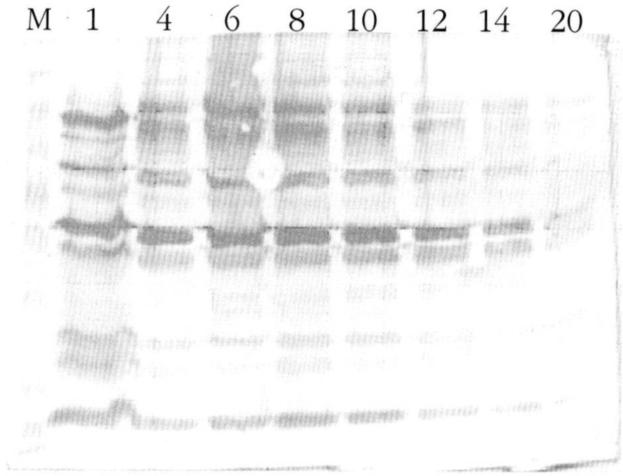


그림 18. Cesium chloride를 이용한 초원심분리 후 항원성 양상분석

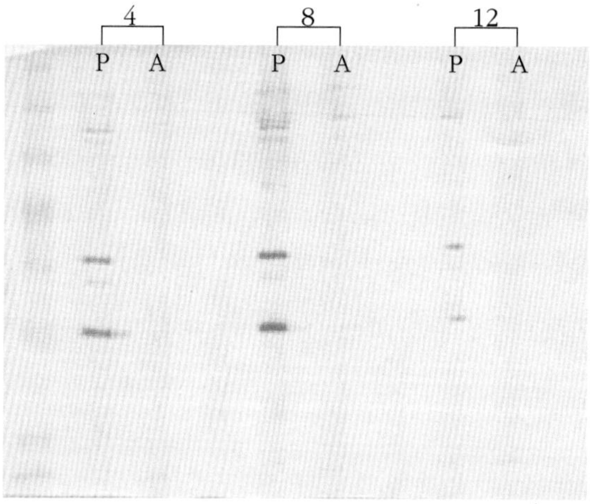


그림 19. anti-*M. pulmonis*와 anti-*M. arthritidis* 혈청을 이용한 교차반응 비교 (P: anti-*M. pulmonis* antibody, A: anti-*M. arthritidis* antibody)

## 제2장 Sendai virus 감염진단

### 1. 실험동물 사육장의 Sendai virus 감염진단

성숙한 일반 마우스에서는 임상소견 및 현미경적 소견으로 Sendai virus 폐렴의 진단이 가능하며, 대개 임상질병과 동시에 일어나는 항체전환으로 확인할 수 있다. HA, HI, RT-PCR, IFA, ELISA등의 혈청학적 진단이 동물의 Sendai virus 감염 여부를 확인할 수 있으며, Chicken egg allantoic fluid에 접종하거나 MK cell 등에 접종하여 바이러스를 배양증식 후 분리할 수 있다.

#### 1) 바이러스 분리대상 동물의 선정

일반사육시설에서 사육 중인 마우스와 랫드에서 심장 채혈을 통해 혈액을 채취한 후, 혈청에 대하여 위의 방법과 동일하게 Sendai virus 감염을 ELISA법으로 진단한다. ELISA에서 Sendai virus 감염 양성으로 판정된 개체가 포함된 집단의 2~4주령 동물을 바이러스 분리대상 동물로 선정한다.

#### 2) 바이러스 분리시료의 처리

마우스와 랫드를 안락사시킨 후, 폐를 무균적으로 적출한 후 멸균 PBS에 10배(v/w)희석하여 분쇄한다. 3000g에서 30분간 원심분리하고 상층을 수거하여, 0.2um filter를 이용하여 여과시킨다. 여과된 용액 200ul를 SPF 수정란의 장뇨막강내에 접종하여, 3일간 배양한 후 증폭된 바이러스 액을 수거한다.

### 3) 바이러스의 배양

바이러스 분리 시료와 표준 바이러스로서 American Type of Culture Collection VR-105(ATCC, Rockville, MD, USA)를 구입하여 10일령 SPF 수정란의(KBNP Inc., San-Bon, Gyeonggi-do, Korea) 장뇨막강 내에 접종한다(그림 1). 2 CEID 의 Sendai virus를 각 계란에 접종하며, 그 방법은 다음과 같다.

(1) 수정 1일령 SPF 계란 입수, 10일간 부란기(온도 37°C, 습도 100%)에서 흔들어 주면서 유지한다.
(2) 10일령에 검란을 하여 천공할 위치를 선정하여 표시하고 알콜과 포비돈으로 SPF란의 난각표면을 소독한다.
(3) [그림 1]에서와 같이 기실부 난각에 구멍을 뚫고, 그 후 바이러스를 접종할 부위의 난각에 구멍을 뚫는다.
(4) SPF란의 장뇨막강액에 2 CEID 바이러스 액(200ul)을 1ml 주사기를 이용하여 무균적으로 접종한다. 이때 혈관 및 태자가 상하지 않도록 조심한다.
(5) 천공할 때와 반대 순서로, 바이러스 주입구부터 파라핀으로 밀봉을 하고 기실 상부난각의 구멍을 밀봉한다.
(6) 부란기(온도 37°C, 습도 100%)에서 48~72시간 동안 흔들지 않고 배양한다.
(7) 24시간 간격으로 검란하여 태자가 사망하였을 시에는 즉시 장뇨막강액을 수거하여 바이러스의 농도를 측정한다(HA titer측정).
(8) 부란기에서 72시간 배양 후 4°C에서 2~24시간 동안 냉각한다.
(9) SPF란의 난각표면을 알콜과 포비돈을 이용하여 소독한 후, 둔탁한 기구를 이용하여 기실부의 난각을 제거하고, 무균적으로 난각막을 젖힌다.
(10) 10ml 주사기를 이용하여, 바이러스가 배양된 장뇨막강액을 수거한다.
(11) 각 SPF란에서 수거된 장뇨막강액은 각각 15ml 시험관에 나누어 수거하고, 3000rpm에

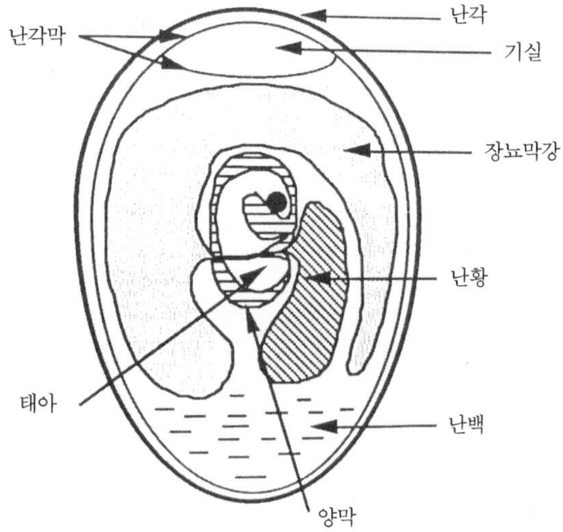


그림 1. SPF 수정란에 대한 바이러스 접종 모식도

서 30분간 원심분리하여 상층액을 수거한다.

(12) 상기과정을 통해 얻어진 상층액을 각종 진단방법에 대한 시료 및 바이러스 분리용 시료로 사용한다.

### 4) Sendai virus의 확인

#### (1) 혈구응집반응(HA test)

바이러스가 증폭된 SPF란의 장뇨막강액을 원심분리한 후 얻어진 상층액을 원액부터 2배수로 계단 희석하여 96-well plate에 50ul씩 분주한다. 닭적혈구를 멸균 PBS에 희석하여 0.5% 용액을 만든 후, 50ul씩 바이러스 액이 분주된 well에 첨가한다. 상온에서 2시간 반응 후 응집여부를 확인한다(그림 2).

#### (2) RT-PCR

바이러스가 증폭된 SPF란의 장뇨막강액 1ml을 채취한 후, Trizole을 이용하여 RNA를 추출한다(참조: Microbial Pathogenesis, 2004, 37: 87~94).

cDNA 는 GeneAmp RNA PCR Core kit(Applied Biosystems, Foster City, CA, USA)를 이용하

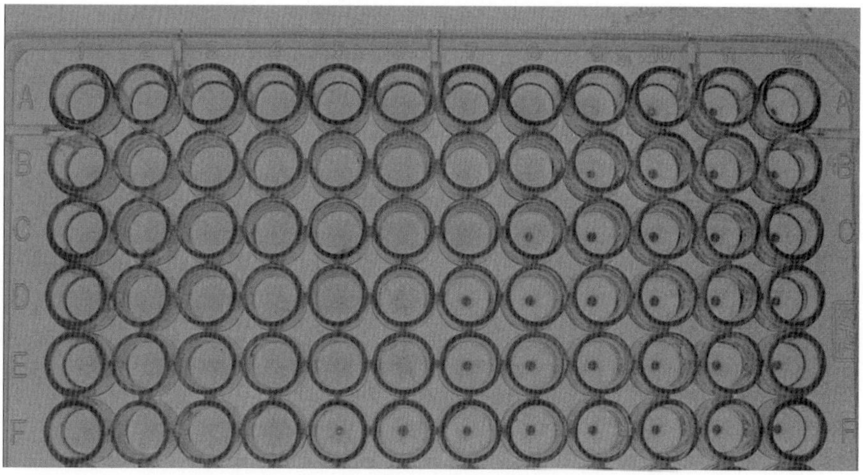


그림 2. Sendai virus가 증폭된 SPF란의 장뇨막강액의 HA titer 측정

A~F: 바이러스가 배양액의 각각의 HA test

Lane 1: 바이러스배양 원액

Lane 2~11: 2배~$2^{10}$배 희석한 바이러스배양액

Lane 12: control(chicken red blood cell)

**1차 outer PCR**

F: 5′-ACCCTTTGCTTTGCTG

R: TATCCCCTCAACTGTC-5′

685bp

조건

95°C 3min

95°C 30sec
56°C 30sec ― 25cycles
72°C 1min

72°C 7min

**2차 inner PCR**

F: 5′-ACCTTCGATACATTTAGCTC

R: GTACAATTCTGGACCTACTGT-5′

246bp

조건

95°C 3min

95°C 30sec
59°C 30sec ― 25cycles
72°C 1min

72°C 7min

그림 3. Sendai virus 진단에 사용되는 Primer set

여 1 ug 의 total RNA에서 합성 한다(참조: Microbial Pathogenesis, 2004, 37: 87~94).

PCR은 premixed PCR tube를 이용하며, [그림 3]과 같은 Sendai virus 특이 primer를 10pm 이용하여 수행한다(그림 3, J Gastroenterol 1998; 33:147~152).

### (3) ELISA를 이용한 진단방법

시판용 Sendai virus detection kit를 이용하여 혈청검사를 한다. 시험방법은 하기와 같다.

① 검사 동물로부터 채혈된 혈액을 3000rpm에서 30분간 원심분리하여 혈청을 분리한다.

② 혈청을 PBS와 5% skim milk를 이용하여 희석(1:5×1:12=1:60)하여 50ul씩 각 well에 분주한 후 37°C wet chamber에서 45분간 반응시킨다.
[예) (10ul+40ul) in PBS → (20ul+220ul) in 5% skim milk]

③ 각 well의 용액을 버린 후, 0.05% T-PBS 100ul를 각 well에 분주하고 200~400rpm에서 3분간 흔들어 세정한다. 3회 반복한다.

④ 이차항체를 anti-mouse IgG conjugated with HRP 또는 anti-rat IgG conjugated with HRP를 1:5000으로 PBS에 희석한 후, 각 well 당 100ul씩 분주한 후, 37°C wet chamber에서 45분간 반응시킨다.

⑤ 각 well의 용액을 버린 후, 0.05% T-PBS 100ul 를 각 well에 분주하고 200~400 rpm에서 3분간 흔들어 세정한다. 3회 반복한다.

⑥ 상층액을 버린 후 100ul OPD를 각 well에 분주한 후, 차광하여 실온에서 10~20분 발색한다.

⑦ ELISA reader를 이용하여 OD450nm에서 흡광도를 측정한다.

⑧ 판정은 측정된 OD값을 이용하여 다음과 같은 기준으로 수행한다.
(net score = antigen coated/0.13 - tissue control/0.13)
net score 0, 1 : negative
net score 2 : borderline
net score 3, 〉3 : positive

### 5) 초원심분리 및 Sendai virus 확인

1차 정제된 상층액 5ml을 취하여, 60 %(w/v) sucrose 2.5ml 위에 30%(w/v) sucrose 3.5ml를 중층시킨 원심 tube 위에 조용히 중층시키고 5°C에서 90분간 100,000g로 초원심분리하여(Beckmann SW-28 rotor), 60%와 30%의 sucrose층 사이에 보이는 Sendai virus를 회수한다. 이렇게 일차 정제한 Sendai virus를 Phosphate buffered saline(PBS)로 5ml이 되게 희석하여 NVT-

90 rotor를 이용하여 90분간 100,000g에서 초원심 분리하여 바닥에 침전시킨다. 상층액을 버리고 침전된 바이러스를 멸균 PBS 500ul에 희석하여 수거한다.

항원은 HA titer 및 protein 농도를 확인한 후 실험에 사용하기 전까지 −70°C deep freezer에 보관한다.

## 2. Whole virus를 이용한 ELISA법 확립

### 1) 양성 혈청

ELISA법 확립을 위한 Sendai virus 양성 혈청은 다음과 같다.

#### (1) 상용 양성혈청

시판하는 것을 구입한다.

#### (2) 8주 감염시험 동물의 혈청

Sendai virus에 대해 음성인 암컷 4주령 BALB/c mice 4마리를 구입하여, 각각의 마우스에 대하여 바이러스가 배양된 SPF란의 장뇨막강액 50ul(28 HA titer)를 5분 간격으로 5회에 나누어 비강접종한다.

동일한 방법으로 4주 후 재감염시키며, 이후 4주째에 채혈하여 혈청을 수거한다.

#### (3) 상용 ELISA kit 검사결과 양성동물의 혈청

시판용 ELISA kit를 이용하여 검사하였을 때, Sendai virus에 양성을 나타낸 개체의 혈청을 양성 혈청으로 사용한다.

## 2) ELISA법에 이용할 항원량의 결정

### (1) Sendai virus 항원

ATCC VR-105 바이러스주를 구입하여, 2CEID 용량의 바이러스를 10일령 SPF수정란의 장뇨막강내에 접종시켜 48~72시간 배양시킨 후, 장뇨막강액(약 27~29 HA titer / 50ul)을 회수한다. 바이러스가 배양된 장요막강액을 3000g로 30분간 원심하여 계태아 조직등의 이물을 제거한 후, 상층액을 취하여, 60 %(w/v) sucrose 2.5ml 위에 30%(w/v) sucrose 3.5ml를 중층시킨 원심tube 위에 바이러스액 5ml를 조용히 중층시키고 5°C에서 90분간 100,000g로 초원심분리하여(Beckmann sw-28 rotor), 60%와 30%의 sucrose층 사이에 보이는 Sendai virus를 회수한다. 이렇게 일차 정제한 Sendai virus를 Phosphate buffered saline(PBS)로 5ml가 되게 희석하여 NVT-90 rotor를 이용하여 90분간 100,000g에서 초원심 분리하여 바닥에 침전킨다. 상층액을 버리고 침전된 바이러스를 멸균 PBS 500ul에 희석하여 수거한다.

HA titer를 측정하였을 때 약 $10 \times 2^8$ titer / 50ul의 농도의 바이러스가 정제된다. 이렇게 수거한 바이러스는 실험에 사용하기 전까지 −70°C의 냉동고에 보관한다.

### (2) Sendai virus의 흡착

96-well ELISA plate의 각 well에 흡착용 완충액(CBB)로 희석한(29 HA titer/50ul에서 2배 계단희석) 바이러스 액 50ul를 각각 분주하고, 4°C 냉장 상태에서 약 12시간 동안 정치하여 흡착시킨다. 흡착이 완료된 각 well은 PBS 100ul 로 3회 세정한 후 PBS에 희석시킨 1% bovine serum albumin를 100ul씩 각 well에 분주하여 1시간 동안 blocking한다.

얻어진 양성 혈청을 각각 가로줄로 1:20부터 2배수로 serial 희석하여 각 well에 100ul씩 분주하여 실온에서 2~4시간 동안 반응시킨다. 0.05% tween-PBS(T-PBS)를 이용하여 동일한 방법으로 5분간 3회 washing하였고, rabbit polyclonal anti-mouse IgG with HRP를 1:10,000으로 희석한 2차항체를 100ul씩 각 well에 분주하여 실온에서 2시간 반응시킨다. T-PBS를 이용하여 5분간 5회 세정하고 o-Phenylenediamine(Sigma, USA)으로 발색한 후, 450nm에서 흡광도를 측정한다(Techan' s Sunrise Absorbance Microplate Reader, Phenix Research Products, Hayward, CA, USA).

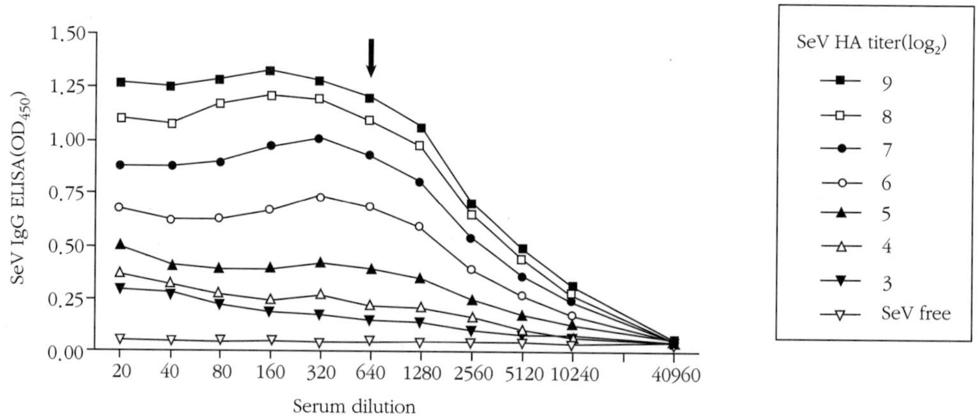


그림 4. ELISA법에 이용할 항원 농도의 결정

### (3) 항원농도의 결정

각각의 항원항체 비율에 따른 ELISA 결과를 그래프로 나타낸 결과, 항원 농도가 HA $2^8$ titer / well일 때, 혈청 희석배율 1,000배 이하에서 적정값으로 나타났다. 또한, 상용 ELISA kit에서 제시하는 방법으로 ELISA를 수행하였을 때에도 동일한 결과를 나타내었다(그림 4). 따라서 각 well당 항원농도가 HA $2^8$ titer일 때를 ELISA법에 이용할 항원 농도로 결정하였다.

### (4) 상용 ELISA kit와의 비교를 통한 sensitivity 조사

국내 실험동물 사육장의 Sendai virus 감염실태를 알아보기 위하여 일반사육장 1개소, SPF 사육시설 4개소(A, B, C, D, E)에서 총 61마리의 마우스에 대한 검사를 수행하였는데(표 1), 상용 ELISA kit(Charles river) 와의 sensitivity를 비교하였다(표 2).

표 1. Technical variation and the cut-off absorbance of ELISA(n=61)[a]

| ELISA methods | Absorbance at 450 nm | | | | | |
|---|---|---|---|---|---|---|
| | Maximum | Minimum | Mean | SD | No. of animals | Cut-off |
| Positive | 1.169 | 0.494 | 0.7655 | 0.187 | 11 | 0.403 |
| Negative[b] | 0.157 | 0.058 | 0.091 | 0.027 | 50 | |
| Blank[c] | 0.057 | 0.043 | 0.054 | 0.005 | | |

[a] Total 61 animals were tested with coated 28 SeV HA titer and 80 folds diluted sera.

[b] Negative well: coated with the virus antigen and incubated with Sendai virus-free mice sera.

[c] blank well: coated with the virus antigen but incubated with 5% skim milk instead of serum samples.

표 2. Diagnostic accuracy of Sendai virus detection kit compared to commercial ELISA kit[a]

| Animal facilities | ELISA results | | |
|---|---|---|---|
| | Positive(O / C) | borderlive(O / C) | Negative(O / C) |
| A | 8 / 8 | 0 / 0 | 2 / 2 |
| B | 0 / 0 | 0 / 0 | 14 / 14 |
| C | 0 / 0 | 0 / 0 | 21 / 21 |
| D | 3 / 3 | 0 / 0 | 2 / 2 |
| E | 0 / 0 | 0 / 0 | 11 / 11 |

[a] Total 61 mice were tested with coated 28 SeV HA titer and 80 folds diluted sera.
The O and C indicated the number of samples, which tested by our ELISA kit and commercial ELISA kit, respectively.

육시설 4개소(A, B, C, D, E)에서 총 61마리의 마우스에 대한 검사를 수행하였는데(표 1), 상용 ELISA kit(Charles river) 와의 sensitivity를 비교하였다(표 2).

본 실험에서 제작된 ELISA kit의 음성과 양성의 range는 [표 1]에서와 같으며, 상용 ELISA kit와 비교하여 결과를 판독하였을 때 61개체 모두에서 일치하는 결과를 얻었다.

# 제3장 Mouse Hepatitis Virus(MHV) 감염

## 1. Mouse Hepatitis Virus(MHV) 감염진단(혈청학적검사법)

1) 시판용 *M. pulmonis*-rodent coronavirus-Sendai virus antibody test kit를 이용하여 혈청검사를 한다. 시험방법은 하기와 같다.

① MHV 감염여부를 확인하고자 검사대상동물을 선정하여 채혈하고, 이것을 실온에 방치하여 혈청을 채취한다.
② Positive and negative control serum과 시험혈청에 항원이 묻어 있는 Murine ImmunocombTM(Charles River, U.S.A)을 deeping 하여 30분간 실온에서 반응시킨다.
③ Tap water에 washing 후, enzyme-conjugated anti-mouse and anti-rat IgG에 30분간 실온에서 반응시킨다.
④ Tap water로 washing 후, chromogenic enzyme substrate에 5~20분간 반응시킨다.
⑤ 발색시약(OPD)의 발색 정도에 따라 MHV 감염여부를 확인한다.

2) MHV항원이 흡착되어 있는 시판용 plate를 이용하여 혈청검사를 한다. 시험방법은 하기와 같다.

① MHV 감염여부를 진단하고자 검사대상동물을 선정하여 채혈하고, 이것을 실온에 방치하여 혈청을 채취한다.

② deep freezer에 보관되어 있는 ELISA plate를 실온에서 20분간 건조시킨다.

③ 채취한 혈청을 PBS에 1:5로 희석하고 이를 다시 5% skim milk에 1:12로 희석한다.

④ 한 샘플당 희석한 혈청을 건조시킨 ELISA plate의 tissue control well과 antigen coated well에 50ul씩 각각 분주하고 37°C에서 40분간 반응시킨다.(양성혈청과 음성혈청을 같이 수행한다)

⑤ 반응시킨 혈청을 ELISA plate에서 털어버리고 0.05% tween PBS 360ul를 각 well에 분주하여 5회에 세정한다.

⑥ 2차항체(peroxidase-conjugated anti-mouse IgG, peroxidase-conjugated anti-rat IgG)를 PBS에 1:5,000으로 희석한 후 ELISA plate의 각 well에 분주하고 37°C에서 40분간 반응시킨다.

⑦ 반응시킨 2차항체를 ELISA plate에서 털어버리고 0.05% tween PBS 360ul를 각 well에 분주하여 5회에 세정한다.

⑧ 발색시약(OPD)을 ELISA plate의 각 well에 분주하고 450nm의 파장에서 발색 정도를 읽는다.

⑨ 결과는 net score 0-1: negative, net score 2: borderline, net score 3, 〉3: positive으로 해석한다.(net score=antigen coated/0.13 - tissue control/0.13)

## 2. Mouse Hepatitis Virus(MHV) 감염진단(RT-PCR법)

1) 진단 대상동물의 간 일부는 채취하여 TRIzol Reagent(Invitrogen, Carlsbad, CA, USA.)를 이용하여 RNA를 추출한다. 채취한 간 조직을 TRIzol이 500ul 들어 있는 tube에 담고 homogenizer를 이용하여 균질하게 간다. 이것을 상온에서 5분 방치한 후 200ul의 chloroform을 첨가하고 vortex mix한 다음 4°C에서 12,000rpm으로 20min간 원심분리하여 상층액을 수거하여 0.5ml의 isopropanol과 혼합하여 침전시킨다. −20°C에서 2시간 침전시킨 후 4°C에서 12,000rpm으로 15분간 원심분리하여 형성된 RNA pellet을 75% 알콜로 washing한 후 DEPC DW에 녹인다.

2) 분리한 RNA를 이용하여 cDNA를 합성하고 이것으로 MHV specific PCR을 수행한다. cDNA는 분리한 1ug의 RNA를 GeneAmp RNA PCR Core kit(Applied Biosystem, Foster City, CA, USA)로 합성한다. 합성된 cDNA로 MHV 특이적인 nested PCR를 수행하는 데 이용된 primer는

표 1. MHV specific PCR primers

| Primer | Sequence |
|---|---|
| 1st Forward | 5′-AAG CAG ACT GCA ACT ACT CA-3′ |
| 1st Reverse | 5′-ACA AGA GCA GCA ATT TCT TC-3′ |
| 2nd Forward | 5′-AAG CAG ACT GCA ACT ACT CA-3′ |
| 2nd Reverse | 5′-ACA AGA GCA GCA ATT TCT TC-3′ |

[표 1]과 같고 PCR 조건은 첫 번째 PCR은 94°C 3min 동안 denaturation시키고 94°C 1min, 55°C 1min, 72°C 2min을 30cycle 수행한다. 마지막으로 72°C 5min 동안 final extension한다. 두 번째 PCR은 94°C 3min 동안 denaturation시키고 94°C 1min, 55°C 1min, 72°C 30sec를 30cycle 수행한다. 마지막으로 72°C 5min 동안 final extension한다.

## 3. Mouse Hepatitis Virus(MHV) 분리

MHV specific nested RT PCR을 통해 선정한 개체의 간을 마우스 간세포(NCTC1469)에 접종하기 위해 세포배지(DMEM) 2ml에 0.2g의 간을 균질하게 갈고 원심분리하여 상층액을 0.45um filter를 이용하여 filtering한다. 완성된 간유제 1ml을 마우스 간세포에 37°C에서 1시간 동안 접종하고 새 배지를 첨가하여 CPE를 확인하여 감염여부를 확인한다. CPE가 보인 cell은 수거하여 위의 nested RT PCR로 감염여부와 증폭여부를 확인한다.

# 참고문헌


1. Anderson, L.M., Leary, S.L., and Manning, P.J. 1983. Rat-bite fever in animal research laboratory personnel. Lab. Anim. Sci. 33, pp.292~294.
2. Angus, K.W. 1990. Cryptosporidiosis in ruminants, In: Dubey, J.P., Speer, C.A., Fayer, R., (Eds.), Cryptosporidiosis of Man and Animals, CRC press, Boston, pp.88~104.
3. Barthold, S.W., Smith, A.L., and Povar, M.L. 1985. Enterotropic mouse hepatitis virus infection in nude mice. Lab. Anim. Sci. 35, pp.613~618.
4. Bridgman SA, Robertson RM, Syed Q, Speed N, Andrews N, and Hunter PR. 1995. Outbreak of cryptosporidiosis associated with a disinfected groundwater supply. Epidemiol Infect. 115, pp.555~566.
5. Byung-He Lee, Beom-Jun Lee, Sang-Yoon Nam, Sin-Keun Yoon, Young-Soon Lee, Kumiko Yoshimatsu, Jiro Arikawa and Jae-Hak Park. 1999. Hantavirus infection of SD rats reared in domestic laboratory animal facilities. Korean J Lab Ani Sci, 15, pp.49~52.
6. Chalmers, R.M., Sturdee, A.P., Bull, S.A., Miller, A.M., and Wright, S.E. 1997. The prevalence of Cryptosporidium parvum and C.muris in Mus domesticus, Apodemus sylvaticus and Clethrionomys glareolus in an agricultural system. Parasitol. Res. 83, pp.478~482.
7. Chalmers, R.M., Sturdee, A.P., Bull, S.A. and Miller, A.M. 1995. Rodent reservoirs of Cryptosporidium, In Betts, W.B., Casemore, D., Fricker, C., Smith, H., Watkins,. J., (Eds). Protozoan Parasites and Water. The Royal society of Chemistry Special Publication No. 168, CUP, UK, pp.63~66.
8. Dean, H. Percy, and Stephen, W. Barthold, Pathology of laboratory rodents and rabbits 1993, Iowa State University Press.

9. Deibel, R., Woodall, J.P., Decher, W., and Schryver, G.D. 1975. Lymphocytic choriomeningitis virus in man. J. Am. Med. Assoc. 232, pp.501~504.

10. Dublin, S., and Zietz. S. 1991 Sample size for animal health surveillance. Lab. Anim. 20, pp.29~33.

11. Gaertner, D.J., Jacoby, R.O., Smith, A.L., Ardito, R.B., and Paturzo, F.X. 1989. Persistence of rat parvovirus in athymic rats. Arch. Virol. 105, pp.259~268.

12. Golding, C. 1990. Rats, the new plague. Weidenfeld and Nicholson, London.

13. Hjelle, B., Jenison, S., Torrez-Martine, N., Yamada, T., Nolte, K., Zumwalt, R., Maclnnes, K., and Myers, G. 1994. A novel hantanvirus associated with an outbreak of fatal respiratory disease in the southwestern United States: Evolutionary relationships to known hantanviruses. J. Virol. 68, pp.592~596.

14. Jacoby, R.O., Linsey, J.R. 1997. Health care for research animals in essential and affordable. FASEB J. 11, pp.609~614.

15. Jacoby, R.O., Bhatt, P.N., Gaertner, D.J., Smith, A.L., and Johnson, E.A. 1987. The pathogenesis of rat virus infection in infant and juvenile rats after oronasal inoculation. Arch. Virol. 95, pp.251~270.

16. James, G.F., Lynn, G.A., Franklin, M.L. and Fred, W.Q. 2002. Laboratory Animal Medicine, 2nd ed., Academic Press, London.

17. Kim, D.J., Park, J.H., Seok, S.H., Cho, S.A., Baek, M.W., Lee, H.Y., Yang, K.H., Jang, D.D., Han, B.S., Park, J.H. 2005. Differential identification of Mycoplasma pulmonis and Mycoplasma arthritidis using PCR-based RFLP. Experimental Animal.

18. Kim, D.J., Park, J.H., Seok, S.H., Cho, S.A., Baek, M.W., Lee, H.Y., Kim, D.J., Jang, D.D., Yang, K.H., Han, B.S., Park, J.H. Development of ELISA (Enzyme-Linked Immunosorbent assay) using LAMP of Mycoplasma pulmonis Korean Journal of Laboratory Animal Science. 20(3): pp.224~228.

19. Klesius, P.H., Haynes, T.B., and Malo, K.L. 1986. Infectivity of Cryptosporidium species isolated from wild mice for calves and mice. J. Am. Vet. Med. Ass. 189, pp.192~193.

20. LaRegina, M.C., and Longro, J. 1988. Serologic screening for murine pathogens: Basic concepts and guidelines. Lab. Animal 17(6), pp.40~47.

21. Lee, H.W. and Johnson, K.M. 1982. Laboratory-acquired infections with Hantaan virus, the etiologic agent of Korean hemorrhagic fever. J. Infect. Dis. 146, pp.645~651.

22. Lee, H.Y., Seok, S.H., Baek, M.W., Kim, D.J., Lee, B.H., Park, J.H. Cryptosporidium infection in animal facilities in Korea (November 2000 to March 2005) Lab Anim Res.

23. Lewis, A.M., Rowe, W.P., Turner, H.C., and Huebner, R.J. 1965. Lymphocytic-choriomeningitis virus in hamster tumor: Spread to hamster and humans. Science 150,

pp.363~364.

24. Mahler, M., Bedigian, H.G., Burgett, B.L., Bates, R.J., Hogan, M.E., and Sundberg, J.P. 1998. Comparison of four diagnostic methods for detection of helicobacter species in laboratory mice. Lab. Anim. Sci. 48, pp.85~91.
25. Park, J.H., Hong, J.J., Choi, E.S., Lee, J.W., Park, J.H. 2001. Eficacy of typhoid Vi Polysaccharide Typhoid Vaccine. J Vet. Sci. (2002), 3(2), pp.67~70.
26. Park, J.H., Seok, S.H., Cho, S.A., Lee, H.S. Seong, R.H., Park, D.H., Park, J.H. 2002. Study on the Microbial Infecction of Mice and Rats Produced in Barrier System. The Korean Journal of Laboratory Animal science, 18(2), pp.90~95.
27. Park JH, Oh YS, Lee YS. 1988. Mycoplasma pulmonis in rats: Isolation and characterization of the agent and serodiagnosis by complement fixation test. Korean J Lab Ani Sci, 4, pp.21~32.
28. Patel, J.R. 1993. A variation of the modified Steiner. HistoLogic 23, pp.39~40.
29. Perryman, L.F. 1990. Cryptosporidiosis in rodents, In: Fayer, R., Speer, C.A., Dubey, J.P. (Eds.), Cryptosporidiosisin Man and Animals, CRC Press, Boca Raton, FL, pp.125~132.
30. Rehbinder. C. et al 1996. FELASA recommendations for the healthmonitoring of mouse, rat, hamster, gerbil, guineapig, and rabbit experimental units. Lab. Anim. 30, pp.193~208.
31. Riley, L.K., Franklin, C.L., Hook, R.R., and Besch-Wiliford, C. 1996. Identification of murine helicobacters by PCR and restriction enzyme analysis. J. Clin. Microbiol.34, pp.942~946.
32. Schoeb, T.R., Casebolt, D.B., Walker, V.E., Potgieter, L.N.D., Thouless, M.E., and DiGiacomo, R.F. 1986. Rotavirus-associated diarrhea in a commercial rabbitry. Lab. Anim. Sci. 36, pp.149~152.
33. Selwyn, M. R. et al. 1994, Sample sizes and frequency of testing for health monitoring in barrier rooms and isolators. Comtemp. Top. Lab. Anim. Sci 33, pp.56~60.
34. Seok, S.H., Park, J.H., Cho, S.A., Baek, M.W., Lee, H.Y., Kim, D.J., Yang, K.W., Jang, D.D., Han, B.S., Nam, K.A., Park, J.H. 2005. Health surveillance of specific pathogen-free and Conventionally-housed mice and rats in Korea. Experimental Animal 54(1), pp.93~95.
35. Small, J. D. 1984. Rodent and lagomorph health surveillance quaility assurance. In "Laboratory Animal Medicine" pp.70~723 Academic press, orlando, Florida.
36. Tyler, J. W. et al, 1989, Titers, test, and truisms: Rational interpretation of diagnostic serologic testing. J. Am. Vet. Med. Assoc. 194, pp.1550~1558.
37. Waggie, K., Kagiyama, N., Allen, A.M., and Nomura, T. 1994 "Mannual of Microbiologic Monitoring of Laboratory Animals." National Institutes of Health Publication 94~2498, Bethesda, Maryland.

38. Waggie, K.S., Hansen, G., Ganaway, J., and Spencer, T.H. 1981. A study of mouse strain susceptibility to Bacillus piliformis (Tyzzer' s disease): The association of B-cell function and resistance. Lab. Anim. Sci. 31, pp.139~142.
39. Walzer, P.D., Kim, C.K., Linke, M.J., Pogue, C.L., Heurkamp, M.J., Chrisp, C.E., Lerro, A.V., Wixson, S.K., Hall, E., and Shultz, L.D. 1989. Outbreaks of Pneumocysitis carinii pneumonia in colonies of immunodeficient mice. Infect. Immun. 57, pp.62~70.
40. Webster, J.P., MacDonald, D.W. 1995. Cryptosporidiosis reservoir in wild brown rats (Rattus norvegicus) in the UK. Epidemiol. Infect. 115, pp.207~209.
41. Weir, E.C., Brownstein, D., Smith, A., and Johnson, E.A. 1988. Respiratory disease and wasting in athymic mice infected with pneumonia virus of mice. Lab. Anim. Sci. 38, pp.133~137.
42. Weisbroth, S. H. et al. 1998 Microbiological assessment of laboratory rats and mice. ILAR J. 39, pp.272~290.
43. Zenner, L. 1999. Pathology, diagnosis and epidemiology of the rodent Helicobacter infection. Comp. Immun. Microbiol. Infect. Dis. 22, pp.41~61.

# 찾아보기

### ㅇ

ㅈ



ㅊ

## A



## B



## C

I



J



K



L

N



O



P

R



S

## T



## W

박재학

서울대학교 수의과대학 및 대학원 졸업(수의학 석사)
일본 북해도대학 대학원 비교병리학 졸업(수의학 박사)
일본 북해도대학 연구원
미국 캘리포니아대학(데이비스) Visiting Scholar
서울대학교 실험동물사육장장
현, 서울대학교 수의과대학 교수(1994~현재)
서울대학교 실험동물자원관리원장
한국실험동물학회 편집위원장
Experimental Animal 편집위원
Toxicologic Pathology 편집위원

저서 및 논문

『계병병리학칼라아틀라스』. 샤론. 1995.
『어류질병학』. 신광출판사. 공저. 1993.
『수의공중보건학』. 문운당. 공저. 1996.
『나의 DNA』. 전파과학사. 1998.
『독성병리학』. 샤론. 공저. 1998.
『수의병리학각론』. 수의병리학편찬위원회 공저. 2000.
『실험동물학개론』. 샤론. 공저. 2000.
『실험동물병리학설치류와 토끼』. 청구문화사. 2002.
『실험안전의 길잡이』, 서울대환경안전원 편. 공저. 2003.

Jae-Hak Park, Judy E. Walls, Jose J. Galvez, Minjung Kim, Cory Abate-Shen, Michael Shen and Robert D. Cardiff 2002. Prostatic Intraepithelial Neoplasia in Genetically Engineered Mice. American Journal of Pathology 161(2), 727~735 외 국내외 논문 142편

실험동물의 질병관리

마우스와 랫드

**펴낸곳** 서울대학교출판문화원
**펴낸이** 오연천
**지은이** 박재학

**초판 1쇄 발행** 2006년 4월 5일
**초판 3쇄 발행** 2012년 3월 1일
**출판등록** 제15-3호

**주소** 서울 관악구 관악로 1 우편번호 151-742
**대표전화** 02-880-5252 **팩스** 02-888-4148
**마케팅팀(주문상담)** 02-889-4424, 02-880-7995
**이메일** snubook@snu.ac.kr
**홈페이지** www.snupress.com
**영문홈페이지** eng.snupress.com



ISBN 978-89-521-0621-6 93520

2006 문화관광부 추천도서 – 학술부문 우수학술도서